广西特色高校立项建设成果之实践教学项目标准化方案

通信技术专业
实训项目标准化指导书

谢　洪　　主　编
刘功民　嵇静婵
黄　勇　杨华勋　副主编

U0261210

中国铁道出版社

2016 年·北京

内 容 简 介

本书为广西特色高校立项建设成果——实践教学项目标准化方案系列之一,是高等职业教育通信技术专业的实训教材。全书分通信技术专业实验实训项目简介和实验实训项目指导书两大部分。指导书分课程实验实训(14 门课程)及整周实训(7 门课程)。主要课程包括:电路分析基础、电子技术、通信原理、无线通信技术、数据通信、通信线路、通信电源系统、现代交换技术、通信工程勘察与设计、数字传输系统、铁路移动通信系统、接入技术与设备、数字调度通信系统、铁路专用通信、电路认知与焊接实训、电工考证培训、通信终端组装与维修、专业技能考证培训——通信线务员、专业技能考证培训——通信勘察设计员、列车无线调度通信,其中数字调度通信系统既作为课程实验实训,又作为整周实训。

本书主要适合高职通信技术专业、铁道通信与信息化技术专业、中职通信技术专业师生实训教学使用,也可作为铁路成人职业教育培训实训教材和铁路通信相关岗位员工职业技能培训实训教材,并可作为铁路各级管理人员、相关技术人员参考使用。

图书在版编目(CIP)数据

通信技术专业实训项目标准化指导书/谢洪主编.
—北京:中国铁道出版社,2016.10
ISBN 978-7-113-21956-7

Ⅰ.①通… Ⅱ.①谢… Ⅲ.①通信技术—高等职业
教育—教材 Ⅳ.①TN91

中国版本图书馆 CIP 数据核字(2016)第 146002 号

书　　名:通信技术专业实训项目标准化指导书
作　　者:谢　洪　主编

责任编辑:吕继函　　　　编辑部电话:010-51873205　　　　电子信箱:312705696@qq.com
封面设计:时代澄宇
责任校对:孙　玫
责任印制:郭向伟

出版发行:中国铁道出版社(100054,北京市西城区右安门西街 8 号)
网　　址:http://www.tdpress.com
印　　刷:虎彩印艺股份有限公司
版　　次:2016 年 10 月第 1 版　　2016 年 10 月第 1 次印刷
开　　本:787 mm×1 092 mm　1/16　印张:21　字数:540 千
书　　号:ISBN 978-7-113-21956-7
定　　价:66.00 元

提高高职人才培养质量必须始终围绕实践教学创新
（代序）

新世纪以来,高等职业教育的改革发展大致经历了三个阶段。

一是 1999～2005 年争先恐后升格后的野蛮生长阶段。这个阶段高职人才培养基本处在自由发展状态,对培养什么规格的人才,怎样培养适应生产、建设、管理和服务一线的应用技术人才以及高职办学特色等问题,都没有足够清醒的认识。2000 年,教育部下发了《关于加强高职高专教育人才培养工作的意见》(教高[2000]2 号),提出"今后一段时期,高职高专教育人才培养工作的基本思路是:以教育思想、观念改革为先导,以教学改革为核心,以教学基本建设为重点,注重提高质量,努力办出特色。力争经过几年的努力,形成能主动适应经济社会发展需要、特色鲜明、高水平的高职高专教育人才培养模式。"为了加强对高职高专教育人才培养工作的宏观管理,提高教学管理水平、教学质量和办学效益,保证人才培养目标的实现,教育部在文件中附加了《关于制订高职高专教育专业教学计划的原则意见》《高等职业学校、高等专科学校和成人高等学校教学管理要点》两个附件,此后又连续下发了学校办学标准、师资队伍建设、课程建设等一系列文件,要求高职教育以适应社会需求为目标、以培养技术应用能力为主线制订专业教学计划。这对高职院校摆正办学航向、摆脱本科压缩型的课程体系和教学观、走出一条"以服务为宗旨、就业为导向,走产学结合发展之路"起到了廓清、引导作用。

二是 2005～2011 年办学水平评估与示范引领、规范人才培养工作阶段。由于高职院校升格过多过快,难免良莠不齐,人才培养质量参差不齐,社会上对高职教育仍然存在不小分歧与偏见。高职教育要办出自己的特色和水平,真正被社会广泛认可,成为一种独立的、无法替代的高等教育类型,还必须从根本上切实转变办学理念、明确办学方向,努力进行人才培养模式的创新。为引导高职院校进一步明确高职教育办学指导思想,提高人才培养质量,2006 年教育部颁布了《关于全面提高高等职业教育教学质量的若干意见》(教高[2006]16号),要求高职院校把工学结合作为人才培养模式改革的重要切入点,带动专业调整与建设,引导课程设置、教学内容和教学方法改革。强调人才培养模式改革的重点是教学过程的实践性、开放性和职业性,实验、实训、实习是三个关键环节,加强实训、实习基地建设是彰显办学特色、提高教学质量的重点。教育部要求高职院校重视学生校内学习与实际工作的一致性,积极探索校内生产性实训基地建设的校企组合新模式,引导企业进校组织实训,同时要保证在校生至少有半年时间到企业等用人单位顶岗实习,提高学生的实际动手能力。同年,教育部与财政部联合下发了《关于实施国家示范性高等职业院校建设计划,加快高等职业教育改革与发展的意见》(教高[2006]14 号),选择一批人才培养工作开始凸显、办学实力强劲、发展后劲足、具有"地方性、行业性"办学特色的高职院校进行重点建设,使之成为改革、管理、建设、发展的示范,引领全国高职院校提高高技能人才培养质量。

三是2011年以后后示范时期内涵建设寻求人才培养质量突破阶段。可以讲,在示范建设阶段,我国基本上遴选了约三分之一的高职院校进入国家层面和省级层面进行重点建设,但并未能全面解决高职人才培养本质问题。为解决部分高职院校在产教融合、校企合作培养人才方面依然抓不住合作本质、找不到有效载体,部分高职院校在通过示范或骨干院校建设计划后对高职往何处去的问题认识不足、经受不住升本诱惑等盲动问题,国家提出要构建现代职业教育体系,要求高职教育发挥职业教育体系的引领作用,强化集团化办学的成效,探索中高、高本联合培养应用型技能人才的有效途径与方法、提升专业服务产业发展的能力,深化产教融合和校企合作改革,举办全国职业院校学生职业技能大赛,提高学生实际工作动手能力和创新能力,发布高职教育年度质量报告,引导高职院校更加重视人才培养质量和社会服务能力提升。

梳理高职教育的发展脉络,可以清醒地认识到高职院校在培养什么样的人才、怎样培养人才等方面的努力方向。人才培养质量取决社会对学生技术技能水平和职业素养的评价,而这需要经过科学和反复的训练,需要依靠项目完整、设施完备、组织高效、过程规范的实践教学,这也是高职教育区别于本科教育的根本所在。

经过一轮人才培养工作评估,广西高职出现的问题不容小觑,专业重复率高、资源浪费严重、人才培养质量不高、"马太效应"越来越明显。部分高职院校未能处理好规模、结构、质量和效益的合理关系,专业建设低水平徘徊,社会服务能力不足;部分行业举办的院校优势特色未能得到有效彰显,一些有特色的专业规模小、招生困难。为推动高校内涵式发展,实行高等教育分类管理,深化高等教育教学改革,提高人才培养质量和办学水平,促进学校在教学质量、社会服务能力、管理水平、办学效益等方面有较大提高,2013年广西实施特色高校建设项目。特色高校立项建设的核心是专业,只有专业建设有特色,那么与之关联的人才培养质量、社会服务能力、学校管理水平和办学效益等方面就会发生正向变化。我校入选2013年广西特色高校建设项目立项建设单位。

特色是一个事物或一类事物显著区别于其他事物的风格、形式,是由事物赖以产生和发展的特定的具体的环境因素所决定的,是其所属事物独有的。对一所高职院校来说,特色就是历久弥新的独有品格的凝聚,是高职办学质量的集中体现,也是高职院校持续发展的竞争力;它根植于这所高职学校教育模式的创新、与众不同的专业结构与体系。专业是高职院校的基础,它不仅代表着学校的办学水平,更决定着学校的发展特点和优势。一般来说,特色所在必是优势所在,一所高职院校的特色就在于其专业优势特色,特色专业集中反映了专业的市场性、行业性,彰显了教学团队、实训基地的建设水平,体现了教学特色和人才培养质量水平,其最具有活力的就是区别其他学校的实践教学特色,它依托学校质量文化,以及科学的训练方法和规范的操作标准,能解决高校发展同质化、专业建设同质化、人才培养千人一面的严峻问题。

2008年在迎接教育部高职高专人才培养水平评估时,我们系统总结出了升格高职以来的人才培养工作的特色,即"依托行业、校企合作、以岗导学、服务基层",以"学"(职业技能与职业素养传习)为核心,对照"岗"(岗位工作能力、职业技能标准),校企合作以DUCAM方式开发专业课程体系课程教学内容,规范实践教学过程,人才培养质量受到铁路基层站段高度肯定。学校入选广西特色高校立项建设单位,正处于由行业管理向政府管理、行业支撑的体制特色深化阶段,处在办学扩能增量、强化特色专业建设的实践阶段,处在行业大发展和区域经济跨界合作的经济发展新常态阶段,学校从顶层设计入手,狠抓专业结构体系调整、特色品牌专业改革发展、实践教学标准化建设和实践教学环节优化,逐步形成了由单一型铁路专业结构向服务社会的"铁路专业十"特色结构体系转变,人才培养模式和质量评价也呈现出多元化结构态势。

一是构建了区别于其他高职院校的"铁路专业十"的行星状专业结构体系。学校由铁路行业企业移交给地方政府管理后,为适应管理体制变革,强化服务社会功能和面向社会培养人才,实施了办学模式创新。其重要意义在于,以整体性的制度设计,确立以铁路行业为核心,以主干铁路专业为支撑点,以铁路专业技术为延伸链,形成多个同类技术专业群的结构体系,主干专业具有雄厚的师资、设施和企业合作资源,可以为延伸专业提供强大的发展支持,主干专业与延伸专业可以互相倚靠、互为补充,突破既有的专业壁垒和学科专业边界,实现跨界融合、资源共享,达到同频共振、同步发展的功效。目前除轨道交通传统专业群外,电子信息、汽车与机械制造、土木建筑、商贸物流专业群也形成较强专业优势。

二是推行产教融合、校企合作的"一院一品"特色专业建设,制定专业改革发展路线图。紧紧围绕"四个合作",各学院对接一个或多个大企业,企业全过程参与人才培养方案设计、课程体系研究、课程内容开发、实训基地建设、技能项目探讨以及生产实习、顶岗实习指导,并对人才培养质量进行评价,打造具有企业特质的专业品牌。以主干专业制定改革发展路线图,摸清主干专业现有办学基础,对专业发展目标、教学条件与设施配套建设、课程体系与课程资源化建设进行优化设计,精心设计每年应完成的任务和应达成的发展目标,形成清晰的专业发展路径。

三是强化以质量文化、职业健康理念和标准流程为核心的实践教学三个标准化内涵建设,即实验实训项目标准化、实训室建设标准化、实训行为标准化。实验实训项目标准化是提高人才培养质量的基本要素,是规范教学内容、完善教学环节的重要文件,它是一所学校教学管理水平的具体表现,它也是企业参与教学过程,校企合作共同培养人才的具体抓手,更是平凡中见教学特色的载体,全面优质地完成这项工作困难很多、过程较长。实验实训项目标准化要求综合各特色专业所有课题的实验和实训项目,分别制定实验指导书和整周实训大纲、计划书与指导书等标准文件,标注适用专业、所属课程、课时、学分等通用数据。其中实验指导书内容包括:实验目的、实验准备、实验仪器仪表使用注意事项、实验内容简介、实验步骤及注意事项、实验报告、实验思考题等六个方面;学校把整周实训作为一门课程来建设,要求制定课程大纲,其内容包括:实训目标、实训内容、实训基本要求(包含实训学时安排表和技能考试要求)、本实训与其他课程的联系等四个方面。实训计划书主要包括使用的实训设备、实训耗材、实训授课进度计划表(周一至周五每半天的实训内容及考核安排)。实训指导书包括:实训目的与实训任务、实训预备知识、实训仪器仪表使用、实训操作安全注意事项、实训的组织管理(含实训进程安排)、实训项目简介、实训步骤指导与注意事项、考核标准和实训报告、附件等方面。在实训项目内容标准化制定中,学校要求融合企业真实生产过程、国家职业技能竞赛项目、职业技能标准,对课程体系进行重新梳理,优化整合各门课程中重叠训练内容,对碎片化的能力训练内容重新组合优化,特别重视设计能让学生参与一个完整的技术技能训练过程项目,在实训的组织管理中指导学生养成良好的职业素养和安全生产、职业健康意识。三个标准化分别从制度文件、硬件条件和人的行为角度,对学校实践教学质量进行诠释,是对质量文化和质量标准的一次有效实践,也是人才培养工作内涵的创新。

四是优化"学、训、赛、节、评"实践教学载体。实践教学无处不在,也无处不是。它既可以在课堂上、实训室中,也可以在校园、在企业,既可以体现为理论学习与操作训练结合,也可以蕴含在技能节与技能大赛当中,但归根结底,实践教学要最终体现社会需要,体现在学生的技术技能水平上,体现在毕业生能否在企业中用得上、留得住、有发展。可以说"学、训、赛、节、评"五位一体,是学校近年来实践教学创新的重要载体。

特色高校立项建设以来,学校通过狠抓特色专业建设和实践教学创新,共获得7个自治区级特色专业,4个中央财政支持的实训基地,2个中央财政支持的企业服务能力提升专业,7个自治区级示范性实训基地和示范建设实训基地,4个重点专业与实训基地建设项目,校企合作开发30门课程。学生参与国家、自治区及行业职业技能大赛,获得丰硕的竞赛成果,其中获得国家技能大赛一等奖6项,二等奖16项,三等奖27项,是自治区参赛队伍最多、选手最多、成绩最好的高职学校。近年来,学校新生报到率名列全区同类高职院校首位,毕业生就业率、学校社会服务能力、美誉度和影响力均名列全区前茅。

最近学校要结集出版相关专业的实验实训标准化项目,希望我为这本册子写序言,我考虑再三,并认真反思了新世纪以来我国高职教育改革发展的阶段性特点、广西特色高校建设的背景和我校近年来特色建设的过程,归纳了我校狠抓专业建设和实践教学创新的特点与举措,谨以此代序。

柳州铁道职业技术学院　周群
二〇一六年八月一日于柳州

前　　言

现代高等职业教育,需要培养具备相应的岗位职业技术能力、较强的学习能力和适应能力的技能型专门人才。实训环节的教学在整个人才培养过程中起到重要的作用。本书把通信技术专业实验及实训项目的内容进行汇总。本书是高职高专通信类的专业技能实训教材,由一批长期从事专业教学经验丰富的教师编写而成。

全书分为两个部分:第一部分是专业实验实训项目简介;第二部分是专业实验实训项目指导书。涵盖的课程有:电路分析基础;电子技术;通信原理;无线通信技术;数据通信;通信线路;通信电源系统;现代交换技术;通信工程勘察与设计;数字传输系统;铁路移动通信系统;接入技术与设备;数字调度通信系统;铁路专用通信;列车无线调度通信;电路认知与焊接实训;电工考证培训;通信终端组装与维修;专业技能考证培训——通信线务员和专业技能考证培训——通信勘察设计员。

本书由柳州铁道职业技术学院老师组织编写。谢洪任主编;刘功民、嵇静婵、黄勇、杨华勋任副主编。陆芳珍、杨泽建、韦湘莹、李成钢、曹惠参与了本书的编写工作,其中,杨华勋编写了"电路分析基础""电子技术""数字调度通信系统"部分;陆芳珍编写了"通信原理"部分;杨泽建编写了"无线通信技术"部分;黄勇编写了"电路认知与焊接实训""电工考证培训"、"通信终端组装与维修"和"铁路专用通信"部分;韦湘莹编写了"现代交换技术"和"接入技术与设备"部分;谢洪编写了"通信电源系统"和"铁路移动通信系统"部分;嵇静婵编写了"数据通信"和"列车无线调度通信系统"部分;刘功民编写了"通信工程勘察与设计"和"专业技能考证培训——通信勘察设计员"部分;李成钢编写了"通信线路"和"专业技能考证培训——通信线务员"部分;曹惠编写了"数字传输系统"部分。

由于编者的水平有限,加之时间仓促,疏漏及不妥之处在所难免,恳请各位读者批评指正。

编者

2016 年 6 月

目　　录

第一部分　专业实验实训项目简介

第二部分　专业实验实训项目指导书

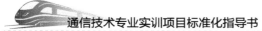

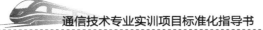

第一部分

专业实验实训项目简介

实验项目简介

课程一 电路分析基础

课程名称	实验名称	课时数	实验目的	实验内容	主要使用的仪器设备	备注
电路分析基础	实验一：直流电路的认识	2	学会使用电工原理实验箱；掌握万用表的使用方法；学习电路中电流、电压和电位的测量方法	电工原理实验箱介绍；万用表的使用；电流、电压和点位的测量	电路分析基础实验箱一套；万用表一块	
	实验二：基尔霍夫定律的验证	2	验证基尔霍夫定律，加深理解；进一步掌握电压表、电流表的使用	实验箱内电压表、电流表的使用；验证基尔霍夫电流定律；验证基尔霍夫电压定律	电路分析基础实验箱一套	
	实验三：正弦交流电路的认识	2	学会使用交流电流表和交流电压表；学会使用函数信号发生器、双踪示波器及毫伏表	函数信号发生器的介绍与使用；晶体管毫伏表的介绍与使用；双踪示波器的介绍与使用	函数信号发生器一台；毫伏表一块；双踪示波器一台	
	实验四：R-L-C串联谐振电路的研究	2	掌握信号发生器与毫伏表的使用；学习观察RLC串联电路的谐振状态，测定谐振频率；理解串联谐振电路的特点	寻找谐振频率，验证谐振电路的特点；观察谐振曲线	电路分析基础实验箱一套；函数信号发生器一台；晶体管毫伏表一台；双踪示波器一台	
	实验五：日光灯电路的安装及功率因数的提高	2	掌握荧光灯工作原理，学会安装方法；了解功率因数提高的表现与意义	按照原理图接线；按表改变电容数值（按实验箱硬件设置选3个组合）测量各支路的电流和电压；计算功率及功率因数	电工原理实验箱一套；荧光灯一个	
	实验六：三相交流电对称负载星形连接和三角形连接电路的测量	2	学会三相交流负载的星形和三角形连接方法；掌握中性线电压、电流和相电压、相电流、线电压、线电流的测量方法；了解三相四线制交流电路中中性线的作用	三相负载作星形连接，测量对称负载有无中线情况下各电压、电流值；三相负载作三角形连接，测量对称负载时各电压、电流值	电工原理实验箱一套；灯泡六个	

课程二　电子技术

课程名称	实验名称	课时数	实验目的	实验内容	主要使用的仪器设备	备注
电子技术	实验一:二极管、三极管的识别与检测	2	掌握根据外型、标志识别元器件的方法;掌握使用万用表判别二极管极性、三极管管脚及元器件质量、材料的方法	二极管识别;用指针式万用表检测二极管;发光二极管的检测;三极管识别;用指针式万用表检测三极管	指针式万用表一块;各种型号二极管、三极管若干	
	实验二:常用电子仪器的使用	2	学会示波器、函数信号发生器、数字万用表、交流毫伏表的正确使用方法;掌握用双踪示波器观察正弦信号波形和读取波形参数的方法	函数信号发生器和交流毫伏表的使用;双踪示波器的使用;用示波器和交流毫伏表测量信号参数	函数信号发生器一台;双踪示波器一台;交流毫伏表一台	仪器仪表分模拟和数字两种类型(可选)
	实验三:单管共射放大电路	2	掌握放大电路静态工作点的调试和测量方法;掌握放大电路电压放大倍数及最大不失真输出电压的测量方法;了解电路元件参数改变对静态工作点及放大电路性能的影响	测量静态工作点;测量电压放大倍数;测量最大不失真输出电压;观察静态工作点对输出波形失真的影响	模拟电子技术实验箱一台;万用表一台;双踪示波器一台;函数信号发生器一台;晶体管毫伏表一台	
	实验四:负反馈放大电路	2	加深理解负反馈放大电路的工作原理及负反馈对放大电路性能的影响;掌握反馈放大电路性能指标的测试方法	测量负反馈放大电路开环和闭环的电压放大倍数;负反馈对失真的改善作用;测量放大器的频率特性	模拟电子技术实验箱一台;万用表一台;双踪示波器一台;函数信号发生器一台;晶体管毫伏表一台	
	实验五:TTL集成逻辑门的逻辑功能测试及逻辑变换	2	掌握TTL集成与非门的逻辑功能的测试和使用方法;熟悉TTL集成门逻辑功能的相互转换;熟悉数字电路实验箱的结构、基本功能和使用方法	TTL与非门的逻辑功能测试;逻辑功能变换;测试与非门的控制作用	数字电子技术实验箱一台;74LS00一块;74LS20一块	
	实验六:集成计数器	2	熟悉中规模集成计数器的工作原理、使用及功能测试方法;掌握构成N进制计数器的方法	测试74LS390逻辑功能;用74LS390构成任意进制计数器;用74LS390构成二十四进制计数器	数字电子技术实验箱一台;74LS390一片;74LS00一块	

课程三　通信原理

课程名称	实验名称	课时数	实验目的	实验内容	主要使用的仪器设备	备注
通信原理	实验一：模拟调制——AM和FM	2	掌握 AM、FM 调制解调原理	模拟调制	通信原理实验箱；示波器；信号发生器	
	实验二：基带传输系统	2	掌握眼图信号的观察方法	基带传输系统的性能	通信原理实验箱；示波器；信号发生器	
	实验三：数字调制——FSK	2	掌握 FSK 调制解调的过程	FSK 调制解调的原理	通信原理实验箱；示波器；信号发生器	
	实验四：模拟信号数字化的传输	4	掌握抽样定理，以及 PCM 编译码的过程	抽样定理及 PCM 编译码	通信原理实验箱；示波器；信号发生器	

课程四　无线通信技术

课程名称	实验名称	课时数	实验目的	实验内容	主要使用的仪器设备	备注
无线通信技术	实验一：高频小信号谐振放大器仿真	2	掌握高频小信号谐振放大器工作原理	在 Multisim 仿真平台下仿真出高频小信号谐振放大器，并分析其主要性能	安装仿真软件 Multisim 的计算机	
	实验二：高频谐振功率放大器仿真	2	掌握谐振功率放大器工作原理	在 Multisim 仿真平台下仿真出高频谐振功率放大器，并分析其主要性能	安装仿真软件 Multisim 的计算机	
	实验三：LC 振荡器电路仿真	2	掌握电容 LC 振荡器工作原理	在 Multisim 仿真平台下仿真出 LC 振荡器，并分析其主要性能	安装仿真软件 Multisim 的计算机	
	实验四：调制与解调电路仿真	2	理解幅度调制与解调的原理	在 Multisim 仿真平台下仿真出幅度调制与解调电路模型，并分析其主要性能	安装仿真软件 Multisim 的计算机	
	实验五：锁相环路应用仿真	2	掌握锁相环应用	在 Multisim 仿真平台下进行锁相环应用仿真	安装仿真软件 Multisim 的计算机	

教学做一体化项目简介

课程五　数据通信

课程名称	项目名称	课时数	目标要求	项目内容	主要使用的仪器设备	备注
数据通信	项目一:组建简单的 LAN	2	掌握主机与主机、交换机与主机的连接以及 IP 地址配置	利用模拟软件组建简单的 LAN	计算机;模拟软件	
	项目二:交换机的初始配置	4	掌握交换机的基本配置方法	配置交换机的主机名、密码、虚拟进程等	计算机;模拟软件	
	项目三:交换机端口安全	4	掌握交换机端口安全的设置与验证	在交换机上设置端口安全	计算机;模拟软件	
	项目四:以太网通道配置	2	掌握以太网通道的配置	利用两台交换机之间的两条链路建立以太通道	计算机;模拟软件	
	项目五:VLAN 的划分	4	掌握 VLAN 的基本配置及验证方法	在交换机上划分多个 VLAN	计算机;模拟软件	
	项目六:三层交换机实现 VLAN 的通信	4	掌握三层交换机的路由功能	利用三层交换机实现多个 VLAN 的通信	计算机;模拟软件	
	项目七:路由器的基本配置	4	掌握以路由器连接局域网	配置路由器端口 IP、网关设置、查看路由表	计算机;模拟软件	
	项目八:网关设置	2	掌握不同网络的连接	局域网网关的设置与应用	计算机;模拟软件	
	项目九:单臂路由实现 VLAN 通信	4	掌握路由器以太网子接口配置	利用路由器单臂路由实现多 VLAN 通信	计算机;模拟软件	
	项目十:静态路由和默认路由的配置	4	掌握静态路由和默认路由的配置验证方法	静态路由和默认路由的配置与验证	计算机;模拟软件	

续上表

课程名称	项目名称	课时数	目标要求	项目内容	主要使用的仪器设备	备注
数据通信	项目十一:动态路由配置	4	掌握动态路由配置 RIP/OSPF 及验证方法	利用动态路由实现多网络通信	计算机;模拟软件	
	项目十二:PPP 协议认证配置	4	掌握 PPP 和 HDLC 协议的配置验证	PPP 协议的 PAP 认证	计算机;模拟软件	
	项目十三:访问控制列表设置	4	掌握标准 ACL 的设置与验证	路由器上设置 ACL	计算机;模拟软件	
	项目十四:地址转换	4	掌握动态 NAT 的配置与校验	内、外网地址的转换	计算机;模拟软件	

课程六　通信线路

课程名称	项目名称	课时数	目标要求	项目内容	主要使用的仪器设备	备注
通信线路	项目一:光缆的开剥	4	1. 光缆开剥 2. 光缆型号识别 3. 光缆色谱及纤序识别	1. 按规范要求开剥指定的光缆 2. 识别并记录所开剥光缆的型号、结构及纤号排序	光缆开剥工具	
	项目二:光纤熔接	4	1. 光纤切割工具的使用 2. 光纤熔接机的使用 3. 光纤熔接机的参数调整	1. 按规范要求切割光纤 2. 将光纤熔接并记录接入损耗	光纤切割工具;光纤熔接机	
	项目三:光缆接续	8	1. 光缆开剥 2. 光缆型号识别 3. 多光纤熔接(含热缩套管) 4. 光纤的盘纤及接头盒的安装	1. 按规范要求开剥指定的光缆 2. 识别并记录所剥光缆的型号、结构及纤号排序 3. 多光纤熔接(含热缩套管) 4. 光纤接头盒的安装	光缆开剥工具;光纤切割工具;熔接机;接头盒及安装工具	
	项目四:OTDR的操做与使用	6	1. OTDR 测试光缆长度 2. OTDR 测试连接衰减 3. OTDR 测试反射衰减 4. OTDR 测试平均衰减	1. 光缆量程(自动)、波长(1 310 nm)、脉宽(自动)、折射率(1.46)等参数应能正确、熟练设置 2. 能熟练进行光纤长度、光纤损耗,接头损耗等指标的测试	OTDR	

课程名称	项目名称	课时数	目标要求	项目内容	主要使用的仪器设备	备注
通信线路	项目五:光缆的管道敷设	2	1. 光缆穿管器的使用 2. 光缆穿管器的绑扎 3. 管道的清淤 4. 光缆管道敷设的操作要求	1. 制备光缆牵引端头 2. 完成指定路由的管道光缆的敷设 3. 每组完成任务后,恢复施工现场,供下一组执行任务	穿管器及光缆管道敷设工具	
	项目六:电缆接续	6	1. 扣式接线子的使用 2. 电缆色谱的编制规则 3. 电缆接续尺寸的规定 4. 电缆接续的操作要求	1.20 对(或 50 对)电缆开剥 2. 电缆芯线分扎 3. 电缆扎线打接线子	电缆接续工具	
	项目七:电缆故障测试	4	1. 电缆色谱的编制规则 2. 电缆故障测试仪器的使用 3. 电缆故障测试操作规范	1. 兆欧表的使用和读数 2. 测试电缆的自混和他混 3. 记录电缆故障点	电缆故障测试工具	
	项目八:同轴电缆接头的制作	2	1. 同轴电缆接头制作工具的使用 2. 同轴电缆开剥的要求 3. 同轴电缆接头的焊接和压接的技术要求 4. 传输线维护和使用中注意事项	1. 熟练使用同轴电缆接头制作工具 2. 同轴电缆的开剥 3. 同轴电缆接头的焊接和压接	同轴电缆接头制作工具	

课程七　通信电源系统

课程名称	项目名称	课时数	目标要求	项目内容	主要使用的仪器设备	备注
通信电源系统	项目一:交流配电屏检查及参数测量	2	1. 掌握交流配电屏的结构 2. 熟悉交流配电屏的工作原理 3. 掌握交流参数的测量方法	1. 交流配电屏检查 2. 交流配电屏参数测量	交流配电屏;万用表;钳形电流表	
	项目二:高频开关电源检查及参数测量	2	1. 掌握通信高频开关整流器的组成 2.熟悉高频开关整流器主要技术 3. 熟悉开关电源系统 4. 掌握开关电源系统监控单元日常操作	1. 历史告警检查 2. 时钟检查校对 3. 输出电压、电流记录 4. 全部告警试验(选做)	交流配电屏;直流配电屏;通信高频开关整流器;通信电源系统监控模块	

续上表

课程名称	项目名称	课时数	目标要求	项目内容	主要使用的仪器设备	备注
通信电源系统	项目三：蓄电池的检查及参数测量	2	1. 掌握蓄电池的各项参数 2. 熟悉蓄电池的检查方法 3. 掌握蓄电池参数的测量方法	1. 阀控式铅酸蓄电池检查 2. 电池组浮充总电压测试 3. 电池组浮充电流测试 4. 全组各电池单体浮充电压及温度测试 5. 电池组均衡充电（选做） 6. 连接排电压降测试	阀控式铅酸蓄电池（VLAR）；通信电源；万用表；钳形电流表；红外线测温仪	
	项目四：直流配电屏检查及参数测量	2	1. 掌握直流配电屏的结构 2. 熟悉直流配电屏的工作原理 3. 掌握直流参数的测量方法	1. 直流配电屏检查 2. 直流配电屏参数测量	直流配电屏；万用表	
	项目五：接地电阻的测量	2	1. 掌握接地电阻测试仪的使用方法 2. 熟悉接地电阻的测量工作原理 3. 掌握接地电阻的测量方法	接地电阻的测量	ZC-8 型接地电阻测试仪一台；辅助接地棒两根；导线 5 m、20 m、40 m 各一根	

课程八　现代交换技术

课程名称	项目名称	课时数	目标要求	项目内容	主要使用的仪器设备	备注
现代交换技术	项目一：认识程控交换机房	2	1. 熟悉交换机房结构及设备 2. 掌握 C&C08 程控交换机单板功能	1. 绘制我院机房结构及设备连接图 2. 说明个设备的功能 3. 绘制程控交换机机架图 4. 说明单板功能	C&C08 程控交换机一套	

续上表

课程名称	项目名称	课时数	目标要求	项目内容	主要使用的仪器设备	备注
现代交换技术	项目二：本局用户基本呼叫数据配置	4	1. 加深对交换机系统功能结构的理解，熟悉掌握 B 模块局配置数据、字冠、用户数据的设置 2. 通过配置交换机数据，要求实现本局用户基本呼叫	本局本局号段为8880000～8889999,对应物理端口号是：0～63,电话号码为 8880000～8880063,配置与本局用户通话有关的数据，实现本局基本呼叫	C&C08 交换机独立模块、BAM；实验用维护终端；电话机	
	项目三：PSTN接入	2	1. 熟悉 PSTN 的用户接入的整个流程 2. 掌握 PSTN 用户接入的方法	根据附表选择自己的电话号码，将电话号码从程控交换机接入到用户端，并测试成功接入	程控交换机；电话机；跳线；卡接刀；平口螺丝刀；万用表；配线架；大对数电缆；卡接刀等	
	项目四：Soft Co9500 局内POTS用户配置	2	掌握 Soft Co9500 局内POTS 用户配置的方法	在 Soft Co9500 的第4 号槽位增加 EXU 单板，在 EXU 单板的UEP1、UEP2 端口上增加用户盒，用户盒下增加起始号码为 7000 的连续 64 个用户	Soft Co9500 设备一套；PC机若干台；电话机	

课程九　通信工程勘察与设计

课程名称	任务名称	课时数	目标要求	项目内容	主要使用的仪器设备	备注
通信工程勘察与设计	任务一：CAD基本操作	4	1. 理解通信建设工程项目的程序流程和基本概念 2. 熟悉 CAD 的基本使用与操作 3. 掌握 CAD 软件平台的个性化定制	1. 文件的命名与保存 2. 基本设置： (1)将文件自动保存时间间隔调整为 10 min (2)将显示精度中圆弧和圆的平滑度调整为 200 (3)将绘图区窗口的底色设置成白色 3. 输出效果图	计算机；CAD 制图平台	
	任务二：绘制基本图形	4	1. 熟悉 CAD 的基本操作与使用 2. 重点掌握多边形、圆、圆弧、直线、多段线等基本图形的绘制	按照要求完成指定图形的绘制，指定绘制的图形包括五角星、圆弧组图、盆栽及羽毛球拍和足球	计算机；CAD 制图平台	

课程名称	任务名称	课时数	目标要求	项目内容	主要使用的仪器设备	备注
通信工程勘察与设计	任务三：图形编辑与填充	4	1. 熟悉基本图形的绘制 2. 掌握图形的编辑和填充	按照要求完成指定图形的绘制	计算机；CAD 制图平台	
	任务四：尺寸标注与文本处理	4	1. 熟悉图形的尺寸标注 2. 掌握文本编辑和处理	按照要求完成指定图形的绘制	计算机；CAD 制图平台	
	任务五：通信工程制图规范	8	1. 熟悉通信工程制图规范 2. 掌握图幅尺寸的计算与绘制、图衔的格式及绘制 3. 掌握常用图例的应用并绘制	1. 绘制 A4 纸横向时的图框与图衔 2. 绘制 A4 纸纵向时的图框与图衔 3. 绘制常用的工程图例	计算机；CAD 制图平台	
	任务六：宽带接入工程勘察与施工图设计	4	1. 熟悉宽带接入工程勘察流程与要求 2. 具备依托 CAD 平台设计并绘制宽带接入线路工程图纸的能力	根据指定的项目背景和要求，实地勘察后，设计整套宽带接入工程的施工图纸	轮式测距仪；钢尺（100 m）；草图绘制工具等；计算机；CAD 制图平台	
	任务七：初识通信工程概预算	4	1. 理解通信工程概预算编制的概念和基本流程 2. 理解通信建设工程费用的构成，制作概预算成套的 Excel 表格 3. 熟悉 Excel 表格的操作与使用，重点是表格内及表格之间公式的实现	1. 将通信工程概预算构成图与表格对应，填写到图 2-9-1 中并提交 2. 将下发的 word 版概预算成套表格制作成 Excel 表格 3. 练习 Excel 表格内及表格之间公式的操作与使用	计算机；CAD 制图平台；Office 平台	
	任务八：直接工程费的计算和表格填写	4	1. 掌握人工、材料费的计算，填写表四（甲） 2. 掌握机械和仪表使用费的计算，填写表三（乙）、（丙）	根据给定的已知条件，填写表（四）甲，表（三）乙、表（三）丙	计算机；CAD 制图平台；Office 平台	
	任务九：建筑安装工程费的计算和表格填写	4	1. 掌握措施费的计算，填写表二中的相关内容 2. 掌握间接费、利润和税金的计算，填写表二中的相关内容	根据给定的已知条件，填写表二	计算机；CAD 制图平台；Office 平台	

课程名称	任务名称	课时数	目标要求	项目内容	主要使用的仪器设备	备注
通信工程勘察与设计	任务十：工程总费用的计算和表格填写	4	1. 掌握设备、工器具购置费的计算，填写表(四)甲 2. 掌握工程建设其他费、预备费、利息的计算，填写表五 3. 掌握总费用的构成，填写表一	根据给定的已知条件，填写表(四)甲、表五和表一。	计算机；CAD制图平台；Office平台	

课程十　数字传输系统

课程名称	项目名称	课时数	实训目的	实训内容	主要使用的仪器设备	备注
数字传输系统	项目一：配置2M电接口板	4	掌握2M业务及单板的配置	1. 每个小组根据指定传输系统设备配置2M接口板 2. 激活2M接口，并做时隙交叉配置，与指定(另一小组)的2M接口链接 3. 配置保护通道	中兴S330设备	详见任务工单
	项目二：制作月报报表	4	掌握月度维护操作	1. 测试发送光功率 2. 测试接收光功率 3. 标签识别 4. 单板更换 5. 备份数据库 6. 测试误码	中兴S330设备一套；光功率计、尾纤；2M误码仪；2M测试线	同上
	项目三：处理LOS故障	4	掌握电口LOS故障处理操作	实验室中，中兴设备SDH1、SDH2、SDH3组成的环形网络，出现有电口T-ALOS告警，处理该故障	中兴S330设备一套；2M误码仪；2M测试线	同上
	项目四：处理AIS故障	4	掌握光口/电口AIS故障处理操作	实验室中，中兴设备SDH1、SDH2、SDH3组成的环形网络，出现有光口/电口AIS告警，处理该故障	中兴S330设备一套；2M误码仪；2M测试线	同上

课程十一　铁路移动通信系统

课程名称	项目名称	课时数	目标要求	项目内容	主要使用的仪器设备	备注
铁路移动通信系统	项目一：场强仪的使用和场强的测量	2	掌握场强仪的使用和用场强仪测量场强及掌握场强电平的变换	通信场强仪的操作和使用	场强仪	
	项目二：电台发射功率的测试	2	了解电台的操作使用方法,通过实验掌握用通过式功率计测量发射机的载频输出功率和通过测量天线的正向和反向功率计算天线的驻波比的方法	连接好电台设备、使用通过式功率计测量发射机的载频输出功率和通过测量天线的正向和反向功率计算天线的驻波比	电台;通过式功率计;直流稳压电源	
	项目三：驻波比测试仪的使用	2	了解驻波比测试仪及其使用方法	使用驻波比测试仪完成对 GSM 数字移动通信系统馈线的驻波比测试	驻波比测试仪	
	项目四：馈线头的制作及天馈连接	2	了解天馈系统的结构;掌握馈线头的制作及与天线的连接方法	完成一个馈线头的制作,并把制作好的馈线有与天线连接	天线;天馈线维护工具箱;电缆;胶带;胶泥	
	项目五：基站天线的安装	2	掌握基站天线的安装及方位角、俯仰角调整方法	完成一个站天线的安装及方位角、俯仰角调整,并把天线与馈线连接	天线;天馈线维护工具箱;电缆;胶带;胶泥	

课程十二　接入技术与设备

课程名称	项目名称	课时数	目标要求	项目内容	主要使用的仪器设备	备注
接入技术与设备	项目一：ADSL 接入	2	1. 掌握 ADSL 设备的网络位置及连接方法 2. 学会开通一个 ADSL 用户	动手连接 ADSL 的用户端设备,对 ADSL Modem 进行数据配置,并验证连接成功	ADSL Modem;分离器;电脑	
	项目二：WLAN 接入	2	掌握 WLAN 数据配置	配置无线路由器,实现 Internet 连接	ADSL Modem;分离器;电脑	
	项目三：RJ-45 头制作	2	掌握 RJ-45 接头的制作方法	按 T568B 标准制作直通线,并用测试仪进行测试	非屏蔽双绞线;水晶头;网线钳;网线测试仪	
	项目四：EPON 接入网结构及设备	2	1. 掌握 EPON 的组网结构 2. 掌握各设备的结构及功能	参观学院实训室接入设备,记录 PON 的系统结构及核心设备 ZXA10 C200 的硬件结构,单板功能	ZXA10 C200 一套	
	项目五：ZXA10 C200 数据业务配置	4	掌握 ZXA10 C200 数据业务配置方法	登录 C200,进行物理数据配置,添加并注册 ONU,开通数据业务	ZXA10 C200 一套、客户端若干	

课程十三　铁路专用通信

课程名称	项目名称	课时数	实训目的	实训内容	主要使用的仪器设备	备注
铁路专用通信	项目一：会议通信系统日常维护及连接	4	了解和熟悉铁路视频会议通信系统的功能及组成	视频会议系统设备的类型、组成与网络结构	MCU多点控制设备；视频会议终端设备；摄像机；图象显示设备等外围设备	
	项目二：电源及环境集中监控系统日常维护及连接	4	了解和熟知通信电源及机房环境集中监控系统的功能及组成	动力环境监控设备监控对象、内容及组成、网络结构	开关电源、蓄电池等；空调设备；烟雾、湿度、温度、水浸、门禁监控设备等	
	项目三：专线电路与接入设备统日常维护及连接	4	了解和掌握专线电路主要接入设备种类及连接、接口及日常工作项目	铁路专线电路及接入设备类型、组成及构建	E1/10/100 M协议转换器或E1/V.35接口转换器、PDH等	

课程十四　数字调度通信系统

课程名称	项目名称	课时数	实训目的	实训内容	主要使用的仪器设备	备注
数字调度通信系统	项目一：传输与数调系统的连接关系	2	掌握铁路调度通信系统的功能及CTT4000的组成和组网方式	数字通道故障的判断、分析及处理处理方法	数字分析仪	
	项目二：数调前台的日常维护	2	掌握键控型及触摸屏数调前台的功能设置及常见故障的处理方法	键控型数调前台触摸屏数调前台	万用表	
	项目三：共电分机的连接及日常维护	2	掌握各种不同共电分机的连接径路及常见故障的处理方法	普通电话机、地区电缆、分线箱分系统卡接配线模块	万用表；兆欧表	

整周实训项目简介

课程十四 数字调度通信系统

课程名称	项目名称	课时数	实训目的	实训内容	主要使用的仪器设备	备注
数字调度通信系统	项目一：CTT4000网管认识	4	掌握CTT4000网管系统安装、恢复和启动等操作	CTT4000数字调度通信系统网管子系统的基本认识	数字调度通信系统维护终端	
	项目二：配置环数据	4	掌握CTT4000网管子系统中环数据的配置步骤和注意事项	网管数据配置中环数据的配置,绘制组网图	数字调度通信系统维护终端	
	项目三：配置车站数据	6	掌握网管子系统中车站数据的配置步骤和注意事项	网管数据配置中车站数据的配置	数字调度通信系统维护终端	
	项目四：典型数据的配置	6	掌握调度用户和站场用户的一般数据配置	CTT4000数字调度通信系统网管子系统数据配置	数字调度通信系统维护终端	
	项目五：中软调度台（值班台）的功能设置	4	掌握正确的操作方法及常见故障处理	呼叫、通话、试验、基本设置及故障处理	中软调度台（值班台）	

课程十五 电路认知与焊接实训

课程名称	实训名称	课时数	实训目的	实训内容	主要使用的仪器设备	备注
电路认知与焊接实训	实训一：清点材料	6	1. 掌握万用表电路的分析方法 2. 认识常用的电子元件	1. 万用表电路原理分析 2. 清点万用表元件	万用表套件等	
	实训二：二极管、电容、电阻的认识	2	1. 掌握二极管、电容的判别方法 2. 掌握电阻的识读	1. 判别二极管、电容的极性 2. 根据色环识读电阻	二极管、电容、电阻等	

续上表

课程名称	实训名称	课时数	实训目的	实训内容	主要使用的仪器设备	备注
电路认知与焊接实训	实训三：焊接前的准备工作	2	1. 掌握元件引脚的弯制方法 2. 掌握锡焊技术	1. 元件引脚的弯制 2. 焊接练习	电烙铁、烙铁架、镊子、斜口钳、焊锡等	
	实训四：元器件的安装与焊接	8	掌握万用表电路的焊接、装配方法	1. 电阻等小器件的焊接及装配 2. 掌握电位器等大器件的焊接及装配	万用表套件；电烙铁、烙铁架、镊子、斜口钳、焊锡等	
	实训五：机械部分的安装与调整	2	掌握电刷、电路板的安装方法	1. 电刷的安装 2. 电路板的安装	电刷、电路板、表头、前盖、后盖等	
	实训六：校试万用表	4	掌握万用表校试方法	1. 万用表整机调试 2. 万用表的使用	直流稳压电源、高一级电压表、电阻箱等	
	实训七：故障及原因分析	4	了解电子产品故障处理方法	所遇故障的处理	电烙铁、标准万用表等	

课程十六 电工考证培训

课程名称	实训名称	课时数	实训目的	实训内容	主要使用的仪器设备	备注
电工考证培训	实训一：单相配电盘及照明线路的安装	4	1. 熟练掌握单相电度表的读数及安装方法 2. 熟练掌握照明线路的安装及故障检修方法 3. 掌握电工布线的工艺要求	1. 按图接线 2. 线路检查 3. 通电试验 4. 故障分析与处理	万用表一块；电笔一只；电工刀、尖嘴钳、斜口钳、剥线钳、旋具（一字十字）各一把	
	实训二：日光灯电路的安装、电源变压器的判别、瓷瓶的绑法	4	1. 掌握日光灯电路的工作原理，学会普通日光灯电路和电子镇流型日光灯电路的安装和故障处理 2. 掌握电源变压器的判别、瓷瓶的绑法	1. 分别按图接线 2. 线路检查 3. 通电试验 4. 故障分析与处理 5. 电源变压器判别	万用表一块；电笔一只；电工刀；尖嘴钳；斜口钳；剥线钳	
	实训三：三相配电盘的安装方法	6	1. 掌握三相电度表的读数和安装方法 2. 掌握电流互感器的安装和使用方法	1. 分别按图接线 2. 线路检查 3. 通电试验 4. 故障分析与处理	万用表一块；电笔一只；电工刀；尖嘴钳；斜口钳；剥线钳	

课程名称	实训名称	课时数	实训目的	实训内容	主要使用的仪器设备	备注
电工考证培训	实训四：三相异步电动机降压启动电路的连接方法	6	1. 熟练掌握三相异步电动机降压启动电路的安装及电动机线头线尾的识别方法 2. 熟练掌握三相异步电动机绝缘电阻的测量方法	1. 分别按图接线 2. 线路检查 3. 通电试验 4. 故障分析与处理	万用表一块；电笔一只；电工刀；尖嘴钳；斜口钳；剥线钳	
	实训五：三相异步电动机接触器连锁正/反转控制电路	6	1. 通过对三相异步电动机接触器联锁正/反转控制线路的接线，掌握由电路原理图接成实际操作电路的方法 2. 掌握三相异步电动机正/反转的原理和方法	1. 分别按图接线 2. 线路检查 3. 通电试验 4. 故障分析与处理	万用表一块；电笔一只；电工刀；尖嘴钳；斜口钳；剥线钳	
	实训六：具有过载保护的自锁三相异步电动机单向控制电路	6	1. 通过对具有过载保护的自锁三相异步电动机单向控制电路的接线，掌握由电路原理图接成实际操作电路的方法，了解电动机单向控制的应用 2. 掌握三相异步电动机正反转的原理和方法 3. 掌握电工布线的工艺要求	1. 分别按图接线 2. 线路检查 3. 通电试验 4. 故障分析与处理	万用表一块；电笔一只；电工刀；尖嘴钳；斜口钳；剥线钳	
	实训七：触电急救	4	1. 掌握触电急救知识和操作方法 2. 了解FSR-Ⅲ模拟人的结构和实施操作方法	1. 让模拟人仰卧，接通记录仪，使模拟人头部充分后仰，畅通气道，清除口中异物，救护人跪在触电者一侧 2. 胸外挤压：以中指对准锁骨凹堂，掌心自然对准按压点，每分钟挤压80～100次	模拟人系统	

课程十七 通信终端组装与维修

课程名称	项目名称	课时数	实训目的	实训内容	主要使用的仪器设备	备注
通信终端组装与维修	项目一：原理讲解	6	了解对讲机通信系统原理	讲授对讲机通信系统的基本组成、原理	无	
	项目二：电路分解	6	掌握复杂电路的分解方法	分别画出接收、发射电路	无	
	项目三：元器件清点、识别、检测	4	了解元器件识别、检测方法	清点、识别、检测元器件	对讲机套件	
	项目四：对讲机组装	12	掌握电路的焊接	电路主板的焊接	电烙铁、焊锡、镊子等	
	项目五：常见故障处理	6	掌握故障排除方法、步骤	各种常见故障的排除	示波器等	
	项目六：对讲机调试	6	掌握对讲机的调试方法	对讲机调试	示波器等	
	项目七：验收	4	检验实训效果	对整机质量等做出评价，整理实训室	安装并调试好后的对讲机	

课程十八 专业技能考证培训——通信线务员

课程名称	实训名称	课时数	实训目的	实训内容	主要使用的仪器设备	备注
专业技能考证培训——通信线务员	实训一：全塑市内通信电缆接续	4	1.扣式接线子的使用 2.电缆色谱的编制规则 3.电缆接续尺寸的规定 4.电缆接续的操作要求	1.扣式接线子的使用 2.电缆色谱的编制规则 3.电缆接续尺寸的规定 4.电缆接续的操作要求	光缆开剥刀；扣式接线子压接钳；光、电缆维护和检测工具	
	实训二：电缆故障测试	4	1.电缆色谱的编制规则 2.电缆故障测试仪器的使用 3.电缆故障测试操作规范	1.熟悉电缆色谱的编制规则 2.熟练使用电缆故障测试工具 3.迅速查找和标记电缆故障点	兆欧表；电缆故障综合测试仪；光、电缆维护和检测工具	
	实训三：光缆开剥及接续	4	1.光缆开剥 2.光缆型号识别 3.光缆色谱及纤序识别	1.按规范要求开剥指定的光缆 2.识别并记录所开剥光缆的型号、结构及纤号排序	光纤熔接机；光纤切剥刀；光、电缆维护和检测工具	
	实训四：OTDR测试		1.OTDR的基本操作 2.OTDR参数的基本设置 3.OTDR测试图像的分析	1.OTDR的基本操作 2.OTDR参数的基本设置 3.OTDR测试图像的分析	光时域反射仪；光、电缆维护和检测工具	

课程十九　专业技能考证培训——通信勘察设计员

课程名称	项目名称	课时数	实训目的	实训内容	主要使用的仪器设备	备注
专业技能考证培训——通信勘察设计员	项目一：拓展应用与练习	4	1. 熟悉多段线的编辑和图形熟悉修改 2. 掌握图块的制作与使用 3. 掌握 CAD 图纸中嵌入对象	本次任务的实施分成两个环节，第一个环节进行基本操作的练习；第二环节按照要求完成指定图形的绘制	配置中望 CAD 和概预算软件的计算机	
	项目二：通信线路工程勘察与施工图设计	4	1. 熟悉通信线路工程勘察流程与要求 2. 具备依托 CAD 平台设计并绘制通信线路工程图纸的能力	设计指定区间主干光缆线路工程的施工图。均采用 48 芯光缆，线路起点均设在会展中心的一楼机房。本次任务执行时划分成六个小组，各小组的线路终点分别为党校、一职校、二职校、城职院、铁职院和鹿山学院的图书馆机房	配置中望 CAD 和概预算软件的计算机	
	项目三：传输设备安装工程勘察与施工图设计	4	1. 熟悉传输设备安装工程勘察流程与要求 2. 具备依托 CAD 平台设计并绘制传输设备安装工程图纸的能力	设计指定机房传输安装工程的施工图；均假设备机房无传输设备，在机房中新增传输设备负责本机房通信设备之间的互联并且要求配备不低于 155 Mbit/s 的上联端口；上联端口配置至机房 ODF 即可。本次任务执行时划分成六个小组，各小组选定的机房分别为学校 C5 实训楼的交换技术实训室、传输技术实训室、GSM-R 实训室、TD-SCDMA 实训室、华为网院和思科网院	配置中望 CAD 和概预算软件的计算机	
	项目四：交换设备安装工程概预算编制	4	能完成整个项目的概预算编制，并填写整套表格	根据给定的项目背景，编制其概预算，形成设计文件并输出	配置中望 CAD 和概预算软件的计算机	
	项目五：通信电源设备安装工程概预算编制	4	能完成整个项目的概预算编制，并填写整套表格	根据给定的项目背景，编制其概预算，形成设计文件并输出	配置中望 CAD 和概预算软件的计算机	
	项目六：架空光电缆线路工程概预算编制	4	能完成整个项目的概预算编制，并填写整套表格	根据给定的项目背景，编制其概预算，形成设计文件并输出	配置中望 CAD 和概预算软件的计算机	

课程二十　列车无线调度通信系统

课程名称	项目名称	课时数	实训目的	实训内容	主要使用的仪器设备	备注
列车无线调度通信系统	项目一：设备连接	4	掌握CIR设备线缆接口的连接、拆除	CIR设备线缆及天线的连接及拆除	CIR设备及电源	可选
	项目二：CIR设置	4	掌握频点、机车号和车次号设置	设置CIR设备的通信频点、机车号、车次号	CIR设备；便携台及相关电源	必做
	项目三：CIR遥测和上车检测	4	掌握库检台的使用	无线列调设备库检台项目应用	CIR设备；库检台	必做
	项目四：发射机电性能测试指标	4	掌握CMS50仪表测试无线设备发射机性能指标	1. 载波输出功率的测量 2. 发射机载波频率误差的测量 3. 调制灵敏度的测量 4. 调制限制的测量 5. 发射机音频失真系数的测量	450 M机车台；CIR设备；CMS50表	必做
	项目五：接收机电性能测量指标	4	掌握CMS50仪表测试无线设备接收机性能指标	1. 接收机可用灵敏度的测量 2. 抑噪灵敏度的测量 3. 门限静噪开启灵敏度的测量 4. 音频谐波失真的测量 5. 调制接收带宽的测量	450 M机车台；CIR设备；CMS50表	必做
	项目六：数据/语音单元测试	4	掌握单元测试软件的应用及单元板块的性能测试	1. 单元测试软件的学习和应用 2. CIR数据单元测试 3. CIR语音单元测试	CIR设备；测试软件	必做
	项目七：数据分析	4	掌握根据记录单元数据进行故障分析的方法	1. CIR记录单元数据导出 2. 数据分析软件的熟悉 3. 记录单元数据的读入和分析	CIR设备；分析软件	必做

第二部分

专业实验实训项目指导书

课程实验实训指导书

课程一　电路分析基础

实验一　直流电路的认知

一、实验目的

1. 学会使用电工原理实验箱。
2. 掌握直流稳压电源的使用方法。
3. 掌握万用表的使用方法。
4. 学习电路中电流、电压和电位的测量方法。

二、实验前的准备

预习内容:预习本指导书,查阅教材,理解电压和电位的概念。

思考:

1. 直流稳压电源与一般的电池有何不同?
2. 在测量电路中的电压、电流时,应怎样接入电压表和电流表?
3. 电源输出端能短路吗?

三、所需仪器仪表及设备的使用和注意事项

(一)所需的仪器仪表及设备

晶体管直流稳压电源;电工原理实验箱;万用表。

(二)仪器仪表及设备的使用

1. 晶体管直流稳压电源是供给电路电源的主要设备,它能提供 40 V 以下连续可调的直流电压(符合安全电压要求)。

2. 电工原理实验箱的使用:电工原理实验箱是完成电工技能训练的主要设备,由电路模块(或万能接线卡)、万能接线座及箱内元件等部分组成。箱内的电压表和电流表可用于测量交直流电压和电流。

3. 万用表的使用(详见"电路认知与焊接"实训相关内容):万用表用途非常广泛,可以用来测量电阻、直流电压和交流电压、直流电流,有的还可以测量电感、电容及三极管放大倍数等。

(三)注意事项

1. 使用直流稳压电源时不允许电源输出端短路,使用输出电压时要分清正/负极。

2. 使用电工原理实验箱时要选择合适的电路模块来实现电路的连接,使用箱内电压、电流表要注意量限。

3. 测量电压时,电压表应并联在被测电路中;测量电流时,电流表应串联在被测电路中。

4. 使用万用表要注意测量内容及量限,选择合适的挡位。测量电阻时,万用表每换一次挡都应调零,并选择合适的挡位使指针指在均匀的刻度范围。不允许带电测电阻。万用表使用完毕后,应转换开关置于交流电压的最高挡位或 OFF 的位置。

四、实验内容和步骤

1. 直流稳压电源的使用

(1)熟悉直流稳压电源面板上各开关、旋钮的位置,了解其使用方法。

(2)将直流稳压电源的电源插头插入 220 V 插座,合上电源开关指示灯亮。

(3)调节"粗调旋钮"到合适位置,将电流、电压指示置于电压位置,将"细调旋钮"从最小位置调到最大位置,观察直流稳压电源所配置的电压表的指示情况。

(4)按表 2-1-1 给出的电压值确定"粗调旋钮"挡位,调出该电压值。

表 2-1-1

输出电压值(V)	2.0	8.0	12.0	16.0	27.0	32.0
"粗调旋钮"挡位						

2. 万用表的使用

(1)确定被测量的是电阻、直流电压(或交流电压)还是直流电流,将转换开关置于对应的功能区。

(2)估计被测量的大小范围,选择合适量程,如果无法知道被测量大小范围,应先选用最大量程,后根据被测量的大小,改变合适量程。

(3)分辨表盘刻度,读出测量值大小。测量值 ＝(指针指示数/满偏示数)×量程

(4)按表 2-1-2 给出的条件,用万用表完成各项测量。

表 2-1-2

被测电阻(Ω)	30	100	510	1 k	10 k	20 k
指针指示值及挡位						
被测电压设置(V)	2.0	8.0	12.0	16.0	27.0	30.0
电压测量值(V)						

3. 电流、电压和电位的测量

（1）按图 2-1-1 的实验电路图，完成电路的连接。$R_1 = 300 \ \Omega$，$R_2 = 200 \ \Omega$，$R_3 = 100 \ \Omega$，$U_{S_1} = 12 \ V$，$U_{S_1} = 9 \ V$。

（2）分别以 A、D 两点为参考点，测量 I_1、I_2、I_3、U_{AB}、U_{AD}、U_{BC}、U_{BD}、U_{CD}、U_A、U_B、U_C、U_D 将所测数值填入表 2-1-3 中。注意测量时若电压表或电流表指针反偏，请将两表棒对调，测量值记负值（说明电压或电流参考方向与实际方向相反）。

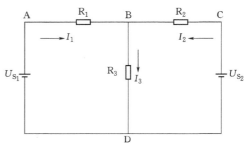

图 2-1-1　实验电路

表 2-1-3

参考点	电流(mA)			电压(V)						电位(V)			
	I_1	I_2	I_3										
A													
D													

五、实验总结

1. 完成训练步骤和对应表格数据的填写，整理实验数据，并与理论计算值进行比较，分析产生误差的原因。

2. 根据测量结果，说明电压与电位有何区别和联系。

3. 写出心得体会。

六、实验思考题

1. 晶体管直流稳压电源输出电压的调节有哪些步骤？晶体管直流稳压电源输出端为什么不允许短路？

2. 使用万用表时有什么注意事项？用万用表的电流挡或欧姆挡测量电压会有什么不良后果？为什么？

实验二　基尔霍夫定律的验证

一、实验目的

1. 验证基尔霍夫定律，加深对基尔霍夫定律的理解。

2. 进一步掌握直流稳压电源、电压表、电流表的使用。

二、实验前的准备

预习内容：预习本次实验指导书，直流稳压电源、电压表、电流表的使用方法。

思考：

1. 实验有哪些内容和步骤？

2. 直流稳压电源、电压表、电流表如何使用？如何读数？使用时应注意哪些问题？

三、所需仪器仪表及设备的使用和注意事项

(一)所需的仪器仪表及设备

电路原理实验箱一套;晶体管直流稳压电源一台。

(二)仪器仪表及设备的使用

(1)箱内电压表的使用:选择合适的量程,将电压表与被测电路并联。测直流时,正笔(红笔)应接高电位端。测量时若电压表指针反偏,应将电压表两表棒对调,再进行测量。

$$测量值 = (量程/满偏示数) \times 指针指示数$$

(2)箱内电流表的使用:选择合适的量程,将电流表与被测电路串联(电流插头一边插在电流表下的插口内,一边插在电路的相应插口内)。测直流时,正笔应接电流的流入端。改变量限前应先断开开关。若电流表指针反偏应立即将"极性"开关换向。

$$测量值 = (量程/满偏示数) \times 指针指示数$$

(三)注意事项

1. 实验前要在电工原理实验箱中合理选择电路模块,实现所做实验的电路连接。

2. 使用直流稳压电源时要分清输出电压正负极性,不允许电源输出端短路。

3. 使用电压表、电流表时要注意接法和量限选择。测量时若电压表或电流表指针反偏,请将两表棒对调,测量值记负值(说明电压或电流参考方向与实际方向相反)。

四、实验内容和步骤

(一)验证基尔霍夫电流定律

基尔霍夫电流定律:$\sum I = 0$;基尔霍夫电压定律:$\sum U = 0$ 或 $\sum U = \sum IR$。

1. 打开实验箱,找到能实现电路连接的电路模块,按图 2-1-2 所示完成电路的连接。$R_1 = 300\ \Omega, R_2 = 200\ \Omega, R_3 = 100\ \Omega, U_{S_1} = 12\ V, U_{S_1} = 9\ V$。

2. 调节稳压电源左路输出 U_{S_1} 为 12 V,右路输出 U_{S_2} 为 0 V(电压值以箱内电压表为准,U_{S_2} 为 0 V 表示电路中 U_{S_2} 处用短路线代替)。

3. 电流表量限选择为直流 50 mA,将电流表的插头依次插入电路板的三个电流插口中,测量各支路电流,记入表 2-1-4 中。

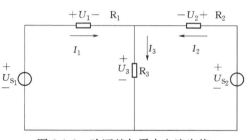

图 2-1-2　验证基尔霍夫电流定律

表 2-1-4

验证基尔霍夫电流定律								
U_{S_1}	U_{S_2}	I_1		I_2		I_3		$I_1 + I_2 = I_3$	
		计算值	测量值	计算值	测量值	计算值	测量值	计算值	测量值
12 V	0 V								
	3 V								
	6 V								

4. 分别改变 U_{S_2} 为 3 V 和 6 V，测各支路电流，记入表中。

5. 计算 $I_1 + I_2 = I_3$，验证 $I_1 + I_2 = I_3$ 是否相等。

(二)验证基尔霍夫电压定律

1. 实验线路同(一)；

2. 电压表量限选择为直流 15 V，用电压表依次测量 U_1、U_2 和 U_3，记入表 2-1-5，验证 $U_1 + U_3 = U_{S_1}$，$U_2 + U_3 = U_{S_2}$ 即 $\sum U = 0$。

表 2-1-5

U_{S_1}	U_{S_2}	U_1		U_2		U_3	
		计算值	测量值	计算值	测量值	计算值	测量值
12 V	0 V						
	3 V						
	6 V						

五、实验总结

实验报告的要求：完成表 2-1-4 和表 2-1-5，验证 $\sum I = 0$，$\sum U = 0$。

六、实验思考题

使用直流电压表、电流表时如何读取测量值？测量值在数值上一定等于指针所指示的数值吗？为什么？

实验三　正弦交流电路的认识

一、实验目的

1. 学会使用交流电流表和交流电压表。

2. 学会使用自耦调压器和试电笔。

3. 学会函数信号发生器、双踪示波器及毫伏表的使用方法。

二、实验前的准备

预习内容：

1. 学习交流电压表的使用方法。

2. 学习函数信号发生器、双踪示波器及毫伏表、自耦调压器和试电笔的使用方法。

思考：

1. 交流电压表与直流电压表有何区别？

2. 自耦调压器与隔离变压器有何区别？

3. 正弦交流信号源有哪些？

三、所需仪器仪表及设备的使用和注意事项

(一)所需的仪器仪表及设备

电工原理实验箱、单相调压器、试电笔、函数信号发生器、双踪示波器、毫伏表、交流电压表。

(二)仪器仪表及设备的使用

单相调压器:是用来调节工频 50 Hz 交流电压大小的常用仪器,输入电压为交流 220 V,通过旋转手柄实现输出电压的改变,输出电压大小在 0~250 V 之间。调压器输出不能短路,通电和断电前必须将手柄旋转回到零位。

试电笔:是用于验电的工具,可用于区分零线和相线,试电笔亮,表示电笔所接为相线,试电笔不亮,表示所接为零线。

函数信号发生器:用于产生小电压的交流信号源,输出频率 0~1 MHz,具有波形转换功能,可输出方波、三角波各正弦波。注意函数信号发生器输出端不能短路。

交流电压表:用于测量 50 Hz 交流电压的测量仪表。

毫伏表:用于测量频率范围较大,测量电压范围是 1 mV~300 V 的仪表。

示波器:示波器既可以用于测量信号的大小,还可以用于观察信号波形。

(三)注意事项

本次操作中使用的电压较高,要注意安全,以免发生人身伤亡或设备损坏事故。

四、实验内容和步骤

1. 单相调压器的使用

(1)按图 2-1-3 接线。

(2)用试电笔分清电源的相线和零线,如不符合图 3 的要求,则必须改变电源插头的方向。

(3)调节自耦调压器手柄,在电压表上可以看到电压的变化。按表 2-1-6 给出的条件,测出电压并填入表 2-1-6 中。

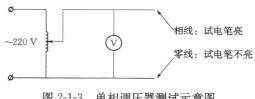

图 2-1-3 单相调压器测试示意图

表 2-1-6

调压器指示值(V)	40	80	120	160	200	240
电压表测量值(V)						

2. 单相调压器的使用

(1)接通函数信号发生器电源开关,按下波形选择按钮,按下频率范围选择按钮,调节 MAIN 和 FINE 旋钮,观察数字频率计显示值。

(2)接通毫伏表电源开关,将毫伏表输入引线与函数信号发生器输出线相连接,调节 AMPLITUDE 旋钮,改变输出电压的大小,并观察晶体管毫伏表显示值。

(3)按照上述步骤的操作方法,调出频率为 1 kHz、电压为 5 V 的正弦交流信号。将操作步骤详细填入空白的表 2-1-7 中。

3. 双踪示波器的使用

(1)接通双踪示波器电源开关,将扫描时间 TIME 旋钮置于中间(0.2 ms)位置,细调置于校正位置;将增益衰减旋钮 VAR 置于中间(0.2 V)位置,细调置于校正位置;将扫描触发方式开关置于 AUTO 位置,SOURCE 置于 INT 位置,输入方式置于 AC 位置;亮度和聚集旋钮置于合适位置；将波形显示方式置于交替 ALT 位置；调节水平位移和垂直位移旋钮，将光标置于显示屏中间位置。

表 2-1-7

（2）将函数信号发生器输出线与双踪示波器输入线相连，重新调整 TIME 和 VAR，调节触发电平 LEVEL，直至在示波器显示屏上得到完整稳定的波形。

（3）请在双踪示波器上调出频率为 1 kHz、电压为 5 V 的正弦交流信号波形。将操作步骤详细填入空白的表 2-1-8 中。

表 2-1-8

五、实验总结

根据操作步骤填写完成表 2-1-6、表 2-1-7 和表 2-1-8。

六、实验思考题

1. 根据双踪示波器所显示的波形计算出波形周期 T 和波形幅度 U。

2. 单相调压器输出电压与函数信号发生器输出电压有何区别？

实验四　R-L-C 串联谐振电路的研究

一、实验目的

1. 掌握低频信号发生器毫伏表的使用。

2. 学习观察 R-L-C 串联电路的谐振状态，测定谐振频率。

3. 理解串联谐振电路的特点。

二、实验前的准备

预习内容：预习本次实验指导书。

思考：怎样调节使电路发生谐振？ 如何找到最佳谐振点？

三、所需仪器仪表及设备的使用和注意事项

(一)所需的仪器仪表及设备

电工原理实验箱 1 台;函数信号发生器 1 台;晶体管毫伏表 1 台;双踪示波器 1 台。

(二)仪器仪表及设备的使用

见实验三中函数信号发生器、毫伏表和示波器。

(三)注意事项

1. 使用函数信号发生器时输出端不能短路。
2. 使用双踪示波器时,亮度和聚焦要调节合适,防止因亮度过高而损坏显示屏。
3. 使用晶体管毫伏表时,要防止超过量限,变换挡位时应及时校对指针零位。

四、实验内容和步骤

1. 实验原理

在图 2-1-4 的 R-L-C 串联电路中,电流 $\dot{I}=\dfrac{\dot{U}}{R+\mathrm{j}(X_\mathrm{L}-X_\mathrm{C})}$,式中感抗 $X_\mathrm{L}=\omega L=2\pi fL$,

容抗 $X_\mathrm{C}=\dfrac{1}{\omega C}=\dfrac{1}{2\pi fC}$ 。当电源频率为 f_0 时,电路中的感抗与容抗大小相等,即 $X_\mathrm{L}=X_\mathrm{C}$,电

路的端电压 $\dot{U}$ 与电流 $\dot{I}$ 同相位,此时电路发生串联谐振,f_0 称为谐振频率,$f_0=\dfrac{1}{2\pi\sqrt{LC}}$ 由

于谐振电路的电抗为零,阻抗的模 $|Z|=R$ 最小,电路呈电阻性,电路中电流的有效值 $I_0=$

$\dfrac{U}{R}$ 将达到最大,$\dot{U}_\mathrm{L}$ 和 $\dot{U}_\mathrm{C}$ 大小相等,相位相反互相抵消,$\dot{U}=\dot{U}_\mathrm{R}$ 。电流曲线如图 2-1-5 所示。

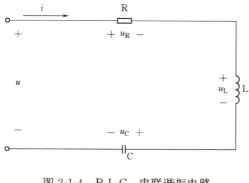

图 2-1-4　R-L-C 串联谐振电路

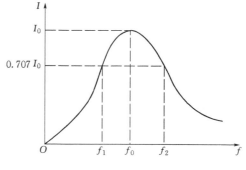

图 2-1-5　电流曲线

2. 实验步骤

(1)寻找谐振频率,验证谐振电路的特点

按图 2-1-6 接线,取 $R=1\,000\,\Omega$ 、$C=0.1\,\mu\mathrm{F}$ 、$L=10\,\mathrm{mH}$,调节信号发生器使输出电压为
3 V,调节频率,使 U_R 最大,测出 U_R 、U_L 、U_C 并读取 f_0 ,填入表 2-1-9 中。

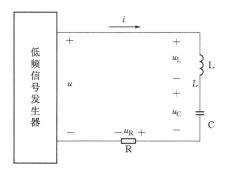
图 2-1-6　R-L-C 串联谐振接线电路

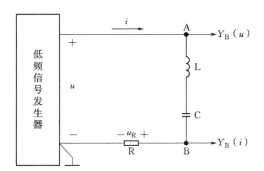
图 2-1-7　观察电流和电压相位差的接线电路

表 2-1-9

$R(\Omega)$	1 000	$L(mH)$	10	$C(uF)$	0.1
$U_R(V)$		$U_L(V)$		$U_C(V)$	
$f_0(Hz)$		$I_0=U_R/R$		Q	

（2）观察谐振曲线

按图 2-1-7 接线，调节信号发生器保持输出电压为 3 V，观察在不同的频率下（当信号发生器改变频率时，应对其输出电压及时调整，始终保持为 3 V）电压和电流的曲线，并在图 2-1-8 中画出电压与电流的相位超前、滞后、同相的波形图。

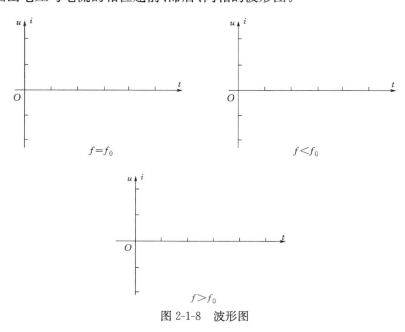
图 2-1-8　波形图

五、实验总结

1. 画出实验电路图，并绘出 $f < f_0$、$f = f_0$、$f > f_0$ 时的谐振曲线。

2. 根据实验结果，你得出什么结论？

六、实验思考题

改变 R 的大小谐振曲线有何变化？

实验五　日光灯电路的安装及功率因数的提高

一、实验目的

1. 掌握日光灯的工作原理,学会日光灯电路的安装方法。
2. 通过实验了解功率因数的提高的意义。
3. 学会功率表的使用方法。

二、实验前的准备

预习内容:分析电路基础教材相关内容和本次实验指导书。

思考:提高功率因素的意义是什么？ 如何提高功率因素？

三、所需仪器仪表及设备的使用和注意事项

(一)所需的仪器仪表及设备

DGX-Ⅲ电工原理实验箱 1 台;单相自耦调压变压器 1 台;单相功率表 1 块;可变电容箱 1 个;日光灯箱 1 台。

(二)仪器仪表及设备的使用

单相调压器:见"实验三"。

单相功率表:用于测量功率的仪表。

可变电容箱:电容值为接通电容总值之和。

日光灯箱:包含启辉器、日光灯管及镇流器等。

(三)注意事项

1. 使用功率表时,必须注意选择合适的量程。
2. 调压变压器输入、输出不能接反,接通和断开电源时都必须回零。
3. 使用电工原理实验箱内电压表和电流表时,要注意测量内容及量限。
4. 实验线路连接完毕必须经过老师检查,无误后方能接通电源。本次实验使用电源电压较高,实验过程中一定要注意人身安全。
5. 功率表的电压、电流线圈接线应符合要求,应正确选择量限。

四、实验内容和实验步骤

1. 实验原理

日光灯电路由日光灯管（A）、镇流器（L）和启辉器（S）三部分组成,如图 2-1-9 所示。当电路接通电源时,220 V 电源加在启辉器两端,使得启辉器内发生辉光放电,双金属片受热弯曲,动静触点接通,电源经镇流器、灯丝、启辉器构成电流通路使日光灯灯丝预热发射电子。启辉器接通经 1～3 s 后辉光放电结束,双金属片冷却,又把触点断开。在触点断开的瞬

间,电流被突然切断,于是在镇流器 L 上感应出大约 400～600 V 的高电压与电源电压一起加在灯管 A 两端,使灯管内气体电离而放电产生大量的紫外线,因为灯管 A 的内壁涂有荧光粉,荧光粉吸收紫外线后发射出近似日光的光线来,日光灯就开始正常工作了。

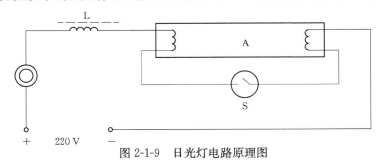

图 2-1-9　日光灯电路原理图

启辉器相当于一只自动开关,能自动接通电路(加热灯丝)或开断电路(使镇流器产生高压,使管内气体击穿放电)。镇流器的作用除了感应出高压使灯管 A 放电外,在日光灯正常工作时起限制电流的作用,镇流器的名称也由此而来。由于电路中串联了镇流器,它是电感量较大的线圈,因此电路的功率因数较低。

负载功率因数过低,一方面没有充分利用电源的容量,另一方面又在输电线路中增加损耗。为了提高功率因数,一般最常用的方法是在负载两端并联一个大小合适的电容器,抵消负载电流的一部分无功分量。实验中在日光灯接电源两端并联一个电容箱,当电容器的容量逐步增加时,电容支路的电流 I_C 也随之增加。由于电路的总电流 $\dot{I} = \dot{I}_C + \dot{I}_L$,所以,随着 I_C 的增加,电路的总电流反而逐渐减小。

2. 实验步骤

(1)按图 2-1-10 所示的实验线路接线。

(2)按表 2-1-10 的要求改变可变电容箱的电容数值,测出各支路的电流、电压及功率并填入表中。

表 2-1-10

$C(uF)$	$U(V)$	$U_L(V)$	$U_R(V)$	$I(mA)$	$I_L(mA)$	$I_C(mA)$	$P(W)$
0							
1							
2							
3							
4							
5							
6							

五、实验总结

完成表 2-1-10 的数据,分析电路中各电压间的关系。

六、实验思考题

功率因数提高的具体表现是什么? 从数据上如何分析?

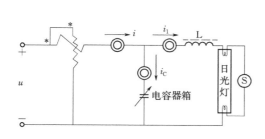

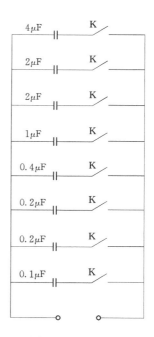

图 2-1-10　实验线路　　　　　　　　图 2-1-11　电容箱

实验六　三相交流电对称负载星形连接和三角形连接电路的测量

一、实验目的

1. 学会三相交流负载的星形和三角形的连接方法。
2. 掌握三相交流电路中线电压和相电压、线电流和相电流的测量方法。
3. 了解三相四线制交流电路中中线的作用。
4. 验证三相交流电路中线电压和相电压及线电流和相电流的关系。

二、实验前的准备

预习内容：三相交流电路中线电压和相电压、线电流和相电流的概念是什么？如何测量？

思考：在负载星形连接时，若负载对称，有中线和无中线时各相电压的关系；若负载不对称，有中线和无中线时各相电压的关系。

三、所需仪器仪表及设备的使用和注意事项

(一)所需的仪器仪表及设备

电工原理实验箱 1 台；灯泡若干；交流电压表、交流电流表。

(二)仪器仪表及设备的使用

交流电压表：选择合适量程，将电压表与被测电路并联。

交流电流表：选择合适量程，将电流表与被测电路串联。

(三)注意事项

1. 实验中应根据电路情况,在测量电压、电流时选择合适的量限。

2. 本次实验中,电路换接次数较多,要十分注意正确接线。在做负载三角形连接时,一定要记得拆出零线,以免发生电源短路。在换接电路时,应先断开电源。实验时间较长后,灯泡过热,要注意防止烫伤。

3. 本次实验使用的电源电压较高,实验过程中要注意安全,防止触电事故。

四、实验内容和步骤

1. 实验原理

当负载对称时(灯泡均为 25 W),其线电压与相电压之间的关系为 $U_L=\sqrt{3}U_P$,线电流与相电流之间的关系为 $I_L=I_P$,电源中点与负载中点间的电压为零,中线电流 $I_N=0$。若电源电压(指线电压)为 380 V,则各相的相电压为 220 V。

当三相电路出现负载不平衡(即三相负载不对称)时,由于中线的存在,各相电压依然相等,线电压与相电压的关系,线电流与相电流的关系依然符合 $U_L=\sqrt{3}U_P$,$I_L=I_P$,但此时的中线电流 I_N 不再等于零,其相量关系应为 $\dot{I}_N=\dot{I}_U+\dot{I}_V+\dot{I}_W$。

若负载不对称,同时中线断开,则电源中点与负载中点之间的电压不再为零,而是有一定的数值,各相电灯将出现亮暗不一的现象,这就是中点位移引起的各相电压不等的结果。若某相电压升高超过负载电压额定值时,将使该相负载因电压过高而烧坏。

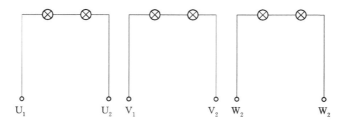

图 2-1-12　灯泡箱电路

将灯泡箱各相灯组的 U_2 与 V_1、V_2 与 W_1、W_2 与 U_1 分别首尾相联,再将 U_1、V_1 和 W_1 端引出的导线与三相电源相联,这种联接方法称为三角形连接。显然,在负载作三角形连接时 $U_L=U_P$,$I_L=\sqrt{3}I_P$。由于三相线电压与相电压相等均为 380 V,所以在实验中每相负载应用两只灯泡串联,以保证灯泡端电压不超过 220 V。

2. 实验步骤

(1)三相负载星形连接

①按图 2-1-13 所示的实验线路接线,经检查无误后,合上电源开关。分别测出对称负载有中线和无中线时的,线电压、相电压、相(线)电流及中线电流、中线电压的值并填入表 2-1-11 中。

②将 W 相负载换成 2 只 40 W 的灯泡,合上电源开关。分别测出不对称负载有中线和无中线时的,线电压、相电压、相(线)电流及中线电流、中线电压的值,并填入表 2-1-11 中。

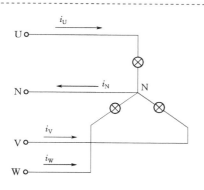
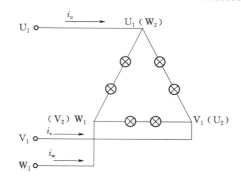

图 2-1-13　三相四线制负载星形连接　　　　图 2-1-14　三相四线制负载三角形连接

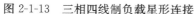

表 2-1-11

测量值 项目		线电压(V)			相电压(V)			相(线)电流(mA)			中线电流	中线电压
		U_{UV}	U_{VW}	U_{WU}	U_U	U_V	U_W	I_U	I_V	I_W	I_N	$U_{NN'}$
负载对称	有中线											
	无中线											
负载 不对称	有中线											
	无中线											

③观察负载不对称有中线和无中线时,各相灯泡的亮暗变化情况。

（2）三相三角形连接

①按图 2-1-14 所示的实验线路接线,经检查无误后,合上电源开关。分别测出对称负载相(线)电压、线电流、相电流的值并填入表 2-1-12 中。

②将 W 相负载换成 2 只 40 W 的灯泡,合上电源开关。分别测出不对称负载相(线)电压、线电流、相电流的值并填入表 2-1-12 中。

表 2-1-12

测量值 项目	相(线)电压(V)			相电流(mA)			线电流(mA)		
	U_{UV}	U_{VW}	U_{WU}	I_{UV}	I_{VW}	I_{WU}	I_U	I_V	I_W
负载对称									
负载不对称									

五、实验总结

完成表格填写。

六、实验思考题

1. 负载星形连接时,负载对称,有中线和无中线时各相电压的是否相等？若负载不对称,有中线和无中线时各相电压的是否相等？

2. 上述情况下,各线电压有变化吗？

课程二　电子技术

实验一　二极管、三极管的识别与检测

一、实验目的

(1)掌握根据外型、标志识别元器件的方法。
(2)掌握使用万用表判别二极管极性和三极管管脚的方法。
(3)掌握使用万用表判别二极管和三极管质量及材料的方法。

二、实验前的准备

预习内容:预习本指导书。查阅教材,掌握二极管和三极管的结构。
思考:
1. 为什么使用电阻挡来测量二极管的正反向电阻以判定二极管的极性?
2. 判断三极管管脚为什么要引入人体电阻?起到什么作用?

三、所需仪器仪表及设备的使用和注意事项

(一)所需的仪器仪表及设备
指针式万用表、数字万用表、二极管、三极管。

(二)仪器仪表及设备的使用
万用表:详见"电路认知与焊接"实训相关内容。

(三)注意事项
(1)指针式万用表置电阻挡时,黑表棒内接的是电源的正极,红表棒内接的是电源的负极。数字万用表恰好相反。
(2)测试元器件时,不要从根部折弯元器件的引线,以免折断引线。
(3)万用表使用要注意:量程开关位置于正确测量位置;红、黑表棒应插在符合测量要求的插孔内。
(4)实验完毕,须将万用表置电压挡,数字万用表要关闭电源。

四、实验内容和实验步骤

二极管由一个 PN 结、两根引线构成;三极管由两个 PN 结、三根引线构成。PN 结正向电阻小,反向电阻大,使用指针式万用表的电阻挡或数字万用表的二极管挡可判别二极管的极性、三极管的管脚名称及其质量和材料。

1. **二极管的识别**
(1)观察外壳上的符号标记:管体上标有"—▷—"符号,箭头指向的一端为负极,另一端为正极。
(2)观察外壳上的色点或色环:一般管体标有色环(白色或灰色)的一端为负极;管体标有色点(白色或红色)的一端为正极。

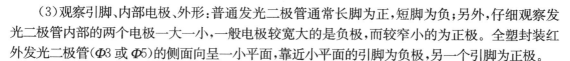

(3)观察引脚、内部电极、外形:普通发光二极管通常长脚为正、短脚为负;另外,仔细观察发光二极管内部的两个电极一大一小,一般电极较宽大的是负极,而较窄小的为正极。全塑封装红外发光二极管($\Phi3$ 或 $\Phi5$)的侧面向呈一小平面,靠近小平面的引脚为负极,另一个引脚为正极。

(4)表面安装二极管又称为贴片二极管或者 SMD 二极管。贴片二极管由于外形多种多样,其极性也有多种标注方法:在有引脚的贴片二极管中,管体有白色色环的一端为负极;在有引脚无色环的贴片二极管中,引脚较长的一端为正;无引脚的贴片二极管中,表面有色带或缺口的一端为负极;贴片发光二极管中有缺口的一端为负极。

2. 用指针万用表检测二极管

(1)鉴别正、负极性

指针式万用表欧姆挡的内部电路可以用图 2-2-1(b)所示电路等效,即黑棒接内部电源正极性,红棒接内部电源负极性。将万用表选在 $R\times100$ 或 $R\times1$ k 挡,两表棒接到二极管两端如图 2-2-1(a)所示,若表针指在几千兆以下的阻值,则接黑棒一端为二极管的正极,二极管正向导通;反之,如果表针指向很大(几百千兆)的阻值,则接红棒的那一端为正极。

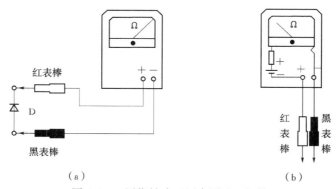

图 2-2-1　用指针式万用表测试二极管

(2)鉴别性能及材料

一般二极管的正向电阻为几千兆以下(硅管为 3～7 kΩ,锗管为几百兆～2 kΩ),要求正向电阻愈小愈好,反向电阻应大于 200 kΩ 以上。若正、反向电阻均为无穷大,则表明二极管已开路损坏;若正、反向电阻均为零,则表明二极管已短路损坏。

3. 用数字万用表检测二极管

数字万用表电阻挡的内部电源正极接红表棒,负极接黑表棒,这与指针式万用表刚好相反。数字万用表电阻挡提供的电流只有 0.1～0.5 mA,而二极管属于非线性器件,其正、反电阻值与测试电流有很大的关系。因此,用数字万用表的电阻挡测量二极管时误差值很大,通常不用此方法。

用数字万用表测量二极管的方法:挡位开关置在二极管挡,将二极管的正极接红表棒,负极接黑表棒,此时显示为二极管的正向压降值。锗二极管为 0.150～0.300 V,硅二极管为 0.400～0.700 V。同种型号的二极管测量正向压降值越小性能越好。若正极与黑表棒相接,负极与红表棒相接,则屏幕上会显示"OL"或"1"。若显示屏显示"0000"数值,则说明二极管已短路;若显示"OL"或"1",则说明二极管内部开路或处于反向状态,此时可对调表棒再测。

4. 发光二极管检测

将指针式万用表置于 $R \times 10$ k 挡，正向电阻应为 $20 \sim 40$ kΩ（普通发光二极管在 200 kΩ 以上）；反向电阻应在 500 kΩ 以上（普通发光二极管接近∞）。要求反向电阻值越大越好。

用数字万用表检测时，挡位开关置在二极管挡，红表棒接正极、黑表棒接负时的压降值应为 $0.96 \sim 1.56$ V，对调表棒后，屏幕显示显示的数字应为溢出符号"OL"或"1"。

将上述二极管测量数据填入表 2-2-1。

表 2-2-1　二极管测量数据记录表

被测二极管型号	指针式万用表		数字万用表		材料	质量
	正向电阻	反向电阻	正向压降	反向压降		

5. 三极管的识别

国产中小功率金属封装三极管通常在管壳上有一个小凸片，与该小凸片相邻最近的引脚即为发射极；大功率金属封装三极管，其外壳通常为集电极，在有些管子上还会标出另外两个电极；在一些塑料封装的三极管中，有时也会标出各引脚的名称。

6. 用指针式万用表检测三极管

三极管的结构犹如"背靠背"的两个二极管，如图 2-2-2 所示。测试时用 $R \times 100$ 或 $R \times 1$ k挡。

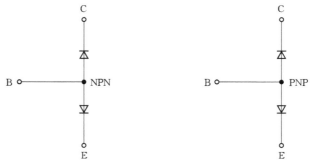

图 2-2-2　三极管的两个 PN 结结构示意图

（1）判断基极 B 和管子的类型

用万用表的红表棒接三极管的某一极，黑表棒依次接另外两个极，若两次测得电阻都很小（在几千兆以下），则红表棒接的为 PNP 型管子的基极 B；若测得电阻都很大（在几百兆以上），则红表棒所接的是 NPN 型管子的基极 B。若两次测得的阻值为一大一小，应换一个极再测量。值得注意的是：当测得某一极与另外两个极的电阻都很大时，应调换表棒，再测电阻是否都很小。

（2）确定发射极 E 和集电极 C

以 PNP 型管子为例,用万用表红表棒接假设的 C 极,黑表棒接假设的 E 极,同时用一个 100 kΩ 的电阻一端接 B 极,另一端接假设 C 极(相当于注入一个 I_B),观察接上电阻时表针摆动的幅度大小。再把假设的 C、E 两极对调,重测一次。表针摆动大(电阻小)的一次,红表棒所接的为管子的集电极 C,另一个极为发射极 E。一般用潮湿的手捏住基极 B 和假设的集电极 C,不要使这两极相碰,以人体电阻代替 100 kΩ 电阻,同样可以判别管子的极性。如图 2-2-3 所示。

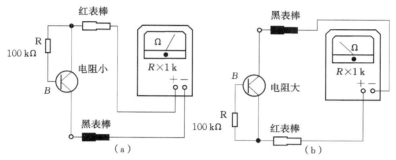

图 2-2-3　C 极和 E 极的判别

NPN 型管判断的方法相类似,表棒位置正好与 PNP 型管子相反。

测试过程中,若发现晶体管任何两极之间的正、反向电阻都很小(接近于零)或都很大(表针不动),这表明管子已击穿或烧坏。

（3）测试练习

根据给出的晶体三极管,并进行测试,完成表 2-2-2 和表 2-2-3 的填写。

表 2-2-2　三极管管型、管脚判别记录表

被测三极管型号	管型(NPN 或 PNP)	三极管引脚(名称)			三极管管脚示意
		1	2	3	

表 2-2-3　三极管质量判别测量数据记录表

被测三极管型号	管型 (NPN 或 PNP)	引脚间 电阻名称	反向电阻	正向电阻	万用表挡位	质量
		R_{BE}				
		R_{BC}				
		R_{CE}				
		R_{BE}				
		R_{BC}				
		R_{CE}				

7. 用数字万表检测三极管

将数字万用表置二极管挡,红表棒固定任接某个引脚,黑表棒依此接触另外两个引脚,若两次显示值均小于 1 V 或都显示溢出符号"OL"或"1",则红表棒接的引脚就是基极,同时,根据显示值可判断出 NPN 型或 PNP 型管。如果在两次测试中一次显示小于 1 V,另一次显示"OL"或"1",则表明红表棒所接的引脚不是基极,应改换其他引脚重新测量,直到找出基极为止。

用红表棒接基极,用黑表棒先后接触其他两个引脚,若显示数值为 0.6~0.8 V,则被测管属于硅 NPN 型中、小功率三极管。其中,显示数值略大的一次黑表棒所接的电极为发射极。若显示数值为 0.400~0.600 V,被测管属于硅 NPN 型大功率管;若显示数值都小于 0.4 V,则被测管属于锗三极管。例如:用红表棒接 9018 的中间那个管脚,黑表棒分别接另外两个管脚,测得 0.755 V 和 0.759 V 两个电压值。其中,0.755 V 为"B"与"C"之间的电压;0.759 V 为"B"与"E"之间的电压。同时可判断 9018 为硅 NPN 型小功率管。

PNP 型管判断的方法相类似,而表棒位置正好与 NPN 型管子相反。

五、实验总结

(1)总结用指针式万用表、数字万用表测试二极管和三极管的方法。
(2)说明指针式万用表、数字万用表位于电阻挡时内部电源极性与表棒颜色的关系。

六、实验思考题

测试小功率三极管时为什么指针式万用表用 $R\times100$ 或 $R\times1$ k 挡?而数字万用表测量晶体管时为什么不用电阻挡?

实验二　常用电子仪器的使用

一、实验目的

(1)掌握任意波形发生器的基本使用方法。
(2)掌握数字存储示波器的基本使用方法。
(3)掌握台式数字万用表的使用方法。

二、实验前的准备

预习内容:预习本指导书。熟悉上述三种仪器的面板和用户界面,掌握仪器的基本功能及使用方法。

思考:数字仪器仪表与模拟仪器仪表相比有哪些优势?

三、所需仪器仪表及设备的使用和注意事项

(一)所需的仪器仪表及设备

SDG1025 任意波形发生器;SDS1062 数字存储示波器;VT804 台式数字万用表。

(二)仪器仪表及设备的使用

SDG1025 任意波形发生器采用直接数字合成(DDS)技术,可生成精确、稳定、低失真的输出信号。双通道输出,125 MSa/s 采样率,14 bit 垂直分辨率输出 5 种标准波形,内置 48 种任意波形。

数字示波器具有波形触发、存储、显示、测量、波形数据分析处理且有自动测量的能力等独特优点。

SDS1062 系列数字存储示波器采用彩色 TFT-LCD 及弹出式菜单显示,带宽为 60 MHz,双通道,实时采样率 1 GSa/s,存储深度 2 Mpts;3 种光标模式、32 种自动测量种类等特点,是小型、轻便及操作灵活的便携式仪器。

UT804 是 40000 计数 4 3/4 数位,自动量程真有效值数字台式机。它具有全功能模拟条图显示,全量程过载保护,电池、市电双供电方式,是较为优越的高精度电工测量仪表。可用于测量:真有效值交流或(AC+DC)电压和电流、直流电压和电流、电阻、二极管、电路通断、电容、频率、占空比、温度、(4~20 mA)%、最大/最小值、相对测量等参数。并具有白色背光、用户设置、RS-232 和 USB 数据传输、9 999 条数据存储、数据保持和电池供电状态下欠压显示和自动关机功能。

(三)注意事项

1. SDG1025 任意波形发生器输出端不允许短路。

2. SDS1062 数字存储示波器注意所选通道与面板按键模式相一致。

3. UT804 台式数字万用表选择量程要合适。

四、实验内容和步骤

(一)掌握 SDG1025 任意波形发生器的基本使用方法

1. 基本要求

掌握 SDG1025 任意波形发生器的基本使用方法;熟悉 SDG1025 任意波形发生器面板和用户界面。

2. 实例操作练习

(1)输出正弦波

输出一个频率为 50 kHz、幅值为 5Vpp、偏移量为 1Vdc 的正弦波。操作步骤如下:

①设置频率值

在操作菜单区选择 Sine→频率/周期→频率。

使用数字键盘输入"50"→选择单位"kHz"→50 kHz。

②设置幅度值

在操作菜单区选择 Sine→幅值/高电平→幅值。

使用数字键盘输入"5"→选择单位"Vpp"→5Vpp。

③设置偏移量

在操作菜单区选择 Sine→偏移量/低电平→偏移量。

使用数字键盘输入"1"→选择单位"Vdc"→1Vdc。

将频率、幅度和偏移量设定完毕后,选择当前所编辑的通道输出,便可输出设定的正弦波。

注意事项:

数字输入控制:编辑波形时参数值的设置,可用数字键盘直接键入数值来改变参数值,也可以使用方向键来改变参数值所需更改的数据位,通过旋转旋钮可改变该位数的数值。

通道输出控制:在数字方向键的下面有两个输出控制按键,使用 Output 按键,将开启/关闭前面板的输出接口的信号输出,选择相应的通道,按下 Output 按键,该按键就被点亮,打开输出开关,同时输出信号,再次按 Output 按键,将关闭输出。

(2)输出方波波形

输出一个频率为 50 kHz、幅值为 5Vpp、偏移量为 1Vdc,占空比为 60％的方波波形。操作步骤如下:

①设置频率值

选择 Square→频率/周期→频率。

使用数字键盘输入"50"→选择单位"kHz"→50 kHz。

②设置幅度值

选择 Square→幅值/高电平→幅值

使用数字键盘输入"5"→选择单位"Vpp"→5Vpp。

③设置偏移量

选择 Square→偏移量/低电平→偏移量。

使用数字键盘输入"1"→选择单位"Vdc"→1Vdc。

④设置占空比

选择 Square→占空比。

使用数字键盘输入"60"→选择单位"％"→60％,将频率、幅度、偏移量和占空比设定完毕后,选择当前所编辑的通道输出,便可输出设定的方波波形。

(3)输出三角波/锯齿波波形

输出一个周期为 20 μs、幅值为 5Vpp、偏移量为 1Vdc、对称性为 60％的三角波/锯齿波波形。操作步骤如下:

①设置周期值

选择 Ramp→频率/周期→周期。

使用数字键盘输入"20"→选择单位"μs"→20 μs。

②设置幅度值

选择 Ramp→幅值/高电平→幅值。

使用数字键盘输入"5"→选择单位"Vpp"→5Vpp。

③设置偏移量

选择 Ramp→偏移量/低电平→偏移量。

使用数字键盘输入"1"→选择单位"Vdc"→1Vdc。

④设置占空比对称性

选择 Ramp→对称性。

使用数字键盘输入"60"→选择单位"％"→60％,将周期、幅度、偏移量和对称性设定完毕后,选择当前所编辑的通道输出,便可输出设定的三角波/锯齿波形。

(二)掌握 SDS1062 数字存储示波器的基本使用方法

1. 熟悉 SDS1062 的面板和用户界面

SDS1062 的前面板包括垂直系统水平系统、触发系统、常用功能按钮区、执行控制区;另外有一个万能旋钮,显示屏右侧的一列 5 个灰色按键为菜单操作键,通过他们可以设置当前菜单的不同选项。通过菜单操作键和其他功能键,可以进入不同的功能菜单或直接获得特定的功能应用。

两个重要功能键:

AUTO 按钮为自动设置的功能按钮,根据输入信号,可自动调整电压挡位、时基及触发方式至最好形态显示。

HELP 帮助键,按下该键示波器处于帮助状态,按各个按钮进入各自功能说明,再次按HELP 帮助键,退出帮助状态。

SDS1062 的界面显示区:

(1)触发状态:

Armed:已配备。示波器正在采集预触发数据。在此状态下忽略所有触发。

Ready:准备就绪。示波器已采集所有预触发数据,并准备接受触发。

Trig'd:已触发。示波器已发现一个触发并正在采集触发后的数据。

Stop:停止。示波器已停止采集波形数据。

Stop:采集完成。波器已完成一个"单次序列"采集。

Auto:自动。示波器处于自动模式,并在无触发状态下采集波形。

Scan:扫描。在扫描模式下示波器连续采集,并显示波形。

(2)显示当前波形窗口在内存中的位置。

(3)使用标记显示水平触发位置,旋转水平 POSITION 旋钮调整标记位置。

(4)❶打印钮选项选择打印图像;❺打印钮选项选择储存图像。

(5)▣后 USB 口设置为计算机;▤后 USB 口设置为打印机。

(6)显示波形的通道标志。

(7)使用屏幕标记表明显示波形的接地参考点。若没有标记,不会显示通道。显示信号信源。

(8)信号耦合标志。

(9)以读数显示通道的垂直刻度系数。

(10)B 图标表示通道是带宽限制的。

(11)以读数显示主时基设置。

(12)显示主时基波形的水平位置。

(13)采用图标显示选定的触发类型。

(14)显示当前示波器设置的日期跟时间。

(15)用读数表示"边沿"和"脉冲宽度"触发电平。

(16)以读数显示当前信号频率。

SDS1062 的后面板：

(1)Pass/Fail 输出口,输出 Pass/Fail 检测脉冲。

(2)RS-232 连接口,连接测试软件或波形打印(速度稍慢)。

(3)USB Device 接口,连接测试软件或波形打印(速度快)。

(4)电源输入接口,三孔电源输入。

2. 实例操作练习

(1)检验示波器是否正常工作

1)打开示波器电源

示波器执行所有自检项目,并确认通过自检,按下 DEFAULT SETUP 按钮。探头选项默认的衰减设置为 1×。

2)将示波器探头上的开关设定到 1×,并将探头与示波器的通道 1 连接

将探头连接器上的插槽对准 CH1 同轴电缆插接件(BNC)上的凸键,按下去即可连接,然后向右旋转以拧紧探头。将探头端部和基准导线连接到"探头元件"连接器上。

3)按下 AUTO 按钮

可观察到频率为 1 kHz 电压约为 3 V 峰峰值的方波。

4)按两次 CH1 菜单按钮删除通道 1,按下 CH2 菜单按钮显示通道 2,重复步骤 2 和步骤 3。

注意事项：

在使用探头时要避免电击,应使手指保持在探头主体上防护装置的后面;在探头连接到电压电源时不可接触探头顶部的金属部分。

示波器测量的信号是对"地"的参考电压,接地端要正确接地,不可造成短路。

(2)简单测量

由信号发生器提供一个 $f=1$ kHz,Vpp=5 V 的正弦被测信号,迅速显示和测量信号的频率和峰峰值。

1)使用自动设置

快速显示被测信号,可按如下步骤进行：

按下 CH1 菜单按钮,将探头选项衰减系数设定为 10×,并将探头上的开关设定为 10×。

将通道 1 的探头连接到信号发生器的输出端。

按下 AUTO 按钮,示波器将自动设置垂直、水平、触发控制。若要优化波形的显示,可在此基础上手动调整上述控制,直至波形的显示符合要求。

提示:示波器根据检测到的信号类型在显示屏的波形区域中显示相应的自动测量结果。

2)进行自动测量

测量信号的频率、峰峰值按如下步骤进行：

①按 MEASURE 按钮,显示自动测量菜单。

②按下顶部的选项按钮。

③按下时间测试选项按钮,进入时间测量菜单。

④按下信源选项按钮,选择信号输入通道。

⑤按下类型选项按钮,选择频率。

相应的图标和测量值会显示在第三个选项处。

3)测量信号的峰峰值

按 MEASURE 按钮,显示自动测量菜单。

按下顶部的选项按钮。

按下电压测试选项按钮,进入电压测量菜单。

按下信源选项按钮,选择信号输入通道。

按下类型选项按钮,选择峰峰值。

相应的图标和测量值会显示在第三个选项处。

提示:

测量结果在屏幕上的显示会因为被测量信号的变化而改变。如果"值"读数中显示为＊＊＊＊,请尝试"Volt/div"旋钮旋转到适当的通道以增加灵敏度或改变"S/div"设定。

3. 掌握 UT804 台式数字万用表的基本使用方法

(1)熟悉 UT804 台式数字万用表面板

UT804 台式数字万用表前面板,其中旋钮开关及按键的功能的说明见表 2-2-4。

表 2-2-4　旋钮开关及按键功能

开关位置	功能说明	开关位置	功能说明
$\overline{\overline{V}}$	直流电压测量	STORE	存储键
$\tilde{V}$	交流电压测量	HOLD	数据保持键
mV $\overline{\overline{}}$	直流毫伏电压测量	EXIT	功能退出键
Hz	频率测量	MAX MIN	最大、最小值键
Duty	频率信号占空比测量	REL △	相对测试键
Ω	电阻测量	AC＋DC 键	AC＋DC 键
▶⊢	二级管 PN 结电压测量	SELECT	附加功能选择键
·)))	电路通断测量	SETUP	设置键
⊣⊢	电容测量	RECALL	回读数据键
℃	摄氏温度测量	◀	左选择键
℉	华氏温度测量	Peak	峰值测量键
μA ≈	μA 交直流电流量程测量	▶	右选择键
mA ≈	mA 交直流电流量程测量	LIGHT	背光开关键
A ≈	10 A 交直流电流量程测量	SEND	数据发送键
％	(4～20 mA)百分比测量	－	递减键
RANGE	量程切换键	＋	递增键

（2）掌握测量操作方法

①交直流电压测量

a. 将红表笔插入"V"插孔，黑表笔插入"COM"插孔。

b. 将功能量程开关置于直流电压测量挡或交流电压测量挡，并将表笔并联到待测电源或负载上。

c. 从显示器上直接读取被测电压值。交流测量显示值为真有效值。

d. 仪表的输入阻抗在直流、交流电压测量挡功能约为 10 MΩ，这种负载在高阻抗的电路中会引起测量上的误差。大部分情况下，如果电路阻抗在 10 kΩ 以下，误差可以忽略（0.1 %或更低）。

注意事项：

不要输入高于 1 000 V 的电压。测量更高的电压是有可能的，但有损坏仪表的危险。

在测量高电压时，要特别注意避免触电。

在完成所有的测量操作后，要断开表笔与被侧电路的连接。

②直流 mV 电压测量

a. 将红表笔插入"mV"插孔，黑表笔插入"COM"插孔。

b. 将功能量程开关置于"mV"直流电压测量挡，并将表笔并联到待测电源或负载上。

c. 从显示器上直接读取被测电压值。

d. 仪表的输入阻抗在"mV"直流电压测量挡功能约为 2 GΩ。

注意：不要输入高于 200 mV 的电压。

③交/直流电流测量

a. 直流微安挡测量

（a）将红表笔插入"μAmA"插孔，黑表笔插入"COM"插孔。

（b）将功能量程开关置于"μA"电流测量挡，并将表笔串联到待测回路中。

（c）从显示器上直接读取被测电流值。

b. 交流微安挡测量

按蓝色 SELECT 按键切换到交流电流测量，其余操作与直流微安挡测量相同。交流测量显示值为真有效值。

c. 交/直流毫安挡测量

将功能量程开关置于"mA"电流测量挡，其余操作与直流微安挡、交流微安挡测量相同。

d. 直流安培挡测量

（a）将红表笔插入"10 A"插孔，黑表笔插入"COM"插孔。

（b）将功能量程开关置于"A"电流测量挡，并将表笔串联到待测回路中。

（c）从显示器上直接读取被测电流值。

e. 交流安培挡测量

按蓝色 SELECT 按键切换到交流电流测量，其余操作与直流安培挡测量相同。交流测量显示值为真有效值。

注意事项：

在仪表串联到待测回路之前，应先将回路中的电源关闭。

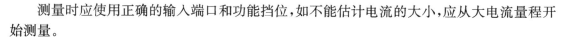

测量时应使用正确的输入端口和功能挡位,如不能估计电流的大小,应从大电流量程开始测量。

小于或等于 5 A 允许连续测量;大于 5 A(最大量程为 10 A)连续测量时间。为了安全使用,每次测量时间应小于或等于 10 s,间隔时间应大于 15 min。

当表笔插在电流输入端口上时,切勿把表笔测试针并联到任何电路上,会烧断仪表内部保险丝和损坏仪表。

在完成所有的测量操作后,应先关断电源再断开表笔与被测电路的连接。对大电流的测量更为重要。

④电阻测量

a. 将红表笔插入"Ω"插孔,黑表笔插入"COM"插孔。

b. 将功能量程开关置于"Ω·))→+"测量挡,按蓝色 SELECT 按键选择电阻测量"Ω"挡,并将表笔并联到被测电阻两端上。

c. 从显示器上直接读取被测电阻值。

注意事项:

如果被测电阻开路或阻值超过仪表最大量程时,显示器将显示"0L"。

当测量在线电阻时,在测量前必须先将被测电路内所有电源关断,并将所有电容器放尽残余电荷,才能保证测量正确。

在低阻测量时,表笔会带来 0.1~0.2 Ω 电阻的测量误差。为获得精确读数可以利用相对测量功能。首先短路输入表笔再按 REL△键,待仪表自动减去表笔短路显示值后,再进行低阻测量。

测量 1 MΩ 以上的电阻时,可能需要几秒钟后读数才会稳定。这对于高阻的测量属正常。为了获得稳定读数可用测试短线进行测量。测量非固定电阻时,按下 RANGE 键开机,使用仪表的模拟电阻信号测量模式,此测量模式下仪表最后一位数字不显示,测量精度不变。

在完成所有的测量操作后,要断开表笔与被测电路的连接。

⑤电路通断测量·))

a. 将红表笔插入"Ω"插孔,黑表笔插入"COM"插孔。

b. 将功能开关置于"Ω·))→+"测量挡,按蓝色 SELECT 键选择电路通断测量·)),并将表笔并联到被测电路负载的两端。如果被测二端之间电阻≤50 Ω,蜂鸣器声响。

c. 从显示器上直接读取被测电路负载的电阻值,单位为 Ω。

注意事项:

当检查在线电路通断时,在测量前必须先将被测电路内所有电源关断,并将所有电容器放尽残余电荷。

电路通断测量,开路电压约为-1.2 V,量程为 400 Ω 挡。

在完成所有的测量操作后,要断开表笔与被测电路的连接。

⑥二极管测量→+

a. 将红表笔插入"Ω"插孔,黑表笔插入"COM"插孔。

红表笔极性为"+",黑表笔极性为"-"。

b. 将功能开关置于"Ω ·)) ⊶"测量挡,按蓝色 SELECT 键选择二极管测量,红表笔接到被测二极管的正极,黑表笔接到二极管的负极。

c. 从显示器上直接读取被测二极管的近似正向 PN 结结电压。对硅 PN 结而言,一般约为 0.5~0.8 V,而锗 PN 结结电压一般约为 0.2~0.4 V 确认为正常值。

注意事项:

如果被测二极管开路或极性反接时,显示"OL"。

当测量在线二极管时,在测量前必须首先将被测电路内所有电源关断,并将所有电容器放尽残余电荷。

二极管测试开路电压约为 2.8 V。

在完成所有的测量操作后,要断开表笔与被测电路的连接。

⑦电容测量

a. 将红表笔插入"⊣⊢"插孔,黑表笔插入"COM"插孔。

b. 将量程开关置于"⊣⊢"挡位,此时仪表可能会显示一个固定读数,此数为仪表内部的分布电容值。对小于 10 nF 电容的测量,被测量值一定要减去此值,才能确保测量精度。在测量中可以利用相对测量功能,首先按 REL△键,待仪表自动减去开路显示值后,再进行小电容测量。

c. 建议用测试短线输入进行电容测量,可以减小分布电容的影响。

注意事项:

a. 如果被测电容短路或容值超过仪表的最大量程时,显示器将显示"OL"。

b. 对于大于 400 μF 电容的测量,会需要较长的时间,此时模拟条指针会指示完成测量过程的存余时间,便于正确读数。

c. 为了确保测量精度,在测量过程中仪表内部会对被测电容进行放电,在放电模式下 LCD 会显示"—",但放电过程较慢。建议电容在测试前将电容全部放尽残余电荷后再输入仪表进行测量,对带有高压的电容更为重要,避免损坏仪表和伤害人身安全。

d. 在完成测量操作后,要断开表笔与被测电容的连接。

⑧频率/占空比测量

a. 将红表笔插入"Hz"插孔,黑表笔插入"COM"。

b. 将功能量程开关置于"$\frac{Hz\%}{mV}$"测量挡位,并按蓝色 SELECT 键选择 Hz 功能,将表笔并联到待测信号源上。

c. 从显示器上直接读取被测频率值。

d. 按下蓝色 SELECT 键可选择占空比测量。

e. 测量时必须符合输入幅度要求:

10 Hz~40 MHz 时,200 mV≤a≤30 V RMS;>40 MHz 时,未指定。

f. 不要输入高于 30 V RMS 被测频率电压,避免伤害人身安全。

g. 在完成所有的测量操作后,要断开表笔与被测电路的连接。

⑨温度测量

a. 将量程开关置于"℃ ℉"挡位,此时 LCD 显示"0L",短路表笔则显示室温。

b. 将温度 K 型插头按图示插入对应孔位。

c. 将温度探头探测被测温度表面,数秒后从 LCD 上直接读取被测温度值。

d. 按下蓝色 SELECT 键可选择摄氏温度、华氏温度测量。

注意事项:

仪表所处环境温度超出 12 ℃~35 ℃范围之外,否则会造成测量误差,在低温环境测量更为明显。

在完成所有的测量操作后,取下温度探头。

点式 K 型(镍铬~镍硅)热电偶(仅适用于 230 ℃以下温度的测量)。

⑩(4~20 mA)％测量

将量程开关置于"$\widetilde{mA}$％"挡位,按蓝色 SELECT 键选择(4~20 mA)％功能,测试方法类同直流电流测量;4~20 mA 范围按百分比显示:<4 mA 显"L0";4 mA 显"0％";20 mA 显"100％";>20 mA 显"HI"。

注意事项:

在仪表及被测负载连接到待测回路之前,应先将回路中的电源关闭。

不要输入高于 250 V 的供电电压,测量更高的电压是有可能的,但有损坏仪表的危险。

被测负载最大电流不得大于 10 A,小于或等于 5 A 允许连续测量;大于 5~10 A 连续测量时间。为了安全使用,每次测量时间应小于或等于 10 s,间隔时间应大于 15 min。

在测量时,要特别注意避免触电。

在完成所有的测量操作后,应先关断电源,再移开转换插头座的插头与供电网络插孔的连接。

4. 综合练习

1. 调节任意波形发生器有关旋钮,按表 2-2-5 要求输出正弦波信号。

2. 用数字示波器自动测量功能进行测量,任意波形发生器输出信号的电压峰峰值、周期、频率;用数字万用表测量信号的有效值,将实验结果记入表 2-2-5 中。

表 2-2-5　任意波形发生器输出信号测量数据记录表

任意波形发生器输出		示波器测量			数字万用表测量值/
频率/Hz	峰峰值/V	峰峰值/V	周期/ms	频率/Hz	V(有效值)
200	0.3				
1 000	1.5				
10 000	5				

五、实验总结

(1)总结实验中所使用的任意波形发生器的调节使用要点。

(2)总结实验中所使用的数字存储示波器与模拟示波器调节使用的异同之处。

(3)总结实验中所使用的台式数字万用表的使用要点及注意事项。

六、实验思考题

数字式仪表与模拟式仪表在使用过程中的异同之处有哪些?

实验三　单管共射放大电路

一、实验目的

(1)掌握放大电路静态工作点的调试和测量方法。
(2)掌握放大电路电压放大倍数 A_u 及最大不失真输出电压 U_{omax} 的测量方法。
(3)了解电路元器件参数改变对静态工作点及放大电路性能的影响。

二、实验前的准备

预习内容:预习本指导书。查阅教材,掌握基本共射放大电路的结构和工作原理。
思考:
1. 如何保证基本共射放大电路中晶体管的工作状态?
2. 如果把基极偏置电阻 Rb1 中 51 kΩ 固定电阻去掉可能会产生什么后果?

三、所需仪器仪表及设备的使用和注意事项

(一)所需的仪器仪表及设备

SDG1025 任意波形发生器;SDS1062 数字存储示波器;VT804 台式数字万用表;模拟电路实验箱。

(二)仪器仪表及设备的使用

1. SDG1025 任意波形发生器、SDS1062 数字存储示波器。VT804 台式数字万用表、见实验二。

2. 模拟电路实验箱:由电源、课程设计的各功能模块。分立元件库等部分组成,可满足实验的基本要求。

(三)注意事项

(1)各种仪器的接地端必须接在同一电位上进行测量。
(2)注意输入 5 mV 信号采用输入端衰减法,即信号发生器输出 500 mV 信号经过 100∶1衰减器得到 5 mV 信号。
(3)实验完毕,必须关闭各种仪器设备的电源,恢复原样。

四、实验内容和步骤

图 2-2-4 为电阻分压式共射极单管放大电路实验电路图,它的偏置电路采用 R_{B1} 和 R_{B2} 组成的分压电路,并在发射极中接有电阻 R_E,以稳定放大电路的静态工作点。当在放大电路的输入端加入输入信号 U_i 后,在放大电路的输出端便可得到一个与 U_i 相位相反,幅值被放大了的输出信号 U_o,从而实现了电压放大。

放大电路为了获得最大不失真输出信号,必须合理设置静态工作点。如果静态工作点太高或太低或输入信号过大,会使输出波形对应产生饱和、截止和非线性失真,如图 2-2-5 所示。对于小信号放大电路,由于信号比较弱,工作点都选择交流负载线的中点附近。改变电路参数 V_{CC}、R_C、R_{B1}、R_{B2},都会引起静态工作点的变化,但通常多采用调节偏置电阻 R_{B1} 的方法来改变静态工作点,如减小 R_{B1},则可使静态工作点提高。

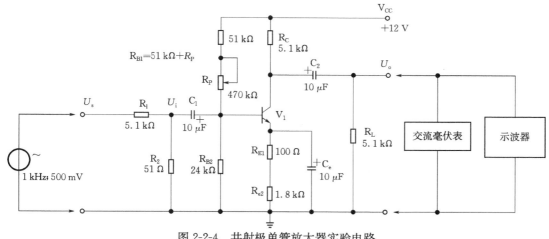

图 2-2-4　共射极单管放大器实验电路

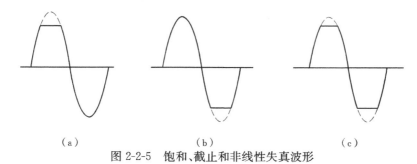

（a）　　　　　　　　　　　（b）　　　　　　　　　　　（c）

图 2-2-5　饱和、截止和非线性失真波形

电压放大倍数 A_u 是指放大电路正常工作时对输入信号的放大能力,即 $A_u = \dfrac{U_o}{U_i}$,式中 U_o、U_i 为输出和输入电压的有效值。调整放大电路到合适的静态工作点,然后加入输入电压 U_i,在输出电压 U_o 不失真的情况下,用交流毫伏表测出 U_i 和 U_o 的有效值,即可求出电压放大倍数 A_u。

按图 2-2-4 所示连接电路(注意:接线前先测量 +12 V 电源,关断电源后再连线)。

1. 测量静态工作点

在输入信号 $U_i = 0$ 的情况下,调整 R_P,使发射极对地的电压 $V_E = 2.2$ V,用数字万用表的直流电压挡分别测量 U_{BE}、U_{CE},用直流电流挡分别测量 I_B、I_C,将测量结果填入表 2-2-6 中。

表 2-2-6　静态工作点测量数据记录表

U_{BE}/V	U_{CE}/V	$I_B/\mu A$	I_C/mA

2. 测量电压放大倍数

在上述静态条件下,调节函数信号发生器,使信号频率 $f = 1$ kHz ,幅度为 500 mV,经过 100∶1 衰减器使 $U_i = 5$ mV。在表 2-2-7 所列的四种情况下,用交流毫伏表测量 U_o 的值记录表中,并计算 A_u。同时用双踪示波器观察 U_i 和 U_o 端波形,并比较相位。

表 2-2-7　电压放大倍数测量数据记录表

给定参数		测量值		计算值
R_C/kΩ	R_L/kΩ	U_i/mV	U_o/V	A_u
5.1	∞	5		
2	∞	5		
5.1	5.1	5		
5.1	2	5		

3. 测量最大不失真输出电压

置 R_C＝5.1 kΩ，R_L＝5.1 kΩ，输入信号频率不变，逐渐加大输入信号幅度，同时调节 R_P，用示波器观察 U_o，当输出波形同时出现削底和削顶现象时，如图 2-2-5(c)所示，说明静态工作点已调在交流负载线的中点。然后反复调整输入信号，使波形输出幅度最大且无明显失真时，用交流毫伏表测量输入电压有效值 $U_{i_{max}}$、输出电压有效值 $U_{o_{max}}$，用示波器直接读出输出电压峰峰值 $U_{o_{PP}}$，记入表 2-2-8 中。放大电路动态范围等于 $U_{O_{PP}} = 2\sqrt{2}U_O$。

表 2-2-8　最大不失真输出电压测量数据记录表

$U_{i_{max}}$	$U_{o_{max}}$	$U_{o_{PP}}$

4. 观察静态工作点对输出波形失真的影响

(1)在上述步骤 3 的基础上，然后逐步加大输入信号让输出波形出现图 2-2-9(c)的失真情况，绘出 U_o 波形，并测出失真情况下的 U_{BE} 和 U_{CE} 值(注意：测量时将信号发生器断开)，将结果记入表 2-2-9 中。

(2)将电路恢复至步骤 3 的基础上，然后保持输入信号不变，分别增大或减小 R_P，使输出波形出现如图 2-2-5(a)和图 2-2-5(b)所示的失真情况，分别测出失真情况下的 U_{BE} 和 U_{CE} 值，并将实验结果记入表 2-2-9 中。

表 2-2-9　静态工作点对输出波形失真影响的实验结果记录表

R_P 值	U_{BE}/V	U_{CE}/V	U_o 波形	失真情况	三极管状态
合适					
最大					
最小					

注意：若失真观察不明显，可增大或减小 U_i 幅值重测。

五、实验总结

(1)整理实验数据，进行必要的计算，列出表格并画出波形。
(2)总结 R_{B1}，R_C 和 R_L 的变化对静态工作点、电压放大倍数的影响。
(3)分析讨论在调试过程中出现的问题。

六、实验思考题

静态工作点变化对放大器输出波形的影响。

实验四　负反馈放大电路

一、实验目的

(1)加深理解负反馈放大电路的工作原理及负反馈对放大电路性能的影响。

(2)掌握反馈放大电路性能指标的测试方法。

二、实验前的准备

预习内容:预习本指导书。查阅教材,掌握负反馈的判定方法,了解负反馈对放大电路的影响。

思考:

1. 如何判断负反馈的类型?

2. 负反馈对电路性能的改善主要表现在哪些方面? 如何更好地利用负反馈?

三、所需仪器仪表及设备的使用和注意事项

(一)所需的仪器仪表及设备

SDG1025 任意波形发生器;SDS1062 数字存储示波器;VT804 台式万用表;模拟电路实验箱。

(二)仪器仪表及设备的使用

所需仪器仪表的使用详见实验三。

(三)注意事项

(1)注意输入 1 mV 信号采用输入端衰减法,即信号发生器输出 100 mV 信号经过 100∶1衰减器得到 1 mV 信号。

(2)增大输入信号时,必须注意信号逐渐加大,否则容易导致放大管损坏。

四、实验内容和步骤

放大电路中采用负反馈,在降低放大倍数的同时,可使放大器的某些性能大大改善。负反馈的类型很多,本实验以一个电压串联负反馈的两级放大电路为例,如图 2-2-6 所示进行讲解。C_F、R_F 从第二级三极管 V_2 的集电极接到第一级三极管 V_1 的发射极构成负反馈。

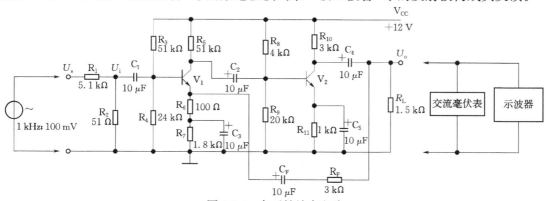

图 2-2-6　负反馈放大电路

负反馈放大电路可以用如图 2-2-7 所示的方框图来表示。

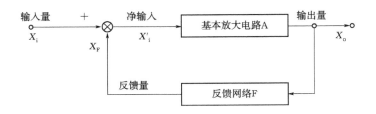

图 2-2-7　负反馈放大电路框图

1. 放大倍数和放大倍数稳定度

闭环放大倍数为 $A_f = \dfrac{A}{1+AF}$，式中，A 称为开环放大倍数，反馈系数为 $F = \dfrac{R_{E1}}{R_{E1}+R_F}$。

引入负反馈后，电压放大倍数减小，即闭环放大倍数是开环放大倍数的 $\dfrac{1}{1+AF}$ 且 F 越大，放大倍数减小越大。但负反馈放大电路比无反馈的放大电路的稳定度提高了 $(1+AF)$ 倍。

2. 频率响应特性

引入负反馈后，虽然放大电路的放大倍数下降 $(1+AF)$ 倍，但通频带却扩展了 $(1+AF)$ 倍，如图 2-2-8 所示。

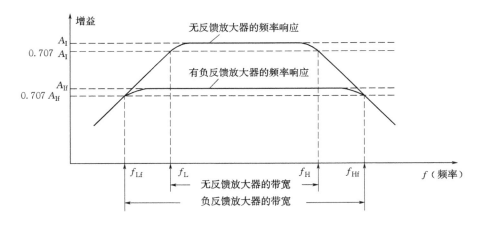

图 2-2-8　负反馈放大电路与无反馈放大电路的通频带对比

3. 测量负反馈放大电路开环和闭环的电压放大倍数

（1）开环电路

按图 2-2-6 接线，R_F 先不接入，输入端接入 $U_i = 1\ \text{mV}$，$f = 1\ \text{kHz}$ 的正弦波。按表 2-2-10 要求进行测量并填表，计算 A_u。

（2）闭环电路

接通 R_F 按要求调整电路，按表 2-2-10 要求测量并填表，计算 A_{uf}。

表 2-2-10　负反馈放大器开环和闭环电压放大倍数测量数据记录表

	$R_L/k\Omega$	U_i/mV	U_o/mV	$A_u(A_{uf})$
开环	∞	1		
	1.5	1		
闭环	∞	1		
	1.5	1		

4. 负反馈对失真的改善作用

(1)将图 2-2-6 电路开环,逐步加大 U_i 幅度,使输出信号出现失真(注意不要过分失真),记录失真波形幅度。

(2)将电路闭环,观察输出情况,并适当增加 U_i 幅度,使输出幅度接近开环时失真波形幅度。

(3)若 $R_F=3\ k\Omega$ 不变,但 R_F 接入 V_1 的基极,会出现什么情况? 用实验验证。

(4)画出上述各步实验的波形图。

5. 测量放大器频率特性

(1)将图 2-2-6 电路先开环,$R_L=\infty$,U_i 选择适当幅度(频率为 1 kHz),使放大电路输出波形不失真的情况下,用交流毫伏表测出 U_o 或用示波器测出 U_{opp}。

(2)保持输入信号幅度不变逐步增加频率,直到放大电路输出信号减小为原来的 70.7%,此时信号频率即为放大器的 f_H。

(3)条件同上,但逐渐减小频率,测得 f_L。

(4)将电路闭环,重复(1)~(3)步骤,并将结果填入表 2-2-11 中。

表 2-2-11　放大器频率特性测量数据记录表

	f_H/Hz	f_L/Hz	$f_{BW}=f_H-f_L$
开环			
闭环			

五、实验总结

(1)将实验值与理论值比较,并分析误差原因。

(2)根据实验内容总结负反馈对放大电路的影响。

六、实验思考题

若输入信号存在失真,能否用负反馈来改善?

实验五　TTL 集成逻辑门的逻辑功能测试及逻辑变换

一、实验目的

(1)掌握 TTL 集成与非门的逻辑功能的测试和使用方法。

(2)熟悉 TTL 集成门逻辑功能的相互转换。

(3)熟悉数字电路实验箱的结构、基本功能和使用方法。

二、实验前的准备

预习内容:预习本指导书。查阅教材,了解 TTL 集成门电路的特点和使用方法。

思考:

1. TTL 集成门电路与 CMOS 集成门电路相比较有哪些优缺点?

2. TTL 集成门电路在使用中有哪些注意事项?

三、所需仪器仪表及设备的使用和注意事项

(一)所需的仪器仪表及设备

数字电路实验箱;数字万用表;TTL 集成芯片 74LS20 和 74LS00。

(二)仪器仪表及设备的使用

1. 数字电路实验箱:由芯卡卡座、电平指示、电平控制开关、各类脉冲源等构成,满足实验的基本要求。

2. 数字万用表:测试高低电平对应的电压数值大小。

3. 集成芯件 74LS00 为四—二输入与非门;74LS20 为二—四输入与非门。

(三)注意事项

(1)接插集成芯片时,要认清定位标记,不得插反。双列直插式集成芯片的引脚排列识别方法是:正对集成电路型号(如 74LS20)或看标记(左边的缺口或小圆点标记),从左下角开始按逆时针方向以 1,2,3,…依次排列到最后一脚(在左上角)。在标准形 TTL 集成电路中,电源端 V_{CC} 一般排在左上端,接地端 GND 一般排在右下端。如 74LS20 为 14 脚芯片,14 脚为 V_{CC},7 脚为 GND。若集成芯片引脚上的功能标号为 NC,则表示该引脚为空脚与内部电路不连接。

(2)实验中 Vcc 电源极性绝对不允许接错,否则将毁坏集成电路。如 74LS20 的 14 管脚接电源+5 V,7 管脚接电源“地”,集成电路才能正常工作。

(3)门电路的输入端电平由实验箱中逻辑电平开关提供,输出端可接逻辑电平指示灯(即发光二极管),由其亮或灭来判断输出的高、低电平。集成电路的输出端绝对不允许直接接地或直接接电源 V_{CC},也不能与逻辑开关相接,否则将毁坏集成电路。有时为了使后级电路获得较高的输出电平,允许输出端通过电阻 R 接至 V_{CC},一般取电阻 $R=3\sim5.1$ kΩ。

(4)断电连接电路,检查无误后方可进行实验。实验中改动接线须先断电,接好线后再通电实验。

(5)闲置输入端处理方法:①悬空,相当于正逻辑“1”,对于一般小规模集成电路的数据输入端,实验时允许悬空处理。但易受外界干扰,导致电路的逻辑功能不正常。因此,对于接有长线的输入端,中规模以上的集成电路和使用集成电路较多的复杂电路,所有控制输入端必须按逻辑要求接入电路,不允许悬空。②直接接电源电压 V_{CC}(也可以串入一只 1~10 kΩ 的固定电阻)或接至某一固定电压(+2.4 V$\leqslant U \leqslant$4.5 V)的电源上,或与输入端为接地的多余与非门的输出端相接。③若前级驱动能力允许,可以与使用的输入端并联。

(6)输出端不允许并联使用,集电极开路门(OC)和三态输出门电路(TS)除外,否则不仅会使电路逻辑功能混乱,并会导致器件损坏。

(7)不要随意拔插实验箱上的芯片。发现芯片有发烫、冒烟、异味时,应立即切断实验箱电源检查。

(8)做好预习报告：①查阅有关 TTL 集成电路型号命名规则及管脚确认方法,将每一个实验电路图中集成电路的管脚号都标在电路图上。②用铅笔将各门电路理论上的逻辑输出值标在真值表上,以便在实验中验证。

四、实验内容和步骤

本任务采用 TTL 集成电路 4 输入与非门 74LS20 和 2 输入与非门 74LS00,其逻辑符号及引脚排列如图 2-2-9 所示。

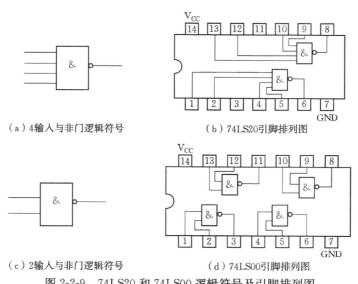

（a）4输入与非门逻辑符号　　　　（b）74LS20引脚排列图

（c）2输入与非门逻辑符号　　　　（d）74LS00引脚排列图

图 2-2-9　74LS20 和 74LS00 逻辑符号及引脚排列图

与非门的逻辑功能是:当输入端有一个或一个以上是低电平时,输出端为高电平;只有当输入端全部为高电平时,输出端才是低电平(即有"0"得"1",全"1"得"0")。其逻辑表达式为 $Y=\overline{AB\cdots}$。

用 TTL 与非门实现逻辑功能变换,根据变换后的逻辑表达式,并画出对应的逻辑图,测试其逻辑功能。

1. TTL 与非门的逻辑功能测试

(1)按图 2-2-10 接线,输入端 A、B、C、D 分别接逻辑电平开关,输出端接逻辑电平指示灯 LED 和数字万用表。

(2)按表 2-2-12 中输入信号的顺序改变输入信号,测量输出端 Y 电平值及根据逻辑电平指示灯的亮、灭判定其逻辑状态,并记录于表中。

2. 逻辑功能变换

用 TTL 与非门实现下列逻辑功能,并测试其逻辑功能,将测试结果填入对应的记录表 2-2-13～表 2-2-15 中。

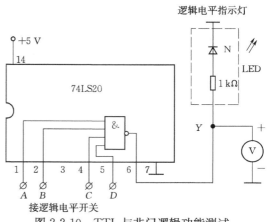

图 2-2-10　TTL 与非门逻辑功能测试

表 2-2-12　　74LS20 逻辑功能测试表

输入				输出(Y)	
A	B	C	D	逻辑状态(0 或 1)	电平值/V
0	0	0	0		
0	0	0	1		
0	0	1	1		
0	1	1	1		
1	1	1	1		

(1)用 TTL 与非门构成非门

非门逻辑关系表达式为 $Y=\overline{A}$，因为 $Y=\overline{A}=\overline{A111}$ 或 $Y=\overline{A}=\overline{AAAA}$，故逻辑图如图 2-2-11 所示。

表 2-2-13　　测试记录

A	Y
0	
1	

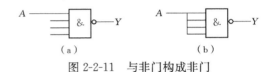

图 2-2-11　　与非门构成非门

表 2-2-14　　测试记录

A	B	C	D	Y
0	0	0	0	
0	1	1	0	
1	0	0	1	
1	1	1	0	
1	1	1	1	

表 2-2-15　　测试记录表

A	B	Y	A	B	Y
0	0		1	0	
0	1		1	1	

(2)用 TTL 与非门构成与门

与门逻辑表达式为 $Y=ABCD$，因为 $Y=ABCD=\overline{\overline{ABCD}}$，故逻辑图如图 2-2-12 所示。

(3)用 TTL 与非门(74LS00)构成或门

或门逻辑表达式为 $Y=A+B$，因为 $Y=\overline{\overline{A+B}}=\overline{\overline{A}\cdot\overline{B}}$，故逻辑图如图 2-2-13 所示。

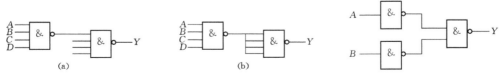

图 2-2-12　　与非门构成与门　　　　　　图 2-2-13　　与非门构成或门

3. 测试与非门的控制作用

按图 2-2-14 接线，一个输入端接逻辑电平开关，另一个输入端接连续脉冲($f=1$ Hz)，分别将逻辑电平开关 K 置 0 和置 1,用逻辑电平指示灯观察输入与输出信号的状态,并将实验结果记录图 2-2-15 中。

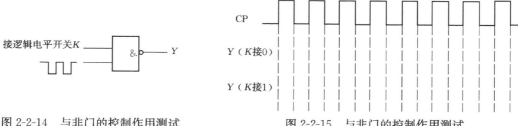

图 2-2-14 与非门的控制作用测试　　　　图 2-2-15 与非门的控制作用测试

五、实验总结

记录、整理实验结果,并对结果进行分析。

六、实验思考题

(1)怎样判断 TTL 与非门电路的好坏?

(2)使用 TTL 与非门时,其他未使用的输入端应如何处理?

实验六　集成计数器

一、实验目的

(1)熟悉中规模集成计数器的工作原理、使用及功能测试方法。

(2)掌握构成 N 进制计数器的方法。

二、实验前的准备

预习内容:预习本指导书。查阅教材,熟悉常见集成计数器的工作原理和使用方法。

思考:

1. 集成计数器脉冲触发方式对进位信号的选择有无影响?

2. 试分析反馈预置法与反馈清零法的优缺点。

三、所需仪器仪表及设备的使用和注意事项

(一)所需的仪器仪表及设备

数字电路实验箱;集成芯片有 74LS390 和 74LS00。

(二)仪器仪表及设备的使用

1. 数字电路实验箱:见"实验五"。

2. 集成芯件 74LS390 双集成二—五—十进制计数器;74LS00 为四—二输入与非门。

(三)注意事项

1. 要构成任意进制计数器首先要使 74LS390 位于十进制计数状态。

2. 为增加计数器稳定性,74LS00 多余的输入端采用并联方式连接。

四、实验内容和步骤

74LS390 是双集成异步二—五—十进制计数器，其引脚排列如图 2-2-16 所示。

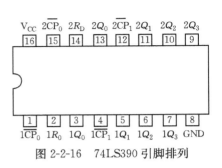

图 2-2-16 74LS390 引脚排列

74LS390 的功能见表 2-2-16。清零 R_D 为异步清零，高电平有效。CP_0、CP_1 为计数脉冲的输入，下降沿触发。计数脉冲由 CP_0 输入，从 Q_0 输出时，则构成一位二进制的计数器；计数脉冲由 CP_1 输入，输出为 Q_3、Q_2、Q_1 时，则构成异步五进制的计数器；当 Q_0 与 CP_1 相连，计数脉冲从 CP_0 输入，输出从高位到低位为 Q_3、Q_2、Q_1、Q_0 时，则构成 8421BCD 码十进制的计数器；当 Q_3 与 CP_0 连接，计数脉冲由 CP_1 输入，输出从高位到低位为 Q_0、Q_3、Q_2、Q_1 时，则构成 5421BCD 码十进制的计数器。利用反馈归零法可以使 74LS390 实现 N 进制计数器。

1. 测试 74LS390 逻辑功能（清零、二进制、五进制、十进制）。CP 选用手动单次脉冲或 1 Hz 连续脉冲。输出接逻辑电平指示灯或用数码管显示。自行设计实验电路，并记录实验结果与表 2-2-16 进行比较。

表 2-2-16 74LS390 功能表

输入			输出				功能
清零	时钟		Q_3 $\quad Q_2$ $\quad Q_1$ $\quad Q_0$				功能
R_D	CP_0	CP_1					
1	×	×	0	0	0	0	清零
0	↓	1	Q_0 输出				二进制计数
	1	↓	$Q_3Q_2Q_1$ 输出				五进制计数
	↓	Q_0	$Q_3Q_2Q_1Q_0$ 输出 8421BCD 码				十进制计数
	Q_3	↓	$Q_0Q_3Q_2Q_1$ 输出 5421BCD 码				十进制计数
	1	1	不变				保持

2. 用 74LS390 构成任意进制计数器。四进制、六进制、九进制、六十进制，设计电路如图 2-2-17 至图 2-2-20 所示，连接电路并验证设计是否符合要求。

3. 在图 2-2-20 中，改变反馈电路的反馈端，实现二十四进制计数。

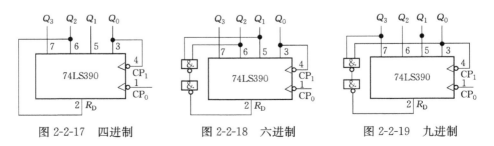

图 2-2-17 四进制　　　图 2-2-18 六进制　　　图 2-2-19 九进制

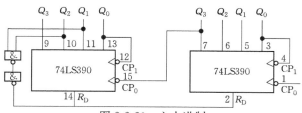

图 2-2-20 六十进制

五、实验总结

整理实验内容和各实验数据。

六、实验思考题

试分析同步置数端和异步清零端的区别。

课程三 通信原理

实验一 模拟调制——AM 和 FM

一、实验目的

1. 理解 AM 调制解调的基本原理。
2. 掌握 AM 调制解调的实现过程。
3. 理解 FM 调制解调的基本原理。
4. 掌握 FM 调制解调的实验过程。

二、实验前的准备

预习内容：AM、FM 调制解调的基本原理。

思考：AM、FM 调制解调在电路上是如何实现的？

三、所需仪器仪表及设备的使用和注意事项

(一)所需的仪器仪表及设备

ZH5001(Ⅱ)通信原理实验系统；20 MHz 示波器。

(二)仪器仪表及设备的使用

打开通信原理实验箱的电源，数字调制解调模块中的数据选择开关 KG01 放在测试数据位置，跳线开关 KG02 全部插入，这时系统工作模式为 AM。将 KK01、KK02 跳线开关拔下，用示波器观察基带成形模块测试孔 TPi01 与 TPi02，两测试孔其中之一为 500 Hz 的正弦信号，通过连接线连接该信号到中频调制模块测试孔 TPK01。

(三)注意事项

1. 切勿用力按压 ZH5001(Ⅱ)通信原理实验箱的面板，以免损坏其内部电路。
2. 严格按照指导老师的要求操作示波器，耐心调节相关旋钮，以免造成旋钮滑丝。
3. 请爱护各种连接线和 ZH5001(Ⅱ)通信原理实验箱配套的跳线。

四、实验内容和步骤

(一)振幅调制 AM

1. 实验原理

(1)AM 调制的实现,如图 2-3-1 所示。

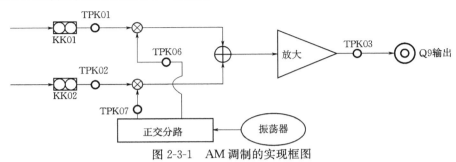

图 2-3-1　AM 调制的实现框图

(2)AM 解调的实现,如图 2-3-2 所示。

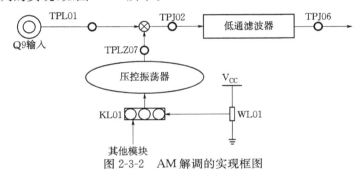

图 2-3-2　AM 解调的实现框图

2. 实验步骤

(1)准备:数字调制解调模块中的数据选择开关 KG01 放在测试数据位置,跳线开关 KG02 全部插入,这时系统工作模式为 AM。将 KK01、KK02 跳线开关拔下,用示波器观察基带成形模块测试孔 TPi01 与 TPi02,两测试孔其中之一为 500 Hz 的正弦信号,通过连接线连接该信号到中频调制模块测试孔 TPK01。

(2)AM 基带信号观测:TPK01 基带信号波形(在中频调制模块内)。观察该信号的频率、幅度及直流偏移。

(3)载波信号观察:在测试点 TPK06 观察本地的载波信号,测量其频率与信号幅度。

(4)AM 调制波形观察:

①观察 AM 调制信号,TPK03 是已调 AM 信号的波形。

②用 TPK01 作同步,观察 AM 调制信号。

③用 TPK03 作同步,同时观察 AM 调制信号和载波信号。

(5)AM 解调观察:

①准备:用中频电缆连结 KK03 和 JL02,建立中频自环(自发自收)。

②接收载波相位调整。将跳线开关 KL01 设置在 2_3 位置,调整电位器 WL01(改变接

收本地载频——即改变收发频差),同时观察发端载波 TPK06 与接收端本地载波 TPLZ07,调整电位器 WL01,使两点 TPK06、TPLZ07 波形达到相干。

③低通滤波之前 AM 解调测量。观察 AM 解调基带信号测试点 TPJ02 的波形,观测时仍用发送数据(TPK01)作同步,比较其两者的对应关系。分析波形的变化与什么因素有关。

④低通滤波之后 AM 解调测量。观察 AM 解调基带信号经滤波之后在测试点 TPJ06 的波形,观测时仍用发送数据(TPK01)作同步,比较其两者的对应关系。分析 TPJ02、TPJ06 波形的差异。

(二)频率调制 FM

1. 实验原理

非线性调制也是把调制信号的频谱在频率轴上作频谱搬移,但它并不保持线性关系,调制后信号的频谱不再保持调制信号的频谱结构,而且调制后信号的带宽一般要比调制信号的带宽大得多。其中,FM 是最常见的非线性调制方式。调频信号的产生一般是利用变容管组成压控振荡器,使压控振荡器的瞬时频率随调制信号:

$$s(t) = A \cdot \cos\left[w_c t + k \int_{-\infty}^{t} m(t)\mathrm{d}t\right]$$

当调制指数 k 不同时,其在时域与频域上展现的波形特性不尽相同。

对于 FM 调制的实现,如图 2-3-3 所示。

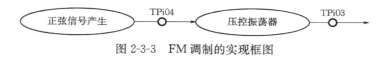

图 2-3-3　FM 调制的实现框图

2. 实验步骤

(1)FM 基带信号观测:TPi04 基带信号波形(在基带成形模块内),观察该信号的频率。

(2)FM 调制信号观察:在测试点 TPi03 观察已调 FM 信号的波形。

(3)注明:若观察发现 TPi04 不是基带波形,则 TPi03 是基带波形,TPi04 是 FM 信号的已调波形。

五、实验总结

记录各测试点波形并给予分析。

六、实验思考题

试自行设计 AM、FM 的调制解调电路。

实验二　基带传输系统

一、实验目的

1. 了解 Nyquist 基带传输设计准则。
2. 熟悉升余弦基带传输信号的特点。
3. 掌握眼图信号的观察方法。
4. 学习评价眼图信号的基本方法。

二、实验前的准备

预习内容：Nyquist 基带传输设计准则和眼图的基本原理。

思考：眼图是如何形成的？眼图对分析系统有何作用？

三、所需仪器仪表及设备的使用和注意事项

(一)所需的仪器仪表及设备

ZH5001(Ⅱ)通信原理实验系统；20 MHz 示波器、函数信号发生器。

(二)仪器仪表及设备使用

打开通信原理实验箱的电源，将数字调制解调模块中的 KG01 选择在下端测试数据位置(测试数据方式)，KG02 设置成长 m 序状态(KG02 的三个跳线器均插入)，数据时钟选择开关 KG03 置于 1-2 状态(32K 位置)，KG04 置于非归零码状态(所有跳线器不插入)。KP01 置于 1-2 状态(相干解调位置)。

(三)注意事项

1. 切勿用力按压 ZH5001(Ⅱ)通信原理实验箱的面板，以免损坏其内部电路。
2. 严格按照指导老师的要求操作示波器，耐心调节相关旋钮，以免造成旋钮滑丝。
3. 爱护各种连接线和 ZH5001(Ⅱ)通信原理实验箱配套的跳线。
4. 严格按照指导老师的要求操作函数信号发生器。

四、实验内容和步骤

(一)实验原理

KG04 成形滤波选择，见表 2-3-1。

表 2-3-1 不同滤波性能的 KG04 状态选择表

KG04 状态	□ □	▬▬	□ □	▬▬
	□ □	□ □	▬▬	▬▬
滤波器性能	非归零码	升余弦滤波 α=0.3	升余弦滤波 α=0.4	开根号升余弦 α=0.4

KG02 测试数据选择见表 2-3-2。

表 2-3-2 输出不同测试数据的 KG02 状态选择表

KG02 状态	□ □	□ □	□ □	□ □	□ □	□ □	□ □	□ □
	□ □	□ □	▬▬	▬▬	□ □	□ □	▬▬	▬▬
	□ □	□ □	□ □	□ □	□ □	□ □	□ □	□ □
输出	全1码	全0码	0/1码	11101010	3级 m序列	4级 m序列	9级 m序列	更长 m序列

(二)实验步骤

1. 不归零码＋低通滤波成形信号观察

(1)准备工作：将数字调制解调模块中的 KG01 选择在下端测试数据位置(测试数据方式)，KG02 设置成长 m 序状态(KG02 的三个跳线器均插入)，数据时钟选择开关 KG03 置于

1-2 状态(32K 位置),KG04 置于非归零码状态(所有跳线器不插入)。KP01 置于 1-2 状态(相干解调位置)。

(2)以发送时钟(TPM01)作同步,观测发送信号(TPi03)的波形。测量过零率抖动与眼皮厚度(换算成码元宽度的百分数)。

(3)用 KG02 输入不同的测试数据,观察 TPi03 的信号(主要从信号的最佳点收敛情况、过零抖动情况进行判断)。

总结信号特征并解释原因。

2. α=0.3 升余弦滤波的眼图观察

(1)准备工作:除 KG04 外,其余同步骤(1)。KG04 置于 α=0.3 升余弦滤波状态。

(2)以发送时钟(TPM01)作同步,观测发送信号(TPi03)的波形。测量过零率抖动与眼皮厚度(换算成码元宽度的百分数)。

(3)用 KG02 输入不同的测试数据,观察 TPi03 的信号(主要从信号的最佳点收敛情况、过零抖动情况进行判断)。

总结信号特征,并解释原因。

3. α=0.4 升余弦滤波的眼图观察

(1)准备工作:除 KG04 外,其余同步骤(1)。KG04 置于 α=0.4 升余弦滤波状态。

(2)以发送时钟(TPM01)作同步,观测发送信号(TPi03)的波形。测量过零率抖动与眼皮厚度(换算成码元宽度的百分数)。

(3)用 KG02 输入不同的测试数据,观察 TPi03 的信号(主要从信号的最佳点收敛情况、过零抖动情况进行判断)。

总结信号特征,并解释原因。

4. α=0.4 开根号升余弦滤波的眼图观察

(1)准备工作:除 KG04 外,其余同步骤(1)。KG04 置于 α=0.4 开根号升余弦滤波状态。

(2)以发送时钟(TPM01)作同步,观测发送信号(TPi03)的波形。测量过零率抖动与眼皮厚度(换算成码元宽度的百分数)。

(3)用 KG02 输入不同的测试数据,观察 TPi03 的信号(主要从信号的最佳点收敛情况、过零抖动情况进行判断)。

总结信号特征,并解释原因。

五、实验总结

画出主要测量点的工作波形。

1. 写出眼图正确的观察方法。
2. 比较"非归零码+低通滤波的成形信号"与"α=0.3 升余弦滤波"基带成形传输的不同点。
3. 比较"α=0.3 升余弦滤波"与"α=0.4 升余弦滤波"的不同点。
4. 比较"α=0.4 升余弦滤波"与"α=0.4 开根号升余弦滤波"的不同点。
5. 叙述 Nyquist 滤波作用。

六、实验思考题

眼图是如何形成的?眼图对分析系统有何作用?

实验三　数字调制——FSK

一、实验目的

1. 理解数字调制解调的基本原理。
2. 掌握 FSK 调制、解调的实现过程。

二、实验前的准备

预习内容:数字调制解调和 FSK 的基本原理。

思考:

数字调制与模拟调制的区别是什么? FSK 与 FM 的区别是什么?

三、所需仪器仪表及设备的使用和注意事项

(一)所需的仪器仪表及设备

ZH5001(Ⅱ)通信原理实验系统;20 MHz 示波器。

(二)仪器仪表及设备使用

打开通信原理实验箱的电源,将选择开关 KG03 置于右端(数据速率为 500 b/s),将 FSK 调制解调模块中的跳线开关 KE01、KE02 均置于右端,KG01 放置在测试位置(最下端)。

(三)注意事项

1. 切勿用力按压 ZH5001(Ⅱ)通信原理实验箱的面板,以免损坏其内部电路。
2. 严格按照指导老师的要求操作示波器,耐心调节相关旋钮,以免造成旋钮滑丝。
3. 爱护各种连接线和 ZH5001(Ⅱ)通信原理实验箱配套的跳线。

四、实验内容和步骤

(一)实验原理

1. 在 ZH5001(Ⅱ)型的 FSK 调制框图,如图 2-3-4 所示。
2. FSK 解调框图,如图 2-3-5 所示。

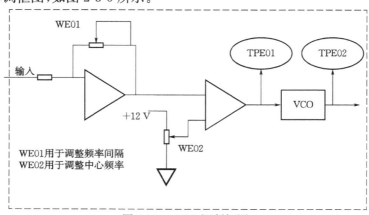

图 2-3-4　FSK 调制框图

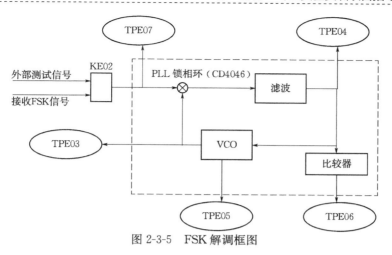

图 2-3-5　FSK 解调框图

(二)实验步骤

1.FSK 信号传号频率与空号频率的测量

(1)准备工作:将选择开关 KG03 置于右端(数据速率为 500 bit/s),将 FSK 调制解调模块中的跳线开关 KE01、KE02 均置于右端,KG01 放置在测试位置(最下端)。

(2)TPE02 是已调 FSK 波形,通过开关 KG02 选择全"1"码输入数据信号,观测 TPE02 的信号波形,测量其基带信号周期和频率——传号频率。

(3)通过开关 KG02 选择全"0"码输入数据信号,观测 TPE02 信号波形,测量其基带信号周期和频率——空号频率。将测量结果与"1"码比较。

2.FSK 调制基带信号观测

(1)准备:同实验步骤(1)。

(2)通过开关 KG02 选择为 0/1 码输入数据信号,TPM02 是发送数据信号(数字调制解调模块中部),TPE02 是已调 FSK 波形。并以 TPM02 作为同步信号,观测 TPM02 与 TPE02 点波形应有明确的信号对应关系(频率等)。

(3)通过 KG02 选择其他测试数据信号,重复上述测量步骤。记录测量结果。

3. 锁相环特性观察

(1)准备:与步骤(1)不同之处,是将 KE02 置于 1-2 端,这样接收的信号来源于外部测试信号。

(2)用信号源加入 TTL 方波测试信号。通过:J007(TTL 信号)、J006(地)加入测试信号,改变测试信号的频率:从 5～30 kHz 进行变化,观察 PLL 鉴相输出端 TPE04 的信号直流电平。再观察 TPE06 的波形(注意:示波器放在直流挡测量)。

(3)反复进行上述测量,设计 FSK 的参数,并进行下一步实验。

4. 解调数据信号观测

(1)准备:同步骤(1)。

(2)测量 FSK 解调数据信号测试点 TPE06 的波形,观测时仍用发送数据(TPM02)作同步,比较其两者的对应关系。

(3)通过开关 KG02 选择为其他码,测量 TPE06 信号波形,观测解调数据是否与发送数据保持一致。

5. 不同参数的 FSK 基带信号观测

调节电位器 WE01、WE02,分别调整频率间隔和中心频率,观测基带信号 TPE02 随调整的变化情况。

6. 不同频率下的解调数据信号观测

通过开关 KG03 选择码元速率在左端 32K 位置,观测对解调输出有什么影响？为什么？

五、实验总结

1. 画出各测量点的工作波形。

2. 自行设计一个 FSK(可选择不同的中心频率与频率间隔)的传输系统并进行验证。

六、实验思考题

数字调制与模拟调制的区别是什么？FSK 与 FM 的区别是什么？

实验四　模拟信号的数字化传输

一、实验目的

1. 验证抽样定理。

2. 观察 PAM 信号形成的过程。

3. 了解语音编码的工作原理,验证 PCM 编译码原理。

4. 熟悉 PCM 抽样时钟、编码数据和输入/输出时钟之间的关系。

5. 了解 PCM 专用大规模集成电路的工作原理和应用。

6. 熟悉语音数字化技术的主要指标及测量方法。

二、实验前的准备

预习内容:抽样定理和脉冲编码调制的基本原理。

思考:

模拟信号与数字信号的区别是什么？模拟信号数字化的过程是如何实现的？

三、所需仪器仪表及设备的使用和注意事项

(一)所需的仪器仪表及设备

ZH5001(Ⅱ)通信原理实验系统;20 MHz 示波器;函数信号发生器。

(二)仪器仪表及设备使用

打开通信原理实验箱的电源,将 KQ02 设置在右端(自然抽样状态),将交换模块内测试信号选择开关 K001 设置在外部测试信号输入位置(右端)。首先,将输入信号选择开关 K701 设置在测试位置,将低通滤波器选择开关 K702 设置在滤波位置,为便于观测,调整函数信号发生器正弦波输出频率为 200～1 000 Hz、输出电平为 2Vp−p 的测试信号送入信号测试端口 J005 和 J006(地)。

(三)注意事项

1. 切勿用力按压 ZH5001(Ⅱ)通信原理实验箱的面板,以免损坏其内部电路。

2. 严格按照指导老师的要求操作示波器,耐心调节相关旋钮,以造成旋钮滑丝。

3. 爱护各种连接线和 ZH5001(Ⅱ)通信原理实验箱配套的跳线。

4. 严格按照指导老师的要求操作函数信号发生器。

四、实验内容和步骤

(一)PAM

1. 实验原理

抽样定理实验电路组成框图,如图 2-3-6 所示。

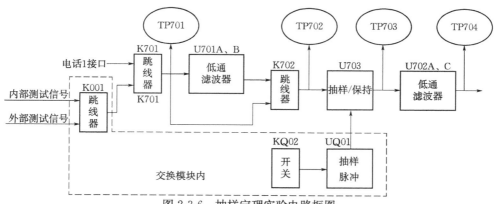

图 2-3-6 抽样定理实验电路框图

2. 实验步骤

自然抽样脉冲序列测量

(1)准备工作:将 KQ02 设置在右端(自然抽样状态),将交换模块内测试信号选择开关 K001 设置在外部测试信号输入位置(右端)。首先,将输入信号选择开关 K701 设置在测试位置,将低通滤波器选择开关 K702 设置在滤波位置,为便于观测,调整函数信号发生器正弦波输出频率为 200~1 000 Hz、输出电平为 $2V_{pp}$ 的测试信号送入信号测试端口 J005 和 J006(地)。

(2)PAM 脉冲抽样序列观察:用示波器同时观测正弦波输入信号(TP701)和抽样脉冲序列信号(TP703),观测时以 TP701 做同步。调整示波器同步电平和微调调整函数信号发生器输出频率,使抽样序列与输入测试信号基本同步。测量抽样脉冲序列信号与正弦波输入信号的对应关系。

(3)PAM 脉冲抽样序列重建信号观测:TP704 为重建信号输出测试点。保持测试信号不变,用示波器同时观测重建信号输出测试点和正弦波输入信号,观测时以 TP701 输入信号做同步。

(二)PCM

1. 实验原理

PCM 模块电路组成框图,如图 2-3-7 所示。

2. 实验步骤

(1)准备工作

加电后,将交换模块中的跳线开关 KQ01 置于左端 PCM 编码位置,此时 MC145540 工作在 PCM 编码状态。

(2)PCM 串行接口时序观察

①输出时钟和帧同步时隙信号观测:用示波器同时观测抽样时钟信号(TP504)和输出

时钟信号(TP503),观测时以 TP504 做同步。分析和掌握 PCM 编码抽样时钟信号与输出时钟的对应关系(同步沿、脉冲宽度等)。

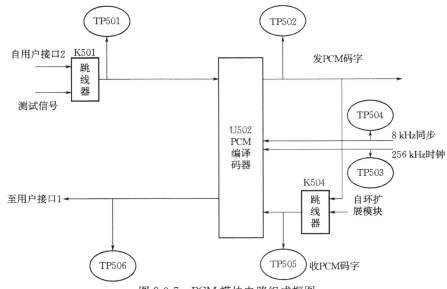

图 2-3-7 PCM 模块电路组成框图

②抽样时钟信号与 PCM 编码数据测量:用示波器同时观测抽样时钟信号(TP504)和编码输出数据信号端口(TP502),观测时以 TP504 做同步。分析和掌握 PCM 编码输出数据与抽样时钟信号(同步沿、脉冲宽度)及输出时钟的对应关系。

3. PCM 编码器

(1)方法一

①准备:将跳线开关 K501 设置在测试位置,跳线开关 K001 置于右端选择外部信号,用函数信号发生器产生一个频率为 1 000 Hz、电平为 $2V_{pp}$ 的正弦波测试信号送入信号测试端口 J005 和 J006(地)。

②用示波器同时观测抽样时钟信号(TP504)和编码输出数据信号端口(TP502),观测时以 TP504 做同步。分析和掌握 PCM 编码输出数据与抽样时钟信号(同步沿、脉冲宽度)及输出时钟的对应关系。分析为什么采用一般的示波器不能进行有效的观察。

(2)方法二

①准备:将输入信号选择开关 K501 设置在测试位置,将交换模块内测试信号选择开关 K001 设置在内部测试信号(左端)。此时由该模块产生一个 1 kHz 的测试信号,送入 PCM 编码器。

②用示波器同时观测抽样时钟信号(TP504)和编码输出数据信号端口(TP502),观测时以内部测试信号(TP501)做同步(注意:需三通道观察)。分析和掌握 PCM 编码输出数据与帧同步时隙信号、发送时钟的对应关系。

4. PCM 译码器

(1)准备:跳线开关 K501 设置在测试位置、K504 设置在正常位置,K001 置于右端选择外部信号。此时将 PCM 输出编码数据直接送入本地译码器,构成自环。用函数信号发生器产生一个频率为 1 000 Hz、电平为 $2V_{pp}$ 的正弦波测试信号,送入信号测试端口 J005 和 J006(地)。

(2)PCM 译码器输出模拟信号观测:用示波器同时观测解码器输出信号端口(TP506)和编码器输入信号端口(TP501),观测信号时以 TP501 做同步。定性的观测解码信号与输入信号的关系:质量、电平、延时。

五、实验总结

画出各测试点的波形并分析。

六、实验思考题

模拟信号与数字信号的区别是什么? 模拟信号数字化的过程如何?

课程四　无线通信技术

实验一　高频小信号谐振放大器仿真

一、实验目的

1. 学习 Multisim 仿真软件的安装。
2. 学习在 Multism 中绘制小信号谐振放大器电路。

二、实验前的准备

预习内容:小信号谐振放大器电路及相关知识。
思考:高频小信号放大器的工作原理是怎样的?

三、所需仪器仪表及设备的使用和注意事项

(一)所需的仪器仪表及设备

计算机。

(二)仪器仪表及设备的使用

计算机上安装 Multisim 仿真软件。

(三)注意事项

注意各元件的型号与参数。

四、实验内容和步骤

(一)实验内容

在 Multisim 仿真平台下绘制小信号谐振放大器电路图,并仿真观察波形。

(二)实验步骤

1. 安装 Multisim。
2. 熟悉 Multisim 的使用。
(1)Source 库:包括电源、信号电压源、信号电流源、可控电压源、可控电流源、函数控制器件 6 个类。

（2）BASIC 库：包含基础元件，如电阻、电容、电感、二极管、三极管、开关等。

（3）Diodes：二极管库，包含普通二极管、齐纳二极管、二极管桥、变容二极管、PIN 二极管、发光二极管等。

（4）Transisitor 库：三极管库，包含 NPN、PNP、达林顿管、IGBT、MOS 管、场效应管、可控硅等。

（5）Analog 库：模拟器件库，包括运放、滤波器、比较器、模拟开关等模拟器件。

（6）TTL 库：包含 TTL 型数字电路，如 7400、7404 等门 BJT 电路。

（7）COMS 库：COMS 型数字电路，如 74HC00、74HC04 等 MOS 管电路。

（8）MCU Model：MCU 模型，Multisim 的单片机模型比较少，只有 8051 PIC16 的少数模型和一些 ROM RAM 等。

（9）Advance Periphearls 库：外围器件库，包含键盘、LCD 和一个显示终端的模型。

（10）MIXC Digital：混合数字电路库，包含 DSP、CPLD、FPGA、PLD、单片机—微控制器、存储器件、一些接口电路等数字器件。

（11）Mixed：混合库，包含定时器、AC/DA 转换芯片、模拟开关、振荡器等。

（12）Indicators：指示器库，包含电压表、电流表、探针、蜂鸣器、灯、数码管显示器件。

（13）Power：电源库，包含熔断器、稳压器、电压抑制、隔离电源等。

（14）Misc：混合库，包含晶振、电子管、滤波器、MOS 驱动和其他一些器件等。

（15）RF：RF 库，包含一些 RF 器件，如高频电容电感、高频三极管等。

（16）Elector Mechinical：电子机械器件库，包含传感开关、机械开关、继电器、电机等。

3. 在 Multisim 软件环境中绘制出电路图，注意元件标号和各个元件参数的设置，如图 2-4-1 所示。

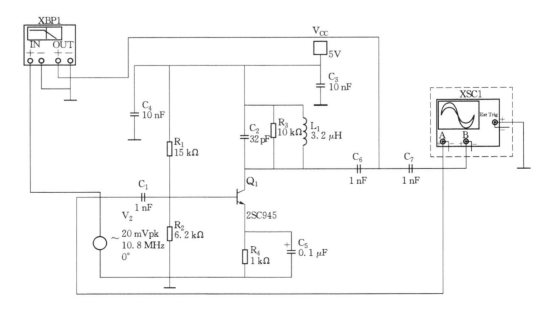

图 2-4-1　高频小信号谐振放大器仿真电路

4. 双击示波器 XSC1 和波特图仪,设置参数。

(1)示波器参数设置(参考)(图 2-4-2)

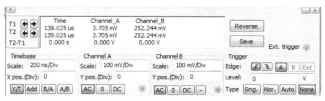

图 2-4-2 示波器参数设置

(2)波特仪参数设置(图 2-4-3)

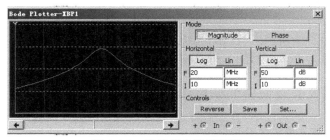

图 2-4-3 波特仪参数设置图

5. 打开仿真开关进行仿真,观察仿真出的波形(图 2-4-4)。

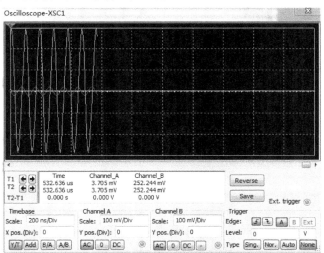

图 2-4-4 小信号谐振放大器波形图

6. 分析与讨论:改变 L_1、C_2 的值,观察输出波形的变化。

五、实验总结

(1)Multisim 的使用方法。

(2)小信号谐振放大器的组成及工作原理。

六、实验思考题

分析改变谐振回路中 L_1、C_2 的值波形有何变化及其原因。

实验二　高频谐振功率放大器仿真

一、实验目的

1. 了解高频谐振功率放大器电路的组成。
2. 加深对高频谐振功率放大器原理的理解。
3. 会借助 Multisim 进行电路设计和元件选取。

二、实验前的准备

预习内容：小信号谐振放大器电路及相关知识。
思考：高频谐振功率放大器的工作原理是怎样的？

三、所需仪器仪表及设备的使用和注意事项

(一)所需的仪器仪表及设备

计算机。

(二)仪器仪表及设备的使用

计算机上安装 Multisim 仿真软件。

(三)注意事项

注意各元件的型号与参数。

四、实验内容和步骤

(一)实验内容

在 Multisim 仿真平台下绘制变频谐振功率放大器电路，并仿真观察波形。

(二)实验步骤

1. 创建电路图(图 2-4-5)。
2. 仪器参数设置
(1)示波器参数设置(图 2-4-6)。
(2)三用表 XML1 参数设置(图 2-4-7)。
(3)波特仪参数设置(图 2-4-8)。
3. 打开仿真开关进行仿真,观察所得到的波形(图 2-4-9)。
4. 分析与讨论
改变 R_3 的值,观察输出波形的变化;改变 C_4 和 L_2 的值,观察输出波形的变化。

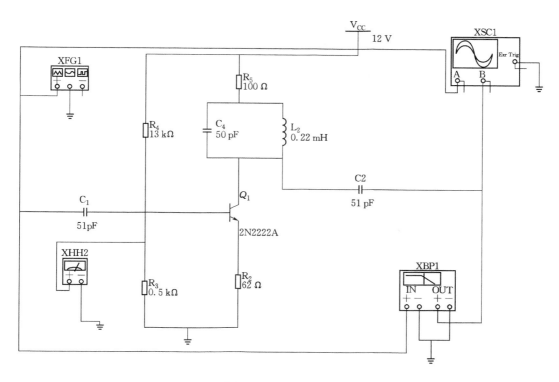

图 2-4-5 高频谐振功率放大器仿真电路图

图 2-4-6 高频谐振功率放大器仿真参数设置图

图 2-4-7 三用表 XML1 参数设置图

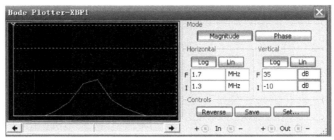

图 2-4-8　波特仪参数设置图

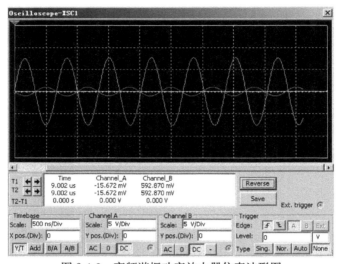

图 2-4-9　高频谐振功率放大器仿真波形图

五、实验总结

掌握高频谐振功率放大器的工作原理,绘出仿真得到的波形图。

六、实验思考题

(1)分析改变偏置电阻 R_3 的值波形有何变化及其原因。
(2)分析改变谐振回路中 C_4 和 L_2 的值波形有何变化及其原因。

实验三　LC 振荡器电路仿真

一、实验目的

1. 了解电容三点式振荡电路的结构和工作原理。
2. 掌握基本的电容三点式振荡器及其改进型电路的性能差别。

二、实验前的准备

预习内容:小信号谐振放大器电路及相关知识。
思考:LC 振荡器与小信号谐振放大器有何异同?

三、所需仪器仪表及设备的使用和注意事项

(一)所需仪器仪表及设备

计算机。

(二)仪器仪表及设备的使用

计算机上安装 Multisim 仿真软件。

(三)注意事项

注意各元件的型号与参数。

四、实验内容和步骤

(一)实验内容

在 Multisim 仿真平台下绘制 LC 振荡器电路,并仿真观察输出波形。

(二)实验步骤

1. 创建电路图,如图 2-4-10 所示。

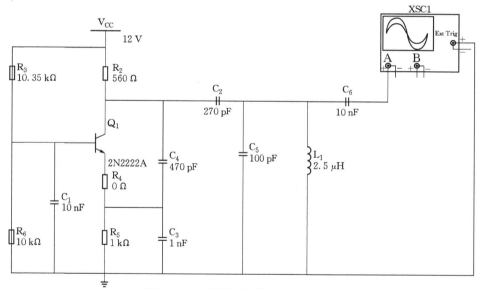

图 2-4-10　正弦波振荡器仿真电路图

2. 双击示波器 XSC1,进行参数设置(参考)(图 2-4-11)。

图 2-4-11　正弦波振荡器仿真参数设置图

3. 打开仿真开关进行仿真,观察所得到的波形(图 2-4-12)。

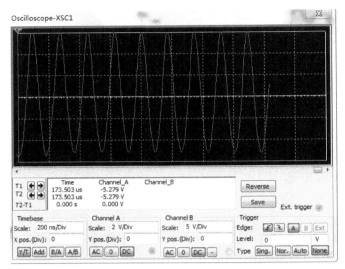

图 2-4-12　正弦波振荡器仿真波形图

4. 分析与讨论

改变 L_2 和 C_3、C_4 的值,观察振荡器输出波形的变化。如果去掉 C_5,观察输出波形的变化。

五、实验总结

(1)LC 正弦波振荡器与小信号谐振放大器的区别。
(2)LC 正弦波振荡器工作原理。

六、实验思考题

分析改变谐振回路中谐振电感 L_2 和电容 C_3、C_4 的值后,输出波形的变化及其原因。

实验四　调制与解调电路仿真

一、实验目的

1. 理解幅度调制的基本原理。
2. 理解同步解调与二极管包络检波的电路组成及原理。

二、实验准备

预习内容:幅度调制与解调的相关知识。
思考:调制解调电路的作用。

三、所需仪器仪表及设备的使用和注意事项

(一)所需的仪器仪表及设备

计算机。

(二)仪器仪表及设备的使用

计算机上安装 Multisim 仿真软件。

(三)注意事项

注意各元件的型号与参数。普通调幅,双边带调幅,同步解调。

四、实验内容和步骤

(一)实验内容

在 Multisim 仿真平台下绘制调制解调电路,仿真观察波形。

(二)实验步骤

(1)幅度调制电路

①创建电路图(图 2-4-13)。

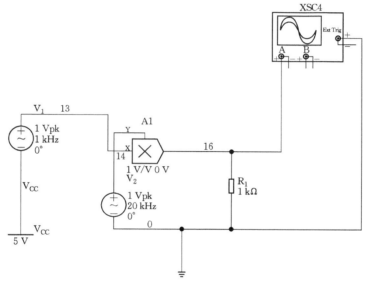

图 2-4-13　幅度调制仿真电路图

②参数设置(图 2-4-14)。

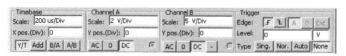

图 2-4-14　幅度调制参数设置图

③仿真并观察仿真波形。

④分析与讨论:如果要在此电路的基础上实现 DSB 调幅,应该如何改动电路?

(2)幅度解调电路(同步解调与二极管包络检波,如图 2-4-15 所示)

①创建同步解调与二极管包络检波仿真电路(图 2-4-16)。

②参数设置(图 2-4-17)。

③仿真并观察仿真波形(图 2-4-18)。

④分析与讨论

　　如果去掉同步解调电路中 R_1 或 C_1，观察输出波形将会发生什么变化？改变二极管包络检波电路中 C_1 的值，观察输出波形有什么变化？

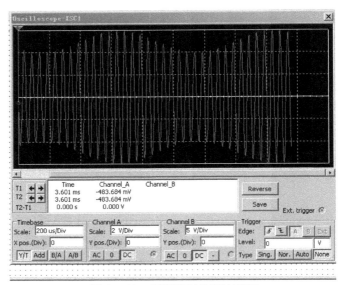

图 2-4-15　幅度调制仿真波形图

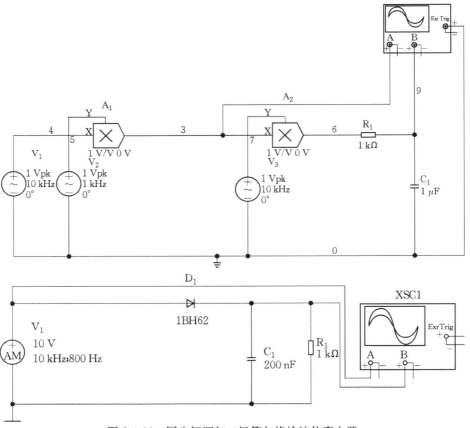

图 2-4-16　同步解调与二极管包络检波仿真电路

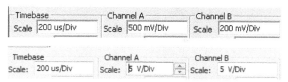

图 2-4-17　幅度调制解调参数设置

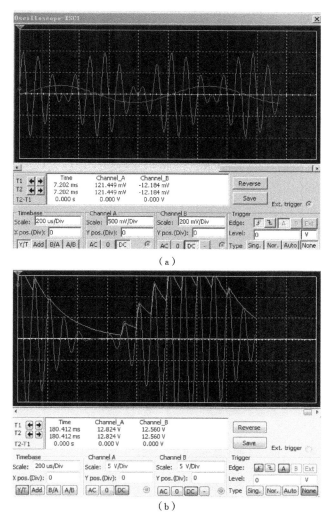

（a）

（b）

图 2-4-18　同步解调与二极管包络检波仿真波形图

五、实验总结

调制解调电路的原理及两者电路的区别。

六、实验思考题

分析滤波电路（R_1 与 C_1 组成）在幅度调制解调电路中的作用。

实验五 锁相环路应用仿真

一、实验目的

1. 进一步理解锁相环的组成及原理。
2. 理解锁相调频与锁相鉴频的电路组成及原理。

二、实验前的准备

预习内容：锁相环路、调频与鉴频原理（图 2-4-19 与图 2-4-20）。

思考：锁相环的作用是什么？

三、所需仪器仪表及设备的使用和注意事项

(一)所需的仪器仪表及设备

计算机。

(二)仪器仪表及设备的使用

计算机上安装 Multisim 仿真软件。

(三)注意事项

注意各元件的型号与参数。

锁相环的组成及原理如图 2-4-19 所示。

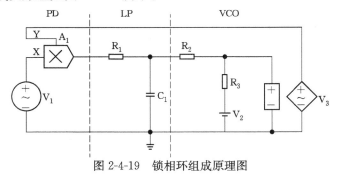

图 2-4-19 锁相环组成原理图

调频与鉴频原理如图 2-4-20 所示。

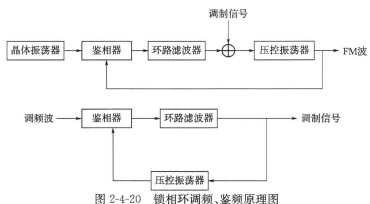

图 2-4-20 锁相环调频、鉴频原理图

四、实验内容和步骤

(一)实验内容

在 Multisim 仿真平台上绘制锁相调频电路,观察输入/输出波形变化。

(二)实验步骤

(1)锁相调频

①创建锁相调频电路图(图 2-4-21)。

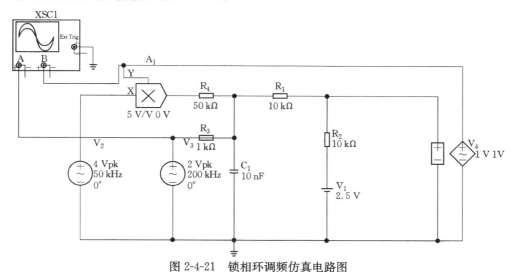

图 2-4-21　锁相环调频仿真电路图

②双击示波器 XSC1,进行参数设置(图 2-4-22)。

图 2-4-22　锁相环调频参数设置图

③打开仿真开关进行仿真,观察所得到的波形(图 2-4-23)。

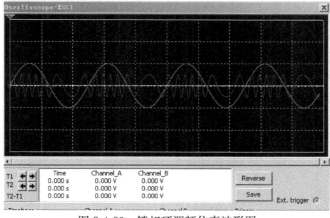

图 2-4-23　锁相环调频仿真波形图

④分析与讨论：改变调制信号 V_2 的值，观察输出波形的变化，并记录下波形，分析讨论原因。

去掉低通滤波器的 R 或 C，观察输出波形的变化，并记录下波形，分析讨论原因。

（2）锁相鉴频

①创建锁相鉴频电路图（图 2-4-24）。

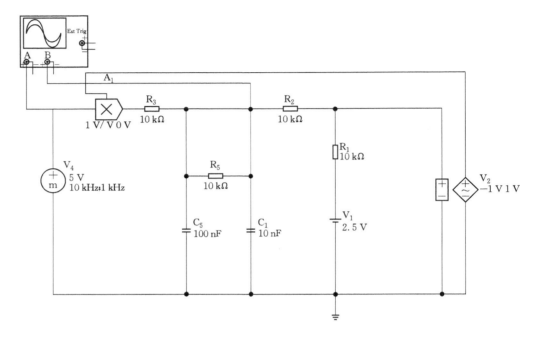

图 2-4-24　锁相环鉴频仿真电路图

②双击示波器 XSC1，进行参数设置（图 2-4-25）。

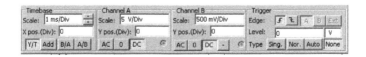

图 2-4-25　锁相环鉴频仿真参数设置图

③打开仿真开关进行仿真，画出所得到的波形图。

④分析与讨论：改变压控振荡器 VCO 的参数，观察输出波形的变化，并记录下波形。

五、实验总结

锁相调频与锁相鉴频的工作原理。

六、实验思考题

分析改变压控振荡器（VCO）的参数后鉴频电路输出波形的变化及其原因。

实训一　接收机元器件清点与测试

一、任务工单

实训名称	接收机元件清点与测试	实训课时	2	目标要求	1. 掌握电子元器件的测量方法 2. 掌握接收机的原理
实训内容 （工作任务）	本次任务包含 2 个环节：第一个环节是掌握小型接收机的电路原理；第二个环节是测量接收机电路元器件的参数				
工作要求	1. 个人独立完成 2. 当场验收考核评分				
备注					

二、作业指导书

实训名称	接收机元件清点与测试	实训课时	2
技术指标 （质量标准）	准确地测量出元器件的参数		
仪器设备	万用表、接收机套件		
相关知识	万用表的使用方法；电阻、电容的读数方法；接收机电路原理		
注意事项	测量电阻时既要采用色环读数又要使用万用表测量，二者读数须一致		
实训实施环节 （操作步骤）	（一）理解接收机电路原理 主要理解选频放大电路、混频电路、中放电路、功放电路 （二）元件的清点与测试 注意观察元件是否缺少，元件的测试要采取读数法与测量法并用的方法，先读数再用万用表测量。 1. 色环法读数的方法：色环电阻的识别：黑 0，棕 1，红 2，橙 3，黄 4，绿 5，蓝 6，紫 7，灰 8，白 9，金、银（误差）举例：红黄蓝金银＝24×106＝24 MΩ 2. 瓷片电容的读数和电解电容的读数方法，电解电容的正、负极不能弄反 3. 二级管与三级管极性的判断 4. 中周变压器的检测：将万用表拨至 $R×1$ 挡，按照中周变压器的各绕组引脚排列规律，逐一检查各绕组的通断情况，进而判断其是否正常 （三）测量元器件完毕后，将测量准确的元器件与电路图上标识号进行对应，方便后续的焊接工作		
参考资料	CXA1238M_BP 机式调频收音机（B38Jt）元器件清单、原理图		

三、考核标准与评分表

实训名称		接收机元件清点与测试			实施日期	
执行方式	个人独立完成	执行成员	班级		组别	
考核标准	类别	序号	考核分项	考核标准	分值	考核记录 （分值）
	职业技能	1	电路原理的理解	是否理解接收机电路原理	40	
		2	元器件的测试	是否准确测量元器件的参数	40	
	职业素养	3	职业素养	是否有违反劳动纪律和不服从指挥的情况	20	
			总　分			

实训二　接收机电路焊接

一、任务工单

实训名称	接收机电路焊接	实训课时	4	目标要求	掌握接收机电路的焊接方法
实训内容 （工作任务）	本次任务是基于理解电路图原理的前提下，根据提供的接收机 PCB 板及元器件完成接收机电路的焊接				
工作要求	1. 个人独立完成 2. 当场验收考核评分				
备注					

二、作业指导书

实训名称	接收机电路焊接	实训课时	4
技术指标 （质量标准）	无错焊、漏焊、脱焊、虚焊、短路现象；焊接美观		
仪器设备	万用表、电烙铁、热风枪、接收机套件		
相关知识	电路的焊接技巧		
注意事项			
实训实施环节 （操作步骤）	（一）焊接前的准备工作 1. 去元件引脚上的氧化层 2. 元件的弯制 （二）元器件焊接与安装 1. 按照电路图认真仔细地焊接好线路板元件。可按如下顺序进行：二极管、电阻、三极管、涤纶电容、瓷片电容、电解电容、变压器。焊接时注意元件的管脚放置的方向位置要正确，对于电阻竖排粗环在上，横排粗环在右。点与点之间不得短路，不能出现假焊、虚焊 2. 按要求装好接收机外壳等		
参考资料	CXA1238M_BP 机式调频收音机（B38Jt）元器件清单、PCB 板图		

三、考核标准与评分表

实训名称			接收机电路焊接			实施日期	
执行方式		个人独立完成	执行成员	班级		组别	
考核标准	类别	序号	考核分项	考核标准		分值	考核记录 （分值）
	职业技能	1	焊接的正确性	是否有错焊、漏焊、脱焊、虚焊、短路的现象		40	
		2	焊接的美观度	焊点是否大小合适、外形美观		40	
	职业素养	3	职业素养	是否有违反劳动纪律和不服从指挥的情况、工具的使用、摆放是否正确、合理		20	
				总　　分			

实训三 接收机电路检测与调试

一、任务工单

实训名称	接收机电路调试与检测	实训课时	4	目标要求	掌握接收机电路的调试与检测方法
实训内容（工作任务）	本次任务是基于焊接完 PCB 板的前提下，对接收机整机电路进行调试。使得接收机能够调谐到指定的接收频率上，能清晰地接收到信号				
工作要求	1. 个人独立完成 2. 当场验收考核评分				
备注					

二、作业指导书

实训名称	接收机电路调试与检测	实训课时	4
技术指标（质量标准）	接收到信号清晰。频率能覆盖到 87～108 MHz，并能调谐到 75 MHz 频率上		
仪器设备	接收机电路、无感螺丝刀、万用表		
相关知识	鉴频原理、调谐原理、阻抗匹配		
注意事项			
实训实施环节（操作步骤）	（一）扫频信号发生器的基本操作 　开机前将输出幅度电位器和扫描周期调节电位器反转到底，开机前预热 10～15 min，使得机器达到热平衡，振荡频率达到稳定。注意打开机箱之前务必关掉电源 （二）调整接收频率范围 　扫频信号发生器输出信号通过辐射进入调频收音机；扫频信号发生器输入端通过开路电缆与扬声器输出连接；调整扫频信号发生器，使输出信号中心频率为 87 MHz，适当调节扫频仪衰减，观察扫频仪输出，调节本振回路电感，使小 S 曲线幅度最大；调整扫频信号发生器，使输出信号中心频率为 108 MHz，适当调节扫频仪衰减，观察扫频仪输出，调节本振回路电容，使小 S 曲线幅度最大；反复调解，使接收频率范围符合技术指标要求 （三）调接收灵敏度（统调） 　扫频信号发生器输出信号通过辐射进入调频收音机；扫频信号发生器输入端通过开路电缆与扬声器输出连接；调整扫频信号发生器，使输出信号中心频率为 87 MHz，适当调节扫频仪衰减，观察扫频仪输出，调节射频选频回路电感，使小 S 曲线幅度最大；调整扫频信号发生器，使输出信号中心频率为 108 MHz，适当调节扫频仪衰减，观察扫频仪输出，调节射频选频回路电容，使小 S 曲线幅度最大；反复调解，使高低端接收灵敏度符合技术指标要求		
参考资料			

三、考核标准与评分表

实训名称			接收机电路调试与检测		实施日期	
执行方式	个人独立完成		执行成员	班级		组别	
考核标准	类别	序号	考核分项	考核标准	分值	考核记录（分值）
	职业技能	1	频率	能否覆盖 88～108 MHz，并能调谐到 75 MHz	40	
		2	灵敏度	接收灵敏度是否高	40	
	职业素养	3	职业素养	是否有违反劳动纪律和不服从指挥的情况、工具的使用、摆放是否正确、合理	20	
			总　分			

实训四　发射机元器件清点与测试

一、任务工单

实训名称	发射机元件清点与测试	实训课时	2	目标要求	1. 掌握电子元器件的测量方法 2. 掌握发射机的原理
实训内容（工作任务）	本次任务包含两个环节：第一个环节是掌握小型发射机的电路原理（图 2-4-26）；第二个环节是测量发射机电路元器件的参数				
工作要求	1. 个人独立完成 2. 当场验收考核评分				
备注					

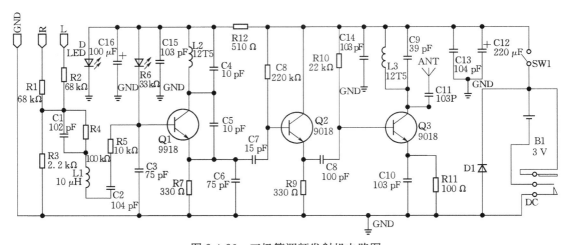

图 2-4-26　三极管调频发射机电路图

二、作业指导书

实训名称	发射机元件清点与测试		实训课时	2
技术指标 （质量标准）	准确地测量出元器件的参数			
仪器设备	万用表、发射机套件			
相关知识	万用表的使用方法；电阻、电容的读数方法；发射机原理			
注意事项	测量电阻时既要采用色环读数，又要使用万用表测量，二者读数须一致			
实训实施环节 （操作步骤）	（一）理解发射机电路原理 振荡调制电路、隔离电路、功放电路 （二）元件的清点与测试 注意观察元件是否缺少，元件的测试要采取读数法与测量法并用的方法，先读数再用万用表测量： 1. 色环法读数的方法：色环电阻的识别：黑0，棕1，红2，橙3，黄4，绿5，蓝6，紫7，灰8，白9，金、银（误差）举例：红黄蓝金银=24×106=24 MΩ 2. 瓷片电容的读数和电解电容的读数方法，电解电容的正、负极不能弄反 3. 二级管与三级管极性的判断 （三）测量元器件完毕 测量完毕后，将测量准确的元器件与电路图上标识号进行对应，方便后续的焊接工作			
参考资料	EDT-701装配说明书元器件读数相关内容			

三、考核标准与评分表

实训名称			发射机元件清点与测试			实施日期	
执行方式		个人独立完成	执行成员	班级		组别	
考核标准	类别	序号	考核分项	考核标准		分值	考核记录（分值）
	职业技能	1	电路原理的理解	是否理解发射机电路原理		40	
		2	元器件的测试	是否准确测量元器件的参数		40	
	职业素养	3	职业素养	是否有违反劳动纪律和不服从指挥的情况		20	
			总　　分				

实训五　发射机电路焊接

一、任务工单

实训名称	发射机电路焊接	实训课时	4	目标要求	掌握发射机电路的焊接方法
实训内容 （工作任务）	本次任务是基于理解电路图原理的前提下，根据提供的发射机PCB板及元器件，完成电路的焊接（图2-4-27）				
工作要求	1. 个人独立完成 2. 当场验收考核评分				
备注					

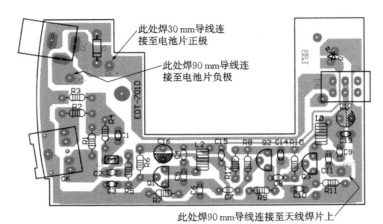

图 2-4-27　三极管调频发射机 PCB 板图

二、作业指导书

实训名称	发射机电路焊接		实训课时	4
技术指标 （质量标准）	无错焊、脱焊、虚焊、短路现象；焊接美观			
仪器设备	万用表、电烙铁、发射机套件			
相关知识	电路的焊接技巧			
注意事项				
实训实施环节 （操作步骤）	（一）焊接前的准备工作 1. 去元件引脚上的氧化层 2. 元件的弯制 （二）元器件焊接与安装 1. 按照电路图认真仔细地焊接好线路板元件。遵循"先焊小再焊大，先焊低再焊高"的原则，可按如下顺序进行：二极管、电阻、三极管、涤纶电容、瓷片电容、电解电容、变压器。焊接时注意元件的管脚放置的方向位置要正确，对于电阻竖排粗环在上，横排粗环在右。点与点之间不得短路，不能出现假焊、虚焊 2. 焊接拉杆天线，按要求装好发射机外壳等			
参考资料	装配说明书中 PCB 板图			

三、考核标准与评分表

实训名称				发射机电路焊接		实施日期	
执行方式		个人独立完成	执行成员	班级		组别	
考核 标准	类别	序号	考核分项	考核标准	分值	考核记录 （分值）	
	职业技能	1	焊接的正确性	是否有错焊、脱焊、虚焊、短路的现象	40		
		2	焊接的美观度	焊点是否大小合适、外形美观	40		
	职业素养	3	职业素养	是否有违反劳动纪律和不服从指挥的情况、工具的使用、摆放是否正确、合理	20		
			总　　分				

实训六 发射机电路调试

一、任务工单

实训名称	发射机电路调试与检测	实训课时	4	目标要求	掌握发射机电路的调试与检测方法
实训内容 (工作任务)	本次任务是基于焊接完 PCB 板的前提下,对发射机整机电路进行的调试。使得发射机能够调谐到指定的发射频率上,并且达到一定的发射距离				
工作要求	1. 个人独立完成 2. 当场验收考核评分				
备注					

二、作业指导书

实训名称	发射机电路调试与检测	实训课时	4
技术指标 (质量标准)	能将整机电路调谐到 75 MHz 发射频率上;能够达到 200 m 以上的发射距离		
仪器设备	发射机电路、无感螺丝刀、接收机		
相关知识	调谐原理、阻抗匹配、功率放大器		
注意事项			
实训实施环节 (操作步骤)	1. 用一部收音机调谐在 75 MHz,发射机音频线接入音频信号,用无感螺丝刀调发射板空心线圈 L_2,使频率为 75 MHz。使接收机收听到清晰收的声音信号 2. 调节空心线圈 L_3 加远发射距离(调整前一定焊上天线),只要调整好频率覆盖就行。反复调整,能够收到参考信号为止 3. 如果接收不到信号,逐步检测电路是否有故障,先检测功放级,再检测隔离级,最后检测振荡级		
参考资料			

三、考核标准与评分表

实训名称			发射机电路调试与检测		实施日期	
执行方式		个人独立完成	执行成员	班级	组别	

	类别	序号	考核分项	考核标准	分值	考核记录 (分值)
考核标准	职业技能	1	调频精度	调频是否在 75 MHz 上	40	
		2	发射距离	发射距离是否达到要求	40	
	职业素养	3	职业素养	是否有违反劳动纪律和不服从指挥的情况、工具的使用、摆放是否正确、合理	20	
			总 分			

课程五　数据通信

项目一　组建简单的 LAN

一、任务工单

项目名称	组建简单的 LAN	项目课时	2	目标要求	1. 掌握主机与主机、交换机与主机的连接 2. 掌握 LAN 的 IP 地址配置 3. 掌握交换机的工作原理
项目内容 （工作任务）	每组两台计算机 1. 使用交叉网线连接两台计算机组成一个对等网 2. 根据给定的 IP 类型进行 IP 地址配置 3. 通过模拟软件的 Simulation 观察交换机与集线器的工作过程 4. 将模拟软件组建的网络保存并资源共享				
工作要求	1. 分组完成、团结协作 2. 掌握 ABC 类 IP 地址的配置				
备注	参考教材相关知识				

二、作业指导书

项目名称	组建简单的 LAN	项目课时	2
技术指标 （质量标准）	无		
仪器设备	模拟软件、计算机、交换机		
相关知识	1. 设备的连接 2. IP 地址和子网掩码 3. 交换机、集线器的工作原理		
注意事项	IP 地址与子网掩码不可独立存在		
项目实施环节 （操作步骤）	1. 使用交叉线连接两台计算机 2. 验证物理连接——查看网卡的指示灯 3. 配置两台 PC 的 IP 地址 4. 测试： (1)验证本机网卡及网线是否连接良好 (2)验证两台 PC 之间的网络连接是否正常 5. 打开模拟软件组建一个局域网,观察交换机、集线器的工作过程,并保存文件 6. 将上述文件进行在两台计算机之间交换(资源共享)		
参考资料	参考教材相关知识		

三、考核标准与评分表

项目名称			组建简单的 LAN			实施日期	
执行方式		小组合作完成	执行成员	班级		组别	
考核标准	类别	序号	考核分项	考核标准		分值	考核记录（分值）
	职业技能	1	组建 LAN	组建对等网并连接正常		10	
		2	IP 地址配置	根据指定 IP 类型配置 IP 地址正确		20	
		3	交换机工作原理	观察并记录交换机、集线器的工作原理		20	
		4	资源共享	将指定文件通过共享放到教师机上		10	
		5	工具、设备的操作与维护	工具、设备的操作是否准确规范；是否注意对其保养和爱护		20	
	职业素养	6	职业素养	无违反劳动纪律和不服从指挥的情况		20	
			综合评定			100	
执行情况记录			填写要求：网络设计、重点配置、观察结果（交换机与集线器的工作原理）、遇到的问题				

项目二 交换机的初始配置

一、任务工单

项目名称	交换机的初始配置	项目课时	2	目标要求	掌握交换机的基本配置方法
项目内容（工作任务）	使用模拟软件完成： 1. 熟悉交换机的配置连接方法 2. 熟悉交换机的用户、特权、配置、接口模式及切换命令 3. 学会使用在线帮助 4. 熟悉 show 命令 5. 掌握设置交换机的名字、特权密码 6. 学会设置交换机的 IP 地址 7. 学会设置交换机的登录密码				
工作要求	1. 独立完成 2. 掌握设置交换机的名字、特权密码 3. 使用 show 命令验证查看配置结果				
备注	参考教材相关知识				

二、作业指导书

项目名称	交换机的初始配置	项目课时	2
技术指标 （质量标准）	无		
仪器设备	模拟软件、计算机		
相关知识	交换机配置的基本命令		
注意事项	必须学会使用在线帮助：在任何模式下，只要输入一个"?"即可显示所有的命令。 命令行输入错误信息提示："~"标记、"% Unknown command"均表示输入了错误的无效命令		
项目实施环节 （操作步骤）	参见教材相关部分： 1. 设置交换机的名字、特权密码 2. 更改交换机的名字、特权密码 3. 设置交换机的 IP 地址 4. 设置交换机的登录密码		
参考资料	教材相关知识		

三、考核标准与评分表

项目名称			交换机的初始配置			实施日期	
执行方式		个人独立完成	执行成员	班级		组别	
考核标准	类别	序号	考核分项	考核标准		分值	考核记录（分值）
	职业技能	1	设置交换机名	设置交换机的名字		10	
		2	设置特权密码	设置交换机的特权密码		10	
		3	更改交换机名	更改交换机的名字		10	
		4	更改特权密码	更改交换机的特权密码		10	
		5	设置交换机的IP	设置交换机的 IP 地址		10	
		6	更改交换机的IP	更改交换机的 IP 地址		10	
		7	设置登录密码	设置交换机的登录密码		10	
		8	更改登录密码	更改交换机的登录密码		10	
		9	设备的操作与维护	设备的操作是否准确规范；是否注意对其保养和爱护		10	
	职业素养	10	职业素养	无违反劳动纪律和不服从指挥的情况		10	
			综合评定			100	

项目三 交换机端口安全

一、任务工单

项目名称	交换机端口安全	项目课时	4	目标要求	掌握交换机端口安全的设置与验证
项目内容 （工作任务）	交换机端口安全配置设计：交换机的 Fa0/1 端口只允许 PC1 通过，交换机端口安全拓扑如下图所示。 集线器1 交换机1 Fa0/1 2960 PC1 PC2 PC3 192.168.1.1/24 192.168.1.2/24 192.168.1.3/24 00D0.BC49.D378 0001.968C.C588				
工作要求	1. 个人独立完成 2. 掌握交换机端口安全的设置 3. 使用 show port-security int f0/1 查看交换机端口安全信息 4. 使用 ping 命令验证违规效果				
备注	参考教材相关知识				

二、作业指导书

项目名称	交换机端口安全	项目课时	4
技术指标 （质量标准）	无		
仪器设备	模拟软件、计算机、交换机		

相关知识	违规处理：关闭 shutdown——丢弃所有数据包，通知网管
	        保护 protect——丢弃违规数据包，不通知网管
	        限制 restrict——丢弃违规数据包，通知网管
	违规后端口的状态：show interface f0/0…		

注意事项	如果要重新开启 f0/1 端口，则要在端口模式下先运行命令 shutdown 再 no shutdown		
项目实施环节 （操作步骤）	参见教材相关部分： 1. 按要求组网，并配置 3 台 PC 的 IP 地址 2. 用 ipconfig /all 查看电脑 PC 的 MAC 地址 3. 配置交换机端口安全，使交换机端口发生安全违规时的措施——关闭/保护/限制 4. 使用 show port-security int f0/1 查看交换机端口安全信息 5. 使用 ping 命令验证违规效果 6. 对比违规措施 关闭、保护、限制的违规效果有什么区别		
参考资料	教材相关知识		

三、考核标准与评分表

项目名称	交换机端口安全				实施日期	
执行方式	个人独立完成	执行成员	班级		组别	

	类别	序号	考核分项	考核标准	分值	考核记录（分值）
考核标准	职业技能	1	端口安全关闭配置	验证并记录违规关闭效果	20	
		2	端口安全保护配置	验证并记录违规保护效果	20	
		3	端口安全限制配置	验证并记录违规限制效果	20	
		4	设备的操作与维护	设备的操作是否准确规范；是否注意对其保养和爱护	20	
	职业素养	5	职业素养	无违反劳动纪律和不服从指挥的情况	20	
	综合评定				100	
执行情况记录	填写要求：网络设计、重点配置、验证结果、遇到的问题					

项目四 以太网通道配置

一、任务工单

项目名称	以太网通道配置	项目课时	2	目标要求	掌握以太网通道的配置
项目内容（工作任务）	使用模拟软件完成：按如下图将两台交换机的 G0/1、G0/2 端口连接起来，并创建以太网通道 3560-24PS 多层交换机0　　　　　　　　　　3560-24PS 多层交换机1				
工作要求	1. 独立完成 2. 掌握以太网通道配置 3. 用 Show spanning-tree 验证查看配置结果				
备注	参考教材相关知识				

二、作业指导书

项目名称	以太网通道配置	项目课时	2
技术指标 （质量标准）	无		
仪器设备	模拟软件、计算机		
相关知识	以太网通道配置的基本命令		
注意事项	学会使用 show 命令		
项目实施环节 （操作步骤）	参见教材相关部分： 步骤 1：按如图将两台交换机的 G0/1、G0/2 端口连接起来 步骤 2：查看交换机的 STP 信息 步骤 3：创建以太网通道 步骤 4：用 Show spanning-tree 验证查看配置结果		
参考资料	教材相关知识		

三、考核标准与评分表

项目名称			以太网通道配置			实施日期	
执行方式		个人独立完成	执行成员	班级		组别	
考核标准	类别	序号	考核分项	考核标准	分值	考核记录 （分值）	
	职业技能	1	以太网通道配置	验证以太网通道配置成功	40		
		2	查看端口状态	通过端口状态验证以太网通道配置成功	20		
		3	设备的操作与维护	设备的操作是否准确规范；是否注意对其保养和爱护	20		
	职业素养	4	职业素养	无违反劳动纪律和不服从指挥的情况	20		
			综合评定		100		

项目五　VLAN 的划分

一、任务工单

项目名称	VLAN 的划分	项目课时	4	目标要求	掌握 VLAN 的基本配置及验证方法
项目内容 （工作任务）	如下图（VLAN 划分拓扑）所示，要求各部门内部可以相互访问，但部门之间禁止互访 				
工作要求	1. 个人独立完成 2. 掌握 VLAN 的基本配置 3. 掌握中继链路的配置 4. 使用 show VLAN 查看交换机 VLAN 信息 5. 使用 ping 命令验证划分效果				
备注	参考教材相关知识				

二、作业指导书

项目名称	VLAN 的划分	项目课时	4
技术指标 （质量标准）	无		
仪器设备	模拟软件、计算机、交换机		
相关知识 （这些不算 关键命令）	查看 VLAN 信息的命令：Switch # show　vlan 删除 VLAN 10 的命令：Switch(config) # no　vlan 10 取消 11 端口与 VLAN 10 的关联： Switch(config) # interface f0/11 Switch(config-if) # no switchport access vlan 10		
注意事项	默认情况下，交换机所有的端口都属于 VLAN 1，不可删除		
项目实施环节 （操作步骤）	参见教材相关部分： 1. 按如图连接，配置所有主机的 IP 在同一个网段 2. 划分 VLAN 配置 3. 配置中继端口 4. 验证划分 VLAN 后的效果，并对比划分 VLAN 前有何不同		
参考资料	教材相关知识		

三、考核标准与评分表

项目名称		VLAN 的划分			实施日期	
执行方式		个人独立完成	执行成员	班级	组别	
考核标准	类别	序号	考核分项	考核标准	分值	考核记录（分值）
	职业技能	1	VLAN 划分	验证交换机的 VLAN 划分配置正确	20	
		2	中继链路配置	验证跨交换机的 VLAN 划分配置正确	40	
		3	设备的操作与维护	设备的操作是否准确规范；是否注意对其保养和爱护	20	
	职业素养	4	职业素养	无违反劳动纪律和不服从指挥的情况	20	
			综合评定		100	

项目六　三层交换机实现 VLAN 的通信

一、任务工单

项目名称	三层交换机实现 VLAN 的通信	项目课时	4	目标要求	掌握三层交换机的路由功能
项目内容（工作任务）	如下图（三层交换机实现 VLAN 通信）所示，PC0 和 PC1 在一个 VLAN10 中，PC2 和 PC3 在一个 VLAN20 中，以三层交换机实现不同 VLAN 之间的路由 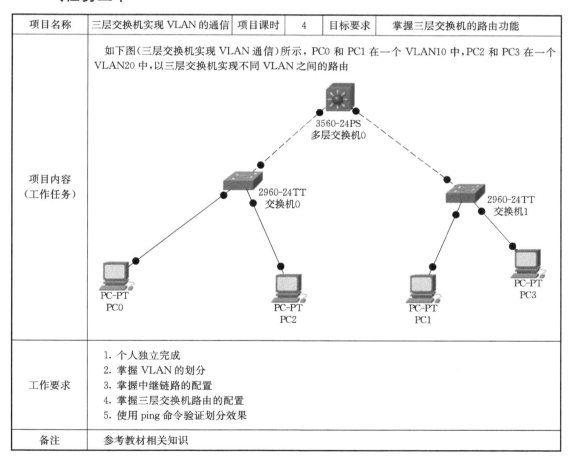				
工作要求	1. 个人独立完成 2. 掌握 VLAN 的划分 3. 掌握中继链路的配置 4. 掌握三层交换机路由的配置 5. 使用 ping 命令验证划分效果				
备注	参考教材相关知识				

二、作业指导书

项目名称	三层交换机实现 VLAN 的通信		项目课时	4
技术指标 （质量标准）	无			
仪器设备	模拟软件、计算机、交换机			
相关知识	查看 VLAN 信息的命令：Switch＃ show vlan 删除 VLAN 10 的命令：Switch(config)＃no vlan 10 取消 11 端口与 VLAN 10 的关联： Switch(config)＃interface f0/11 Switch(config－if)＃no switchport access vlan 10 配置交换机的三层功能：Switch(config)＃int f0/1　进入端口 f0/1 Switch(config－if)＃no switchport　设置当前端口为三层端口 参看三层交换机的路由表项 Switch3560＃show ip route			
注意事项	默认情况下，交换机所有的端口都属于 VLAN 1，不可删除			
项目实施环节 （操作步骤）	参见教材相关部分： 1. 根据要求配置计算机的 IP 地址、子网掩码和对应网关，并用适当的介质连线将设备连接起来。注意与交换机的连接端口 2. 在交换机上进行配置，划分 VLAN，将相关端口添加到 VLAN 中 3. 设置三层交换机的三层功能 4. 使用 ping 命令测试不同 VLAN 间的 PC 机是否连通			
参考资料	教材相关知识			

三、考核标准与评分表

项目名称			三层交换机实现 VLAN 的通信		实施日期		
执行方式		个人独立完成	执行成员	班级		组别	
考核标准	类别	序号	考核分项	考核标准	分值	考核记录（分值）	
	职业技能	1	VLAN 划分	验证交换机的 VLAN 划分配置正确	20		
		2	中继链路配置	验证跨交换机的 VLAN 划分配置正确	40		
			三层交换机路由	三层交换机的路由表正确			
		3	设备的操作与维护	设备的操作是否准确规范；是否注意对其保养和爱护	20		
	职业素养	4	职业素养	无违反劳动纪律和不服从指挥的情况	20		
			综合评定		100		

项目七 路由器的基本配置

一、任务工单

项目名称	路由器的基本配置	项目课时	4	目标要求	掌握以路由器连接局域网
项目内容 （工作任务）	按如下图（路由实现网络通信）组网，并要求实现各个 PC 间的互通 				
工作要求	1. 个人独立完成 2. 端口的 IP 配置、网关配置 3. 查看路由表 4. 验证互通效果				
备注	参考教材相关知识				

二、作业指导书

项目名称	路由器的基本配置	项目课时	4
仪器设备	模拟软件、计算机、路由器		
相关知识	默认网关的概念与实施；路由表的基本要素；路由器的 IP 配置原则		
注意事项	路由器的工作依据：IP、掩码、路由表		
项目实施环节 （操作步骤）	参见教材相关部分： 1. 配置端口的 IP 2. 配置网关 3. 查看路由表 4. 验证互通效果		
参考资料	教材相关知识		

三、考核标准与评分表

项目名称	路由器的基本配置				实施日期	
执行方式	个人独立完成	执行成员	班级		组别	
考核标准						

	类别	序号	考核分项	考核标准	分值	考核记录（分值）
考核标准	职业技能	1	PC 的 IP 配置	验证 PC 的 IP 配置正确	10	
		2	PC 的默认网关配置	验证 PC 的默认网关配置正确	10	
		3	路由器端口 IP 配置	验证路由器端口 IP 配置正确	20	
		4	查看路由表	指明某两台 PC 间通信的路由表项	20	
		5	设备的操作与维护	设备的操作是否准确规范；是否注意对其保养和爱护	20	
	职业素养	6	职业素养	无违反劳动纪律和不服从指挥的情况	20	
			综合评定		100	

项目八 网关设置

一、任务工单

项目名称	网关设置	项目课时	2	目标要求	掌握不同网络的连接
项目内容（工作任务）	使用模拟软件完成：一个路由器连接了三个本地网络，请在 TCP/IP 配置每台主机的默认网关，其网络拓扑图如下图所示 192.168.1.1　10.0.0.1　172.16.0.50				
工作要求	1. 独立完成 2. 掌握路由器端口的 IP 配置 3. 掌握局域网网关的配置				
备注	参考教材相关知识				

二、作业指导书

项目名称	网关设置		项目课时	2
技术指标 （质量标准）	无			
仪器设备	模拟软件、计算机			
相关知识	路由器端口 IP 配置的基本命令和计算机 IP 网关的配置			
注意事项	学会掌握 ipconfig 命令			
项目实施环节 （操作步骤）	参见教材相关部分： 1. 配置路由器每个端口的 IP 地址 2. 配置每个计算机 IP，并将计算机 IP 地址的默认网关设置为相连的路由器端口地址 3. 连通性测试			
参考资料	教材相关知识			

三、考核标准与评分表

项目名称			网关设置			实施日期	
执行方式		个人独立完成	执行成员	班级		组别	
考核标准	类别	序号	考核分项	考核标准		分值	考核记录 （分值）
	职业技能	1	路由器端口 IP 配置	验证端口 IP 配置成功		30	
		2	查看端口状态	通过端口状态验证及 IP 配置成功		20	
		3	计算机网关设置	LAN 的网关与路由端口 IP 相对应		30	
	职业素养	4	职业素养	无违反劳动纪律和不服从指挥的情况		20	
			综合评定			100	

项目九　单臂路由实现 VLAN 通信

一、任务工单

项目名称	单臂路由实现 VLAN 通信	项目课时	4	目标要求	掌握路由器以太网子接口配置
项目内容 （工作任务）	按如下图（单臂路由网络拓扑）组网，并要求实现不同 VLAN 间的互通 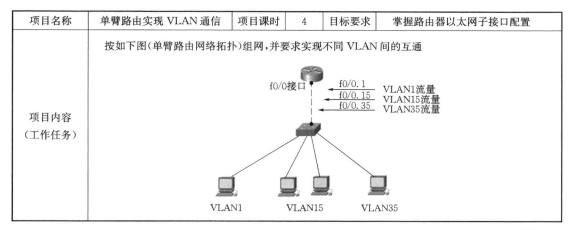				

续上表

项目名称	单臂路由实现 VLAN 通信	项目课时	4	目标要求	掌握路由器以太网子接口配置
工作要求	1. 个人独立完成 2. 配置设备 IP 地址 3. 交换机上划分 VLAN 4. 配置路由 5. 验证网络互通				
备注	参考教材相关知识				

二、作业指导书

项目名称	单臂路由实现 VLAN 通信	项目课时	4
仪器设备	模拟软件、计算机、路由器、交换机		
相关知识	子接口上封装 802.1q 协议		
注意事项	在子接口上封装 802.1q 协议，并指定要封装的 VLAN 号		
项目实施环节 （操作步骤）	参见教材相关部分： 1. 按要求组网 2. 配置设备 IP 地址 3. 交换机上划分 VLAN 4. 配置路由 5. 验证网络互通		
参考资料	教材相关知识		

三、考核标准与评分表

项目名称			单臂路由实现 VLAN 通信		实施日期	
执行方式		个人独立完成	执行成员	班级	组别	

考核标准	类别	序号	考核分项	考核标准	分值	考核记录（分值）
考核标准	职业技能	1	按要求组网	设备连接正确	10	
		2	IP 配置	验证各个端口 IP 配置正确	10	
		3	VLAN 划分	验证交换机上的 VLAN 划分正确	10	
		4	路由配置	查看路由表正确	30	
		5	设备的操作与维护	设备的操作是否准确规范；是否注意对其保养和爱护	20	
	职业素养	6	职业素养	无违反劳动纪律和不服从指挥的情况	20	
			综合评定		100	

项目十 静态路由和默认路由的配置

一、任务工单

项目名称	静态路由和默认路由的配置	项目课时	4	目标要求	掌握静态路由和默认路由的配置验证方法
项目内容（工作任务）	按下图（静态路由和默认路由设置拓扑）组网,并要求实现各个 PC 间的互通 				
工作要求	1. 个人独立完成 2. 添加路由器模块 3. 熟悉路由器的连接线缆 4. 路由器的 IP 配置 5. 静态路由/默认路由配置 6. 查看路由表,验证互通效果				
备注	参考教材相关知识				

二、作业指导书

项目名称	静态路由和默认路由的配置		项目课时	4
仪器设备	模拟软件、计算机、路由器、交换机			
相关知识	路由器的 IP 配置原则			
注意事项	路由器的工作依据:IP、掩码、路由表			
项目实施环节（操作步骤）	参见教材相关部分: 1. 添加路由器模块 2. 按要求组网 3. 配置路由器的 IP 4. 配置静态路由/默认路由 5. 验证互通效果			
参考资料	教材相关知识			

三、考核标准与评分表

项目名称				静态路由和默认路由的配置		实施日期	
执行方式		个人独立完成	执行成员	班级		组别	
考核标准	类别	序号	考核分项	考核标准		分值	考核记录（分值）
	职业技能	1	添加路由器模块	验证路由器模块添加正确		10	
		2	按要求组网	设备连接正确		10	
		3	路由器的 IP 配置	验证路由器端口 IP 配置正确		20	
		4	静态/默认路由配置	查看路由表,静态/默认路由表项正确		20	
		5	设备的操作与维护	设备的操作是否准确规范;是否注意对其保养和爱护		20	
	职业素养	6	职业素养	无违反劳动纪律和不服从指挥的情况		20	
			综合评定			100	

项目十一　动态路由配置

一、任务工单

项目名称	动态路由配置	项目课时	4	目标要求	掌握动态路由配置 RIP/OSPF 及验证方法
项目内容（工作任务）	按下图（动态路由网络拓扑）组网,并要求实现各个网络间的互通 				
工作要求	1. 个人独立完成 2. 配置设备 IP 地址 3. 配置 RIP/OSPF 动态路由 4. 验证网络互通 5. 掌握数据包从 PCA→PCC 的通信过程及路由选项				
备注	参考教材相关知识				

二、作业指导书

项目名称	动态路由配置		项目课时	4
仪器设备	模拟软件、计算机、路由器、交换机			
相关知识	RIP 协议/OSPF 协议			
注意事项	路由器的 IP 配置原则			
项目实施环节 （操作步骤）	参见教材相关部分： 1. 按要求组网 2. 配置设备 IP 地址 3. 配置动态路由 4. 验证网络互通 5. 观察并描述数据包从 PCA→PCC 的通信过程及路由选项			
参考资料	教材相关知识			

三、考核标准与评分表

项目名称			动态路由配置		实施日期	
执行方式	个人独立完成	执行成员	班级		组别	
考核标准	类别	序号	考核分项	考核标准	分值	考核记录（分值）
	职业技能	1	按要求组网	设备连接正确	10	
		2	IP 配置	验证各个端口 IP 配置正确	10	
		3	动态路由配置	查看路由表，动态路由表项正确	20	
		4	通信过程	观察并记录数据包从 PCA→PCC 的通信过程及路由选项	20	
		5	设备的操作与维护	设备的操作是否准确规范；是否注意对其保养和爱护	20	
	职业素养	6	职业素养	无违反劳动纪律和不服从指挥的情况	20	
			综合评定		100	
执行情况记录	填写要求：网络设计、重点配置、观察结果、遇到的问题					

项目十二　PPP 协议认证配置

一、任务工单

项目名称	PPP 协议认证配置	项目课时	4	目标要求	掌握 PPP 和 HDLC 协议的配置验证
项目内容（工作任务）	按下图（广域网连接设置）组网，并配置 PPP 协议（PAP/CHAP 认证） 我的名字是R1，密码是cisco R1　　　　　R2				
工作要求	1. 个人独立完成 2. 配置 PPP 协议 3. 查看端口详细信息				
备注	参考教材相关知识				

二、作业指导书

项目名称	PPP 协议认证配置	项目课时	4
仪器设备	模拟软件、计算机、路由器、交换机		
相关知识	PAP 认证、CHAP 认证		
注意事项	PAP 与 CHAP 的本质区别		
项目实施环节（操作步骤）	参见教材相关部分： 1. 按要求组网 2. 配置 PPP 协议（PAP/CHAP 认证） 3. 查看端口详细信息 4. 对比 PAP 与 CHAP 的区别		
参考资料	教材相关知识		

三、考核标准与评分表

项目名称			PPP 协议认证配置		实施日期	
执行方式	个人独立完成	执行成员	班级		组别	
考核标准	类别	序号	考核分项	考核标准	分值	考核记录（分值）
	职业技能	1	按要求组网	设备连接正确	20	
		2	配置 PPP 协议及 pap、chap 认证	验证 PPP 配置正确、认证正确	40	
		3	设备的操作与维护	设备的操作是否准确规范；是否注意对其保养和爱护	20	
	职业素养	4	职业素养	无违反劳动纪律和不服从指挥的情况	20	
			综合评定		100	

项目十三　访问控制列表设置

一、任务工单

项目名称	访问控制列表设置	项目课时	2	目标要求	掌握标准 ACL 的设置与验证
项目内容 （工作任务）					

项目内容（工作任务）：

扩展 ACL 设置：192.168.2.0 网络可以与 VLAN10 通信，VLAN10 和 VLAN20 可以通过单臂路由实现相互通信，192.168.2.0 网络可以访问 192.168.1.130/25 服务器，但是不能访问 192.168.1.131/25 服务器，其网络拓扑如下图所示

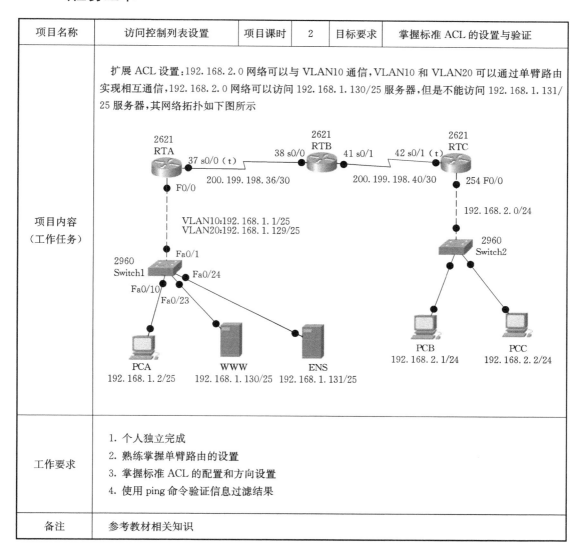

工作要求：
1. 个人独立完成
2. 熟练掌握单臂路由的设置
3. 掌握标准 ACL 的配置和方向设置
4. 使用 ping 命令验证信息过滤结果

备注：参考教材相关知识

二、作业指导书

项目名称	访问控制列表设置	项目课时	4
技术指标 （质量标准）	无		
仪器设备	模拟软件、计算机、交换机		

续上表

项目名称	访问控制列表设置	项目课时	4
相关知识	1. 扩展 ACL——不仅可以根据源 IP 地址过滤数据包,也可以根据目的 IP 地址、协议和端口号过滤流量。表号的范围是 100～199 和 2 000～2 699 2. 在创建 ACL 之后,必须将其应用到某个接口才可开始生效;ACL 控制的对象是进出接口的流量 与 permit 语句匹配——可以进出路由器 与 deny 语句匹配——停止传输 没有任何 permit 语句——阻止所有流量。因为每个 ACL 的末尾都有一条隐含的 deny 语句,因此 ACL 会拒绝所有未明确允许的流量 3. 要过滤某个特定的主机,请在 IP 地址后面使用通配符掩码 0.0.0.0 或在 IP 地址前面使用 host 参数 要过滤所有主机,使用通配符掩码 255.255.255.255 时,可以使用 any 参数代替 4. 为了不影响数据流的应用,一般扩展 ACL 应尽可能靠近源地址放置		
注意事项	任何一个 ACL 集都有一句默认的 deny any,因此必须要定义 permit 语句		
项目实施环节 (操作步骤)	参见教材相关部分: 1. 相关准备工作 2. 配置交换机 VLAN 3. 配置路由器的 IP,配置单臂路由的子接口时要先绑定 VLAN 再设置 IP 地址 4. 配置路由器的路由 5. 配置 ACL 6. 用 ping 命令进行验证		
参考资料	教材相关知识		

三、考核标准与评分表

项目名称				访问控制列表设置		实施日期	
执行方式		个人独立完成	执行成员	班级		组别	
考核标准	类别	序号	考核分项	考核标准	分值	考核记录 (分值)	
	职业技能	1	VLAN 的划分	计算机划分在正确的 VLAN 内	20		
		2	路由 IP 配置	各路由端口 IP 配置正确	20		
		3	ACL 配置	过滤范围合适,使用语法正确	20		
		4	ACL 在路由器生效的端口和方向设置	应用位置正确	20		
		5	ACL 的测试与验证	验证并查看 acl,每一项目均有匹配项			
	职业素养	6	职业素养	无违反劳动纪律和不服从指挥的情况	20		
			综合评定		100		
执行情况记录	填写要求:网络设计、重点配置、验证结果、遇到的问题						

项目十四 地址转换

一、任务工单

项目名称	地址转换	项目课时	2	目标要求	掌握动态 NAT 的配置与校验
项目内容 （工作任务）	动态 NAT 配置：主机 1 和主机 2 通过路由的 NAT 功能，使用私有 IP 地址访问 ISP 服务器，其网络拓扑如下图所示 				
工作要求	1. 配置路由器，使之使用网络地址转换（NAT）来将内部 IP 地址（一般是私有地址）转换为外部公有地址 2. 验证连通性				
备注	参考教材相关知识				

二、作业指导书

项目名称	地址转换	项目课时	4
技术指标 （质量标准）	无		
仪器设备	模拟软件、计算机、交换机		
相关知识	配置动态 NAT： 1. 确定可用的公有 IP 地址池 2. 创建访问控制列表（ACL），以标识需要转换的主机 3. 将接口指定为内部接口或外部接口 4. 将访问列表与地址池关联起来		
注意事项	访问控制列表定义的范围是内网地址，地址把定义的是公用 IP 地址，不要搞反了		
项目实施环节 （操作步骤）	参见教材相关部分： 1. 配置网关路由器，使用正确的 IP 地址、子网掩码和默认网关配置主机 2. 创建一条从 ISP 到网关路由器的静态路由。该公司获得的 Internet 公有地址是 209.165.200.224/27。使用 ip route 命令来创建静态路由 3. 使用 access-list 命令定义与内部私有地址匹配的访问列表 4. 使用 ip nat inside source 命令定义 NAT 转换 5. 为了使用 NAT，需要将路由器上的活动接口指定为内部接口或外部接口。为此，请使用 ip nat inside 或 ip nat outside 命令来进行指定 6. 测试配置，查看 nat 结果 show ip nat translation 校验 NAT 统计信息，在特权执行模式的提示符下键入 show ip nat statistics 命令		
参考资料	教材相关知识		

三、考核标准与评分表

项目名称			地址转换			实施日期	
执行方式		个人独立完成	执行成员	班级		组别	

类别		序号	考核分项	考核标准	分值	考核记录（分值）
考核标准	职业技能	1	网络设备及计算机的 IP 配置	网络划分正确	20	
		2	静态路由配置	网络可以正常通信	20	
		3	地址转换配置	内部私有地址范围定义，NAT 转换定义及内部(外部)接口定义正确	40	
		4	查看地址转换	nat 结果正确，内网可以访问外网，外网不能访问内网		
	职业素养	5	职业素养	无违反劳动纪律和不服从指挥的情况	20	
			综合评定		100	
执行情况记录			填写要求：网络设计、重点配置、验证结果、遇到的问题			

课程六　通信线路

项目一　光缆的开剥

一、任务工单

项目名称	光缆的开剥	项目课时	4	目标要求	1. 光缆开剥 2. 光缆型号识别 3. 光缆色谱及纤序识别
项目内容（工作任务）	1. 按规范要求开剥指定的光缆 2. 识别并记录所开剥光缆的型号、结构及纤号排序				
工作要求	1. 个人独立完成 2. 当场考核评分				

二、作业指导书

项目名称	光缆的开剥	项目课时	4
技术指标 （质量标准）	1. 光缆两端各开剥长度为 120 cm 2. 切口平整无毛刺		
仪器设备	光缆开剥工具		
相关知识	光缆开剥的要求		
注意事项	工具摆放整齐,使用准确,专具专用		
项目实施环节 （操作步骤）	1. 开剥光缆外被层、铠装层,光缆有铠装层则根据接头需要长度（130 cm 左右）把光缆的外被层、铠装层剥除。光缆开剥长度根据不同的接头盒确定 2. 按接头需要长度开剥内护层,将护套开剥刀放入光缆开剥位置,调整好光缆护套开剥刀刀片进深,沿光缆横向绕动护套开剥刀,将光缆护套割伤后拿下护层开剥刀,轻折光缆,使护套完全断裂,然后拉出光缆护套 3. 将光缆加强芯剪留 5 cm 左右（也可根据光纤接头盒的尺寸裁剪）,光纤套管剪留 10 cm 左右（也可根据光纤接头盒的尺寸裁剪）		

三、考核标准与评分表

项目名称			光缆的开剥			实施日期	
执行方式		个人独立完成	执行成员	班级		学号	
				姓名			
考核标准	类别	序号	考核分项	考核标准		分值	考核记录 （分值）
	职业技能	1	开剥工具的使用	随堂考察:工具的使用正确程度 随机抽查:随机抽取学生和问题进行回答或操作演示		20	
		2	光缆开剥的结果	查看作品:光缆开剥是否符合规范、尺寸标准		60	
	职业素养	3	职业素养	随堂考察:练习过程中的认真程度和态度;练习过程中协作互助		20	
			总　　分				
操作记录	（记录数据）						
		光缆型号		光缆结构		每个光纤数	

项目二　光纤熔接

一、任务工单

项目名称	光纤熔接	项目课时	4	目标要求	1. 光纤切割工具的使用 2. 光纤熔接机的使用 3. 光纤熔接机的参数调整
项目内容 （工作任务）	1. 按规范要求切割光纤 2. 将光纤熔接并记录接入损耗				
工作要求	1. 个人独立完成 2. 当场考核评分				

二、作业指导书

项目名称	光纤熔接	项目课时	4
技术指标 （质量标准）	接头损耗≤0.08 dB（以熔接机显示为准）；无气泡等		
仪器设备	光纤切割工具；光纤熔接机		
相关知识	光纤熔接的技术规范		
注意事项	注意操作规程和操作安全： 1. 放光纤在其位置时，不要太远也不要太近，1/2 处 2. 加热热缩套管后拿出时，不要接触加热后的部位，温度很高，避免发生危险 3. 清洁光纤熔接机的内外，光纤的本身，重要的就是 V 形槽，光纤压脚等部位 4. 整理工具时，注意碎光纤头，防止危险。光纤是玻璃丝，很细而且很硬 5. 切割时保证光纤熔接机切割端面89°±1°，近似垂直，在把切好的光纤放在指定位置的过程中，光纤的端面不要接触任何地方，碰到则需要重新清洁、切割。一定要先清洁后切割 6. 在光纤熔接机熔接的整个过程中，不要打开防风盖		
项目实施环节 （操作步骤）	1. 取出适当长度的光纤（不能短于 10 cm） 2. 去除缓冲层。用蘸有酒精的清洁棉球清洁光纤涂覆层（从光纤端面往里大约 100 mm）如果光纤覆层上的灰层或其他杂质进入光纤热缩管，操作完成后可能造成光纤的断裂或熔融 3. 将光纤穿过热缩管，此时用手指稍用力捏住热缩管放置有加强芯一侧，可防止热缩管内易熔管和加强芯被拉出 4. 用涂覆层剥离钳剥除光纤涂覆层，长为 30～40 mm。用另一块酒精棉球，清洁裸纤。注意不要损伤光纤 5. 光纤端面切割与制作： (1)将光纤切割刀回到初始位置 (2)将光纤放入切割槽内 (3)推动刀片进行切割 6. 熔接机上放置光纤进行光纤熔接： (1)将光纤熔接机盖打开 (2)将光纤分别放入 V 形槽内 (3)改好光纤熔接机盖后，按下熔接键 7. 记录熔接数据		

三、考核标准与评分表

项目名称		光纤熔接				实施日期	
执行方式		个人独立完成	执行成员	班级		学号	
				姓名			

	类别	序号	考核分项	考核标准	分值	考核记录（分值）
考核标准	职业技能	1	光纤切割工具的使用	随堂考察：工具的使用正确程度 随机抽查：随机抽取学生和问题进行回答或操作演示	20	
		2	光纤熔接的结果	查看作品：光纤熔接是否符合规范、熔接损耗是否符合标准	60	
	职业素养	3	职业素养	随堂考察：练习过程中的认真程度和态度；练习过程中协作互助	20	
			总　　分			

操作记录	（记录熔接数据）					
	熔接损耗（dB）		左侧光纤切割角（度）		右侧光纤切割角（度）	

项目三　光缆接续

一、任务工单

项目名称	光缆接续	项目课时	8	目标要求	1. 光缆开剥 2. 光缆型号识别 3. 多光纤熔接（含热缩套管） 4. 光纤的盘纤及接头盒的安装
项目内容（工作任务）	1. 按规范要求开剥指定的光缆 2. 识别并记录所开剥光缆的型号、结构及纤号排序 3. 多光纤熔接（含热缩套管） 4. 光纤接头盒的安装				
工作要求	1. 小组合作完成 2. 当场考核评分				

二、作业指导书

项目名称	光缆接续	项目课时	8
技术指标 （质量标准）	盘纤最小直径应大于 3.5 cm，并且自由地盘好		
仪器设备	光缆开剥工具；光纤切割工具；熔接机；接头盒及安装工具		
相关知识	光缆开剥的技术要求；光纤熔接的技术要求；接头盒安装的技术要求		
注意事项	注意操作规程和操作安全： 1. 在剥的时候要确定好刀割的深度，不能划破里面的光纤 2. 要固定好纤芯束管的位置，不能让纤芯束管变形或发生断裂 3. 不能让纤芯束管松动，要卡紧，长度也要刚刚好，要不然就会使光纤断裂，缩短使用寿命，留下安全隐患 4. 接线的时候如果遇到雨天，要防光缆接头盒里面进水 5. 要让光纤的端面保持平滑，如果表面不是很平滑，这样会导致光纤容易受损		
项目实施环节 （操作步骤）	1. 打开接头盒并做相关准备 2. 开剥光缆外被层、铠装层，开剥长度为开剥处到集纤盘长度加集纤盘内光纤余留长度 3. 按接头需要长度开剥内护层 4. 去除松套管，套上塑料保护套管，并用胶带连同加强芯一起进行包扎，如下图（胶带包扎）所示  5. 用压缆卡把光缆固定在支架夹板上，并使加强芯穿过固定柱，将螺丝拧紧 6. 取下集纤盘，并把光纤固定在集纤盘上 7. 进行常规光纤熔接 8. 盘留光缆光纤和尾纤余长后，把适配器嵌入集纤盘上的固定槽内，如下图（光缆固定）所示  9. 盖好集纤盘盖板，把集纤盘推入导轨，同时把套入保护套管的光纤按预定光纤走线方向布放在箱内 10. 接头盒的封合与密封		
参考资料			

三、考核标准与评分表

项目名称	光缆接续				实施日期	
执行方式	小组合作完成	执行成员	班级		组别	

	类别	序号	考核分项	考核标准	分值	考核记录（分值）
考核标准	职业技能	1	开剥工具的使用	随堂考察：工具的使用正确程度　随机抽查：随机抽取学生和问题进行回答或操作演示	20	
		2	光纤熔接的结果	随堂考察：光纤熔接是否符合规范标准	20	
		3	光缆盘纤和接头盒的安装	查看作品：光缆接头盒安装是否符合规范标准	40	
	职业素养	4	职业素养	随堂考察：练习过程中的认真程度和态度；练习过程中协作互助	20	
			总　　分			

操作记录

（记录数据）

光缆结构		纤芯数量	
序号	对接关系	接头损耗（dB）	
1			
2			
⋮			

项目四　OTDR 的操作与使用

一、任务工单

项目名称	OTDR 的操作与使用	项目课时	6	目标要求	1. OTDR 测试光缆长度 2. OTDR 测试连接衰减 3. OTDR 测试反射衰减 4. OTDR 测试平均衰减
项目内容（工作任务）	1. 光缆量程（自动）、波长（1 310 nm）、脉宽（自动）、折射率（1.46）等参数应能正确、熟练设置 2. 能熟练进行光纤长度、光纤损耗、接头损耗等指标的测试				
工作要求	1. 个人独立完成 2. 当场考核评分				

二、作业指导书

项目名称	OTDR 的操作与使用	项目课时	6
技术指标 （质量标准）	OTDR 的参数调整,图形的正确分在光纤线路的测试中,应尽量保持使用同一块仪表进行某条线路的测试,各次测试时主要参数值的设置也应保持一致,这样可以减少测试误差,便于和上次的测试结果比较。即使使用不同型号的仪表进行测试,只要其动态范围能达到要求,折射率、波长、脉宽、距离、均化时间等参数的设置亦和上一次的相同,这样测试数据一般不会有大的差别		
仪器设备	OTDR		
相关知识	OTDR 的使用		
注意事项	注意操作规程和操作安全: 1. 由于 OTDR 是集发光与收光一体的设备,为保证人身安全,请先接接口再开机测量 2. 测量完毕以后,一定先关机再取下跳线;同时在测量过程中发光口一定不准对准人,尤其是人的眼睛 3. 使用 OTDR 测量时一定要保证所测试的线路当中没有光信号接入,否则非常容易烧坏发光管等核心元件 4. 坚决禁止使用 OTDR 测量无信号的通信光缆以外的一切待测对象		
项目实施环节 （操作步骤）	1. 连接待测光纤 将待测光纤连接到光输出连接器接口。在实际工程测试中为了排除盲区对测试的影响,待测光纤应通过一段假纤连接到 OTDR,如下图(假光纤连接)所示  2. 接通电源 OTDR 电源可以使用充电电池和外接 220 V 市电。接通电源后,仪表进行自检,而后出现应用屏幕,如下图(菜单界面)所示 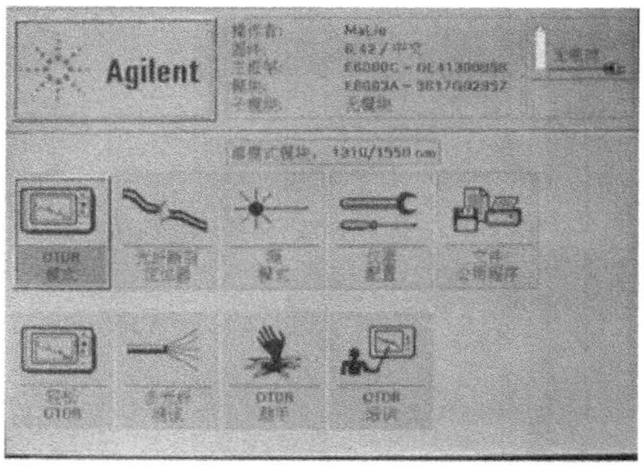 		

续上表

项目名称	OTDR 的操作与使用	项目课时	6

<table>
<tr><td rowspan="1">项目实施环节
（操作步骤）</td><td>

应用屏幕共有 9 种用于不同任务和用户组的应用程序：

(1)"OTDR 模式"：具有一系列特点，方便生产、观察、分析轨迹，提供了常规 OTDR 的全部功能

(2)"光纤断裂定位器"：是简化的轨迹设置，可快速确定光纤断裂的位置

(3)"源模式"：可使得损耗测量具有稳定的激光源，以及用固定调制频率进行识别

(4)"仪器配置"：可对微型光时域反射计的一般功能进行配置

(5)"文件公用程序"：可查看微型光时域反射计的内部目录结构或添加设备，复制、删除或打印文件

(6)"轻松 OTDR"：可帮助观察轨迹，进行简单的操作，如打印和进行预保存设置

(7)"多光纤测试"：可定义多达 4 个测量，并且将所有的测量应用于多光纤

(8)"OTDR 助手"：运行 OTDR 助手，以帮助进行典型的 OTDR 测试，并且会提示需要调整哪些参数

(9)"OTDR 培训"：帮助学习 OTDR 的使用

3. 设置参数

光纤事件位置、光缆长度、损耗、衰减系数等测试项目主要使用"OTDR 模式"进行测试。在应用屏幕上使用光标键选择"OTDR 模式"，按选定键进入具有两个光标（A、B 光标）的空白测试主窗口。此时，选定键功能为弹出菜单。按下选定键，出现一个操作菜单，用光标键先择设置菜单，并按选定键进入测量设置屏幕设置测试参数，分别如下图所示

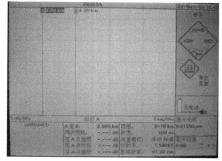 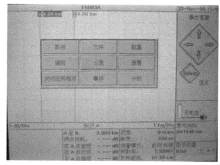

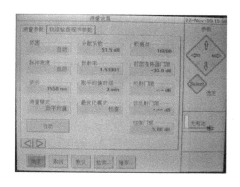

下面就通常需要进行设置的参数及其含义简要进行介绍：

(1)范围

确定所测光纤起始位置和测量区间。可以从预定义的范围中选择，也可以自己根据需要进行设定
</td></tr>
</table>

续上表

项目名称	OTDR 的操作与使用	项目课时	6

<table>
<tr><td rowspan="1">项目实施环节
（操作步骤）</td><td>

（2）脉冲宽度

脉冲宽度是指由 OTDR 发射到光纤的光脉冲长度。短脉冲可提高分辨率，适用于短光缆测试，长脉冲可提高动态范围，适用于长光缆测试。脉冲宽度设置可根据需要从预定义的脉冲宽度中进行选择

（3）自动

如果不知道光纤长度，则使用此功能。OTDR 将自动计算脉冲宽度和范围的适当值，进行测量，得到光纤的长度，然后重新设置参数进行重新测量

（4）波长

根据被测光纤实际使用的光波长选择 1 310 nm、1 550 nm

（5）测量模式

有"实时"、"取平均值"、"继续"三种备选模式。"实时"模式是在测量时可以更新参数设置；"取平均值"模式是在一定时间范围对后向散射光功率取平均值，以降低噪声级，一般情况下选择此模式；"继续"模式是对已经停止的测量取平均值

（6）取平均值时间

当测量模式选择"取平均值"，则需设置取平均值时间。时间长度可从预定义时间中选择。时间越长噪声越小，动态范围越大

（7）折射率

按被测光纤纤芯折射率进行设置，折射率设置的正确与否直接影响测量的误差大小

（8）最优化模式

有"分辨率"、"动态"和"标准"三种备选模式。"分辨率"模式用于短光纤；"动态"模式用于长光纤；"标准"模式的应用介于"分辨率"与"动态"之间

（9）其他参数一般不需经常进行设置

参数设置完毕，按确定键退出测量设置屏幕，回到空白主窗口，此时参数窗改动的参数项呈灰色显示，显示的是改动前的设置数值

4. 测量

设置好参数后，按运行/停止键，发射光脉冲，开始进行取样，空白主窗口显示一条后向散射曲线。再按一次运行/停止键或等待右下角指示的测量时间结束，则不再进行取样。停止取样后，OTDR 将进行自动扫描，扫描完成后，事件栏中显示各个事件所对应的符号；生成一个事件表；同时在参数窗中显示"A 至 B"的距离、"两点损耗"、数值或"两点衰减"数值、"在 A/B 点插损"数值、"在 A/B 点反损"数值、"在 A/B 点累损"数值等

5. 读取测量结果

读取测量结果时有两种方法：

（1）从事件表中读取测量结果（自动测量）

（2）从参数窗读取测量结果（手动测量）

6. 保存测量

保存测量不仅保存结果，同样保存测量参数、事件表和水平偏移。以后调用测量时，可进一步分析该测量或与其他测量进行比较，也可使用与第一次相同的参数重复测量。将测量保存在 OTDR 内部存储器中的步骤如下：

第一步，选择弹出菜单中的文件选项，进入文件菜单

第二步，选择"另存为…"选项。并按下选定键，进入文件保存页面

第三步，如果要将文件保存到不同的设备中（如软盘），选择"设备"选项并选择所需的设备

第四步，文件名称可以用默认名，默认名写在右方的"名称"下；也可用新名称（如 ma）。以新名称保存时，选择"新名称"，将出现一个键盘，在此可为新的文件名选择字母。使用"删除"选项删除不需要的字符，并结合使用选定键和光标键选择字母输入新名称。输入完毕后按"确定"选项退回到保存页面，页面上方出现新输入的新名称

第五步，按"保存"选项保存该文件

</td></tr>
<tr><td>参考资料</td><td>无</td></tr>
</table>

三、考核标准与评分表

项目名称		OTDR 的操作与使用				实施日期	
执行方式	个人独立完成	执行成员	班级			学号	
			姓名				

	类别	序号	考核分项	考核标准	分值	考核记录(分值)
考核标准	职业技能	1	OTDR 参数的设置	随堂考察:工具的使用正确程度 随机抽查:随机抽取学生和问题进行回答或操作演示	20	
		2	测试结果的分析	查看作品:测试结果的分析是否符合规范,分析结果的误差是否符合标准	60	
	职业素养	3	职业素养	随堂考察:练习过程中的认真程度和态度;练习过程中协作互助	20	
	总　分					

操作记录

(记录数据)

光纤长度 (km)		光纤累计损耗 (dB)		光纤平均损耗 (dB)	
测试参数脉冲宽度(μs)		测试参数波长 (nm)		测试参数折射率	
序号		接头类型		接入损耗(dB)	

项目五　光缆的管道敷设

一、任务工单

项目名称	光缆的管道敷设	项目课时	2	目标要求	1. 光缆穿管器的使用 2. 牵引端头的制作 3. 管道的清淤 4. 光缆管道敷设的操作要求
项目内容 （工作任务）	本次任务采用小组合作的方式执行,每个小组完成以下任务: 1. 制备光缆牵引端头 2. 完成指定路由的管道光缆的敷设 3. 每组完成任务后,恢复施工现场,供下一组执行任务				
工作要求	1. 小组合作完成 2. 当场考核评分				

二、作业指导书

项目名称	光缆的管道敷设	项目课时	2
技术指标 （质量标准）	光缆穿管器的使用、光缆敷设的操作要求		
仪器设备	穿管器及光缆管道敷设工具		
相关知识	光缆管道敷设操作的技术要求: 1. 雪、雨天作业注意防滑,人孔周围可用砂土或草包铺垫 2. 开启孔盖前,人孔周围应设置明显的安全警示标志和围栏,作业完毕,确认孔盖盖好后再撤除 3. 必须先行通风,确认无易燃、有毒有害气体后再下孔作业;作业人员必须戴好安全帽,穿防水裤和胶靴 4. 人孔内如有积水,必须先抽干;抽水时必须使用绝缘性能良好的水泵,排气管不得靠近孔口,应放在人孔外的下风处 5. 在孔内作业,孔外应有专人看守,随时观察孔内人员情况 6. 作业期间应保持不间断的通风,并使用仪器对孔内气体进行适时检测;作业人员若感觉不适,应立即呼救,并迅速离开人孔,待采取措施后再作业 7. 严禁在孔内预热、点燃喷灯、吸烟和取暖;燃烧着的喷灯不准对人 8. 在孔内需要照明时,必须使用行灯或带有空气开关的防爆灯 9. 传递工具、用具时,必须用绳索拴牢,小心传送 10. 玻璃钢穿管器根据直径的粗细在施工中要注意使用得当,玻璃钢穿孔器粗了就要在井口上慢慢地移动,因为粗了之后其弹性反之就加大了,如果造成使用不当,穿管器就会在井口的岩上犯磕,造成穿管器劈掉 11. 不要在烈日下暴晒,这样对于穿管器的寿命会减少;同时对于外皮塑料也容易爆开		
注意事项	注意操作规程和操作安全		

项目名称	光缆的管道敷设	项目课时	2

| 项目实施环节
（操作步骤） | 1. 光缆敷设前的准备工作
　光缆敷设前的准备工作包括人员组织准备、技术及资料准备、工（器）具物资准备和施工场地的具体准备。现场准备主要是安全防事故、管道和人孔的清洗、光缆塑料子管的穿放和光缆牵引端头的制作
　（1）防事故
　为了保证敷设和准备工作的安全进行，组织者必须高度重视安全工作，保证施工人员和施工现场人员的人身安全。首先，在打开人孔铁盖时，应在人孔周围围上插有小红旗的人孔铁栅，夜间应安置红灯作以警示信号。在繁忙的十字路口，应指派专人维护交通或增加警示信号设备，防止发生事故。光缆、施工车辆和各种机具应放在街道旁或人行道旁，以免影响交通，在交通繁忙地区，应尽量选择不妨碍交通的时间和施工方法。其次，进入人孔前必须作好人孔的通风工作，排除人孔内的有害气体。待通风工作进行约 10 min 后，才可以下孔工作。下孔后通风设备不要拆除，在保持通风的状况下进行工作
　（2）清洗管道和人孔
　清刷管道时，先用竹片或其他的穿管工具穿通管孔。较长的管孔可以从管孔两端同时穿入工具，但穿管工具端部应装置上"十"字铁环与四爪铁钩，以便穿管工具端部相碰时能钩连起来，而后自一端拉出。在穿管工具穿通管孔后，应在工具末端连上一根 3.0 mm 的铁线，以便带入管孔内作为引线。为了排除管道内的污泥杂物等障碍，应在引线末端连接传统的管孔清刷工具。其中，转环对于新管道可把管道接缝处的水泥残余、硬块除去，起到打磨的作用；钢丝刷可清除淤泥、污物；杂布、麻片起清扫管道的作用，可将淤泥、杂物带出管孔，从而使管孔中畅通无阻，如下图（管道清理工具）所示 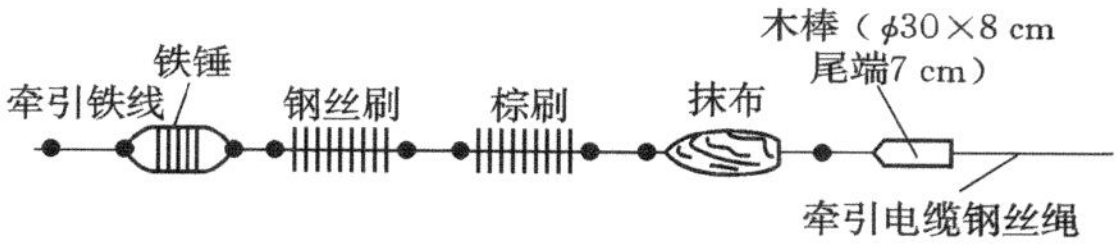

（管道清理工具）

　（3）光缆牵引头
　在牵引光缆的过程中，要求光纤不应受力，其牵引张力一般由加强件承担，外护层受力较小。光缆牵引端头制作方法是否得当，将直接影响施工的效率，同时影响光缆的安全性。对牵引端头的基本要求是：牵引力作用在加强件上；安全牢靠，牵引过程中不能松脱。目前，少数厂家在光缆出厂时，已制作好牵引端头，故在单盘检验时应尽量保留一端。常用的牵引端头有简易式牵引端头、夹具式牵引端头、网套式牵引端头等
　2. 光缆的敷设
　（1）穿放及牵引
　光缆盘放在准备穿入管孔的同一侧，用千斤顶支起光缆盘（一般距地面 5～10 cm），从光缆盘上方放出光缆，由光缆盘到管道口一段成均匀的弧形。由两人负责缆盘上缆的放出和缆盘速度的控制
　采用绞盘或机械牵引时，在对端通过人孔中的滑轮以变更牵引方向，并将牵引绳引出人孔口，然后将其绕在绞盘上。一般人孔内有预先装好的 U 形铁环，用于安装滑轮。当光缆线路较长时，每次牵引的长度不超过 1 000 m。此时可采用盘"8"字方法分段牵引布放
　采用玻璃钢穿管器牵引时，穿管器放于对端。将牵引头穿入子管，松送到放缆端。将加强件穿过牵引头转环孔，并做可靠固定。转动穿管器盘，使玻璃钢穿管器的牵引索收紧，将光缆牵引至对端。每次牵引的长度一般以 1～2 个人孔段为宜
　牵引时严格按要求做，防止牵引力过大损坏光缆。牵引速度应小于 20 m/min，且牵引速度要均匀。牵引方式有人工和机械两种，一般采用端头牵引法。牵引过程中，中间每个人孔要有人协助。牵引端头牵出后，注意检查光缆是否有拉伤
　（2）预留线及其处理
　光缆布放后，应由专人统一指挥，将每个人孔内的光缆沿人孔壁放在相应的光电缆托架上，并固定且作出明显的标记。在接头人孔内，应留有足够的余线（一般重叠长度为 8 m），以便接续。放缆完毕，应用热可缩端帽封堵端头，并将余缆盘圈后挂起，不能将端头放于井底，以防泡在水中
　（3）引上
　引上的目的是与架空光缆相连接。管道光缆引上时，一般均要采用铁管保护并作防腐处理 |

三、考核标准与评分表

项目名称	光缆的管道敷设				实施日期	
执行方式	小组成员配合完成	执行成员	班级		组别	

考核标准	类别	序号	考核分项	考核标准	分值	考核记录（分值）
	职业技能	1	光缆穿管器的使用	随堂考察：工具的使用正确程度 随机抽查：随机抽取学生和问题进行回答或操作演示	20	
		2	光缆敷设的操作	随堂考察：光缆管道敷设步骤的正确程度 查看作品：敷设结果的分析是否符合规范，是否符合标准	60	
	职业素养	3	职业素养	随堂考察：练习过程中的认真程度和态度；练习过程中协作互助	20	
总　　分						

项目六　电缆接续

一、任务工单

项目名称	电缆接续	项目课时	6	目标要求	1. 扣式接线子的使用 2. 电缆色谱的编制规则 3. 电缆接续尺寸的规定 4. 电缆接续的操作要求
项目内容（工作任务）	1. 20 对（或 50 对）电缆开剥 2. 电缆芯线分扎 3. 电缆扎线打接线子				
工作要求	1. 个人独立完成 2. 当场考核评分				

二、作业指导书

项目名称	电缆接续		项目课时	6
技术指标 （质量标准）	电缆接续工具的使用、电缆接续的操作和尺寸要求。电缆开剥 30 cm 20 对线分 2 组扎线，分别距左右开缆端面 10 cm，每组 10 对[50 对线分 3 组扎线，第一、二组分别距左右开缆端面 10 cm，每组 17 对；第三组距第二组 1.5 cm（在一、二组之间）扎 16 对]。所有线对做完 3～4 扭花后保留 5 cm 的扭花长度			
仪器设备	电缆接续工具			
相关知识	电缆接续操作的技术要求			
注意事项	注意操作规程和操作安全： 1. 工具轻拿轻放，不要摔坏工具 2. 使用开缆刀时，注意切入不要伤到缆芯 3. 打开扎带时不要一次全部打开，先打开 2/3，以免缆芯混乱			
项目实施环节 （操作步骤）	扣式接线子接续操作方法及步骤： 　1. 根据电缆对数、接线子排数，剥开电缆护套，注意电缆芯线留长应不小于接续长度的 1.5 倍，如下图（电缆开剥）所示，一般也可规定 30 cm 左右 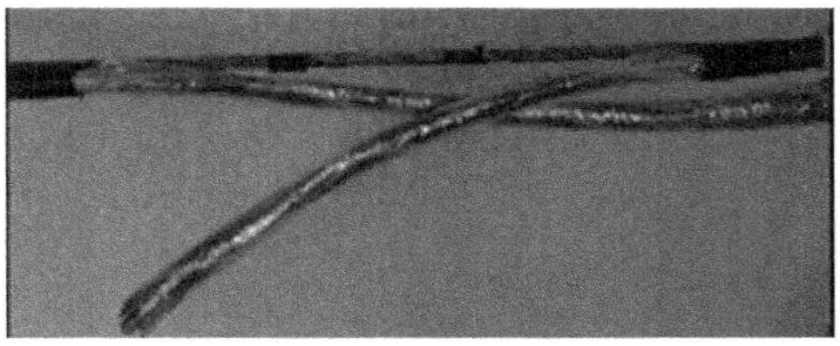 　2. 剥开电缆护套后，按照扎带颜色分开各单位束，并临时用包带捆扎，以便操作，如下图（电缆分扎）所示 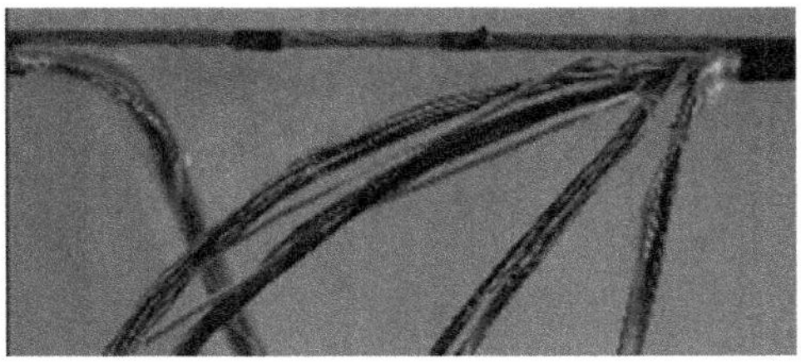 　3. 按色谱挑出第一个超单位线束，将其他超单位线束折回电缆两侧，将第一个超单位线束编好线序，如下图（7 电缆分线）所示			

项目名称	电缆接续	项目课时	6

<table>
<tr>
<td rowspan="4">项目实施环节
(操作步骤)</td>
<td>

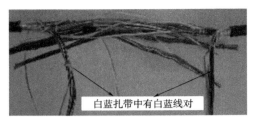

白蓝扎带中有白蓝线对

4. 按编号和色谱顺序,挑出第一对线(白蓝),芯线在接续扭线点疏扭 3~4 花,留长 5 cm,对齐剪去多余部分,要求 4 根导线平直、无钩弯。A 线接 A 线,B 线与 B 线压接,如下图(电缆做扭花)所示

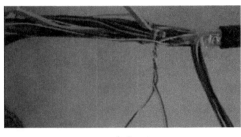

(a)

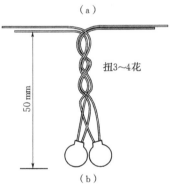

扭3~4花

50 mm

(b)

5. 将两根 A 线插入接线子进线孔内,并一直插到底部,然后选用适当的压接钳,将接线子放入压接钳钳口内进行压接,压接时要注意压到底为止,如下图(接线子压接)所示

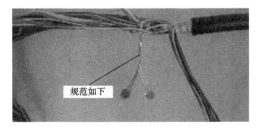

规范如下

6. 每 5 对为一组,在同一刻度处扭绞,注意第一组与切口、组与组之间的距离,如下图(压接后扭绞)所示

</td>
</tr>
</table>

续上表

项目名称	电缆接续		项目课时	6
项目实施环节 （操作步骤）	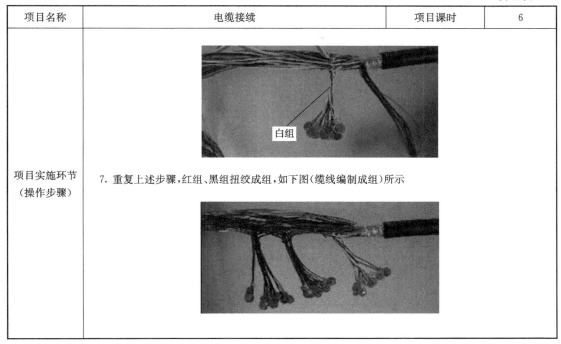 7. 重复上述步骤，红组、黑组扭绞成组，如下图（缆线编制成组）所示			

三、考核标准与评分表

项目名称			电缆接续		实施日期	
执行方式	个人独立完成	执行成员	班级		组别	
			姓名			

考核标准	类别	序号	考核分项	考核标准	分值	考核记录（分值）
考核标准	职业技能	1	电缆开剥和芯线绑扎	随堂考察：工具的使用正确程度 随机抽查：随机抽取学生和问题进行回答或操作演示	20	
		2	电缆接续操作	随堂考察：芯线接续和打接线子的操作规范程度 查看作品：电缆接续成品的分析是否符合规范，是否符合标准	60	
	职业素养	3	职业素养	随堂考察：练习过程中的认真程度和态度；练习过程中协作互助。按要求清理现场、工具不随地乱丢	20	
			总　　分			

项目七　电缆故障测试

一、任务工单

项目名称	电缆故障测试	项目课时	4	目标要求	1. 电缆色谱的编制规则 2. 电缆故障测试仪器的使用 3. 电缆故障测试操作规范
项目内容 （工作任务）	1. 兆欧表的使用和读数 2. 测试电缆的自混和他混 3. 记录电缆故障点				
工作要求	1. 个人独立完成 2. 当场考核评分				

二、作业指导书

项目名称	电缆故障测试	项目课时	4
技术指标 （质量标准）	5 min 内，测量出 5 对线内的 4～5 个故障点并记录成文字		
仪器设备	兆欧表		
相关知识	电缆故障测试的操作步骤和规范		
注意事项	注意操作规程和操作安全： 　1. 在摇表使用过程中要特别注意安全，因为摇表端子有较高的电压，摇表测量完后应立即使被测物体放电，在摇表的摇把未停止转动和被测物体未放电前，不可用手触及被测部位，也不可去拆除连接导线，以防触电 　2. 对于有可能感应出高电压的设备，要采取措施，消除感应高电压后再进行测量 　3. 被测设备表面要处理干净，以获得准确的测量结果 　4. 摇表与被测设备之间的测量线应采用单股线，单独连接；不可采用双股绝缘绞线，以免绝缘不良而引起测量误差 　5. 禁止在雷电时用摇表在电力线路上进行测量，禁止在有高压导体的设备附近测量绝缘电阻 　6. 兆欧表在不用时，其指针可停在位置任意位置		
项目实施环节 （操作步骤）	1. 检测核对电缆故障测试工具的性能和量程 2. 按色谱的组别进行分类（引导色和循环色的搭配） 3. 将兆欧表打开，从混线束中抽一根，测一根，表针指"0"位，则为坏线对。等全部芯线测试完之后，甩掉地线校测，以证明是地气还是混线等，再依故障线对查找 4. 测试自混线路故障并标记 5. 测试他混线路故障并标记		

三、考核标准与评分表

项目名称	电缆故障测试				实施日期	
执行方式	个人独立完成	执行成员	班级		组别	
			姓名			

	类别	序号	考核分项	考核标准	分值	考核记录（分值）
考核标准	职业技能	1	电缆故障测试工具的使用	随堂考察：工具的使用正确程度	20	
		2	电缆故障测试过程	随堂考察：电缆故障测试的过程是否符合操作规范，分析故障方法是否正确	30	
		3	电缆故障测试结果	查看作品：电缆故障测试分析的结果是否正确	30	
	职业素养	4	职业素养	随堂考察：练习过程中的认真程度和态度；练习过程中协作互助	20	
	总　　分					

操作记录	（记录测试结果）	
	故障类型	故障点标记

项目八　同轴电缆接头的制作

一、任务工单

项目名称	同轴电缆接头的制作	项目课时	2	目标要求	1. 同轴电缆接头制作工具的使用 2. 同轴电缆开剥的要求 3. 同轴电缆接头的焊接和压接的技术要求 4. 传输线维护和使用中注意事项
项目内容（工作任务）	1. 熟练使用同轴电缆接头制作工具 2. 同轴电缆的开剥 3. 同轴电缆接头的焊接和压接				
工作要求	1. 单人独立完成 2. 当场考核评分				

二、作业指导书

项目名称	同轴电缆接头的制作	项目课时	2
技术指标 （质量标准）	在 10 min 内完成同轴电缆接头制作		
仪器设备	同轴电缆接头制作工具		
相关知识	同轴电缆接头制作的技术要求		
注意事项	注意操作规程和操作安全： 1. 使用电烙铁时，若温度太低则熔化不了焊锡，或者使焊点未完全熔化而不好看或焊不牢，温度太高又会使烙铁"烧死"。另外也要控制好焊接的时间，电烙铁停留的时间太短，焊锡不易完全熔化、接触，易形成"虚焊"，而焊接时间太长，又容易损坏元器件或使印制电路板的铜箔翘起。一般 1～2 s 内要焊好一个焊点，若没完成，应等一会儿再焊一次。焊接时电烙铁不能移动，要先选好接触焊点的位置，再用烙铁头的烫锡面去接触焊点 2. 电烙铁在使用过程中严禁任意敲击，烙铁头上焊锡过多时，可用布擦掉 3. 焊接过程中，电烙铁不能到处乱放，不焊接时应放在烙铁架上 4. 电源线不可搭在烙铁头上，以防烫坏绝缘层而发生事故 5. 使用结束后，应及时切断电源，冷却后再将电烙铁收回工具箱		
项目实施环节 （操作步骤）	1. 同轴电缆的开剥，使用剥线钳将线缆绝缘外层剥去，如下图（同轴电缆开剥）所示 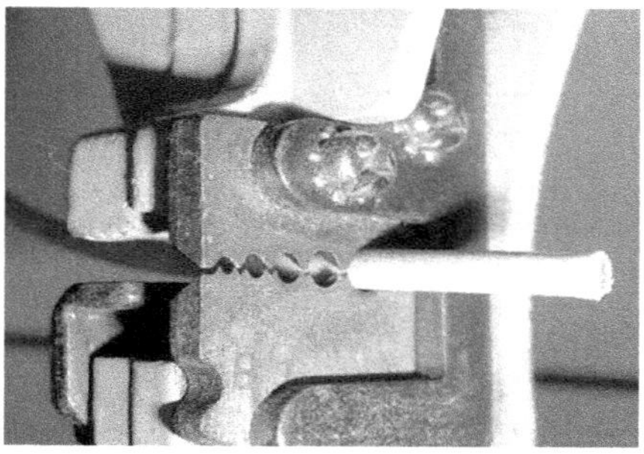 2. 屏蔽线的留长 3. 焊接芯线：依次套入电缆头尾套，压接套管，将屏蔽网（编织线）往后翻开，剥开内绝缘层，露出芯线长 2.5 mm，将芯线（内导体）插入接头。下图（同轴电缆的焊接）应注意芯线必须插入接头的内开孔槽中，最后上锡 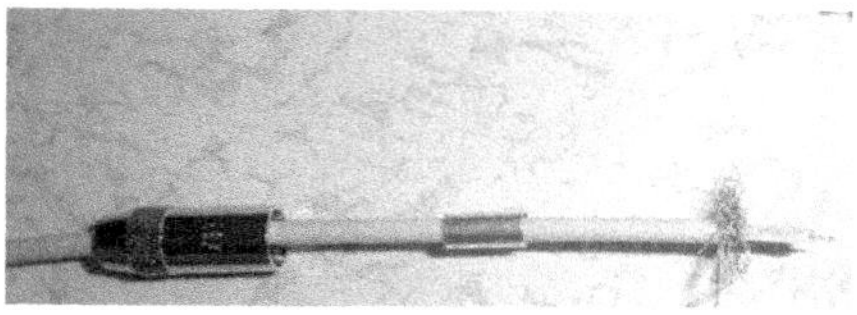 		

续上表

项目名称	同轴电缆接头的制作	项目课时	2
项目实施环节 （操作步骤）	4.压线：将屏蔽网修剪齐，余约6.0 mm，然后将压接套管及屏蔽网一起推入接头尾部，用六角压线钳压紧套管，最后将芯线焊牢，如下图（同轴电缆的压接）所示 5.制作完成后的测试：做完线头后，用数字万用表进行测试并检查线头是否焊接好，避免造成虚焊、短接等问题		

三、考核标准与评分表

项目名称			同轴电缆接头的制作			实施日期	
执行方式		个人独立完成	执行成员	班级		组别	
				姓名			
考核标准	类别	序号	考核分项	考核标准		分值	考核记录（分值）
	职业技能	1	同轴电缆接头的制作过程	随堂考察：工具的使用正确程度，以及制作步骤标准程度 随机抽查：随机抽取学生和问题进行回答或操作演示		30	
		2	同轴电缆接头作品的性能	查看作品：同轴电缆接头的测试分析是否符合规范，是否符合标准		50	
	职业素养	3	职业素养	随堂考察：练习过程中的认真程度和态度；练习过程中协作互助		20	
			总　分				

课程七 通信电源系统

项目一 交流配电屏检查及参数测量

一、任务工单

项目名称	交流配电屏检查及参数测量	项目课时	2	目标要求	1. 掌握交流配电屏的结构 2. 熟悉交流配电屏的工作原理 3. 掌握交流参数的测量方法
项目内容 （工作任务）	对一个交流配电屏进行检查及参数测量，包括： 1. 转换开关检查 2. 指示灯检查 3. 停电及缺相告警试验 4. 两路交流电转换试验 5. 负荷电流测量 6. 电压测量				
工作要求	1. 六人一组讨论项目内容，5 min 2. 教师简单讲解及演示，10 min 3. 每位学生独立完成实训操作，65 min 4. 当场考核评分				
备注					

二、作业指导书

项目名称	交流配电屏检查及参数测量	项目课时	2
技术指标 （质量标准）	交流配电屏参数测量的读数要准确，试验过程操作要规范		
仪器设备	交流配电屏、万用表、钳形电流表		
相关知识	1. 交流配电屏的作用 2. 交流配电屏的工作原理 3. 万用表的使用 4. 钳形电流表的使用		
注意事项	1. 对设备不了解清楚不动 2. 在测量前注意 220 V 或 380 V 交流电的位置 3. 在测量前注意万用表的使用的挡位是否正确		
项目实施环节 （操作步骤）	1. 交流配电屏检查 （1）转换开关检查 ①检查转换开关无异样和松动 ②检查转换开关上的连接线无松动 ③检查转换开关温度是否正常		

项目名称	交流配电屏检查及参数测量	项目课时	2
项目实施环节（操作步骤）	（2）指示灯检查 ①检查交流配电屏的指示灯是否正常 ②检查交流配电屏告警灯是否亮起 （3）停电及缺相告警试验 ①停电告警试验,关闭交流配电屏的交流总输出空开,交流配电屏有停电告警信息 ②查看交流配电屏停电告警信息后,将交流配电屏的交流总输出空开恢复 ③断开三相电的其中一相,交流配电屏有交流缺相告警 ④查看交流配电屏停电告警信息后,恢复三相供电 （4）两路交流电转换试验 ①切断交流主用空开,启用交流备用空开供电,交流配电屏有告警 ②恢复主用电源,主用具有优先权,注意观察延时 ③切断交流备用空开,交流配电屏有告警 ④恢复备用电源 （5）注意事项 ①交流切换试验完毕后恢复原状 ②试验要在实训指导教师指导下才可操作 ③试验完后要与实训指导教师确认无任何告警后方可离开 2. 交流配电屏参数测量 （1）负荷电流测量 ①查看监控模块交流电流数据,面板上显示电流数值 ②用数字式钳形电流表钳住各负载的火线,读取数值 （2）电压测量 ①查看监控模块交流电压数据,面板上显示电流数值 ②用万用表测量电压,读取数值 （3）注意事项 ①试验要在实训指导教师指导下才可操作 ②测量负载电流及电压时,注意人身安全,切勿触电		
参考资料			

三、考核标准与评分表

项目名称		交流配电屏检查及参数测量				实施日期	
执行方式		分组合作、个人独立完成	执行成员	班级		组别	
考核标准	类别	序号	考核分项	考核标准	分值	考核记录（分值）	
	职业技能	1	交流配电屏检查	随机抽查：随机抽取学生和问题进行回答或操作演示	50		
		2	交流配电屏参数测量	随机抽查：随机抽取学生和问题进行回答或操作演示	30		
		3	工具使用	工具使用使用是否规范	10		
	职业素养	4	职业素养	随堂考察：实训过程中的认真程度和态度	10		
			总　　分				

项目二　高频开关电源检查及参数测量

一、任务工单

项目名称	高频开关电源检查及参数测量	项目课时	2	目标要求	1. 掌握通信高频开关整流器的组成 2. 熟悉高频开关整流器主要技术 3. 熟悉开关电源系统 4. 掌握开关电源系统监控单元日常操作
项目内容 （工作任务）	通过监控模块对高频开关整流器进行检查及参数测量，包括： 1. 历史告警检查 2. 时钟检查校对 3. 输出电压、电流记录 4. 全部告警试验				
工作要求	1. 六人一组先讨论项目内容，5 min 2. 教师简单讲解及演示，10 min 3. 每位学生各自完成实训操作，65 min 4. 当场考核评分				
备注					

二、作业指导书

项目名称	高频开关电源检查及参数测量	项目课时	2
技术指标 （质量标准）	操作要规范、时钟检查校对正确、输出电压、电流记录准确		
仪器设备	交流配电屏、万用表、钳形电流表		
相关知识	1. 通信高频开关整流器的作用 2. 通信高频开关整流器的工作原理		
注意事项	1. 对设备不了解清楚不动 2. 在测量前注意设置电压的范围		
项目实施环节 （操作要点及步骤）	1. 监控模块实训操作要点 (1)监控模块面板上的指示灯说明见下表		

指示标识	正常状态	异常状态	异常原因
运行指示灯(绿色)	亮	灭	无工作电源
告警指示灯(黄色)	灭	亮	有一般告警
紧急告警指示灯(红色)	灭	亮	电源系统有严重告警和紧急告警出现

项目名称	高频开关电源检查及参数测量	项目课时	2

<table>
<tr><td rowspan="20">项目实施环节
(操作步骤)</td><td colspan="4">(2)监控模块 6 个功能操作键功能见下表</td></tr>
</table>

项目实施环节（操作步骤）

(2)监控模块 6 个功能操作键功能见下表

按键标识	按键名称	功能	
ESC	返回键	返回上级菜单	同时按下 ESC 和 ENT 键,5 s 后监控模块上电复位
ENT	确认键	进入子菜单或确认操作。任一设置被修改后,需按"ENT"键进行确认才能生效	
▲	上键	按上或下键可在平级菜单或参数项之间移动光标	当参数的选值由多位需分别设置的字符串类型时,按左、右键在字符串的各位之间移动光标,按上或下键可改变每位的选值
▼	下键		
◀	左键	在设置参数的选项时,按左或右键可改变选项值;在系统信息屏首屏,可用于调节液晶的对比度	
▶	右键		

(3)参数设置方法

在系统信息屏任意分屏下,按"ENT"键,进入主菜单屏如下图所示

用"5"或"▼"键在屏内选取主菜单屏下的"参数设置"子菜单项,按"ENT"键确认。系统提示输入密码

按"3"或"4"键选取密码位,按"5"或"6"键输入每位的正确密码数字,按"ENT"键确认后进入参数设置子菜单屏

```
参数设置:              参数设置:          ▲
 ▶告警参数             ▶直流参数
  电池参数               模块参数
  交流参数        ▼      系统参数
```

不同密码级别的用户,可以设置的参数或操作类型不一样,见下表

级别	操作权限	默认密码
用户级	一般参数设置	1
工程师级	拥有用户级所有权限,另外包括重置系统、重置密码、修改系统类型	2
管理员级	拥有工程师级所有权限,另外还包括:修改各级别密码、告警音量控制、浏览、只能由后台设置的系统参数	640275

项目名称	高频开关电源检查及参数测量	项目课时	2

项目实施环节（操作步骤）	设置屏分为两屏,用"↑"或"↓"键选取其中的一屏。用"←"或"→"键选取相应的参数类别,按"ENT"键确认后进入参数设置子菜单 从图上可以看出,监控模块将需要设置的参数分为:告警参数、电池参数、交流参数、直流参数、模块参数、系统参数等 6 大类 其中,电池参数又细分为:基本参数,下电保护,充电管理、电池测试、温补系数等 5 类。设置界面分为两屏,如下图(电池设置)所示 **电池参数** ▶基本参数 下电保护 充电管理　▼ **电池参数**　▲ 电池测试 温补系数 2. 实训操作步骤 (1)历史告警检查 在系统任意信息屏下,按"ENT/MENU"键进入主菜单屏 按 2 次"▼"键,可以进入"主菜单 3 历史告警记录" 进入历史告警信息查阅界面,查询、分析历史告警信息,了解设备运用状态 查询完毕后按"ESC"键退出 (2)时钟检查校对 在系统任意信息屏下,按"ENT/MENU"键进入主菜单屏 按 5 次"▼"键,可以进入"主菜单 6 其他参数设置",按"ENT/MENU"键进入 输入密码 11,按"ENT/MENU"键进入"其他参数设置" 按"▼"键,选择到时间菜单,按"ENT/MENU"键进入,进行时钟校对 校对、查询完毕后按"ESC"键退出 (3)输出电压、电流记录 ①在系统任意信息屏下,按"ENT/MENU"键进入主菜单屏 ②监控模块显示屏显示电压和电流 ③记录输出电压和电流值 (4)全部告警试验(选做) ①交流输入断电告警试验,关闭两路电的交流输入电源,查看监控模块有无交流输入断电告警信息 ②交流停电告警试验,交替关闭两路电其中一路,查看监控模块有无交流停电告警信息 ③交流缺相告警试验,断开三相电的其中一相,查看监控模块有无交流缺相告警信息 ④整流器告警试验,逐个拔出整流器,查看监控模块有无整流器告警信息 ⑤直流分路断告警试验,断开一路不在用的直流分路,查看监控模块有无直流分路断告警 ⑥电池断电告警试验,用熔丝起拔器,断开电池的熔断器,查看监控模块有无电池断电告警信息 ⑦防雷器件告警,断开防雷空开,查看监控模块有无防雷器告警信息 (5)注意事项 ①试验要在实训指导教师指导下才可操作 ②设置参数要谨慎,切勿超出告警值
参考资料	

三、考核标准与评分表

项目名称			高频开关电源检查及参数测量		实施日期	
执行方式		分组合作、个人独立完成	执行成员	班级	组别	
考核标准	类别	序号	考核分项	考核标准	分值	考核记录（分值）
	职业技能	1	历史告警检查	随机抽查：随机抽取学生和问题进行回答或操作演示	30	
		2	时钟检查校对	随机抽查：随机抽取学生和问题进行回答或操作演示	20	
		3	输出电压、电流记录	工具使用使用是否规范	30	
	职业素养	4	职业素养	随堂考察：实训过程中的认真程度和态度	20	
			总　　分			

项目三　蓄电池检查及参数测量

一、任务工单

项目名称	蓄电池检查及参数测量	项目课时	2	目标要求	1. 掌握蓄电池的各项参数 2. 熟悉蓄电池的检查方法 3. 掌握蓄电池参数的测量方法
项目内容（工作任务）	对一个阀控式铅酸蓄电池进行检查及参数测量，包括： 1. 阀控式铅酸蓄电池外观检查 2. 电池组浮充总电压测试 3. 电池组浮充电流测试 4. 全组各电池单体浮充电压及温度测试 5. 电池组均衡充电（选做） 6. 连接排电压降测试				
工作要求	1. 六人一组先讨论项目内容，5 min 2. 然后教师简单讲解及演示，10 min 3. 每位学生各自完成实训操作，65 min 4. 当场考核评分				
备注					

二、作业指导书

项目名称	蓄电池检查及参数测量	项目课时	2
技术指标 （质量标准）	检查及测量操作要规范，参数测量读数要准确		
仪器设备	阀控式铅酸蓄电池（VLAR）、通信电源、万用表、钳形电流表、红外线测温仪		
相关知识	1. 交流配电屏的作用 2. 交流配电屏的工作原理 3. 万用表的使用 4. 钳形电流表的使用		
注意事项	1. 对设备不了解清楚不动 2. 在测量前注意 220 V 或 380 V 交流电的位置 3. 在测量前注意万用表上选择的挡位是否正确		
项目实施环节 （操作步骤）	1. 实训参数指标要求 (1)在维修工作中，应经常检查密封阀控式蓄电池的外观、极柱，发现下列情况之一时，必须及时更换： ①电池槽、盖发生破裂 ②电池槽、盖的结合部渗漏电解液 ③极柱周围出现爬酸现象或渗漏电解液 (2)蓄电池端电压的均衡性：开路状态下，同组电池中各单体电池间的电压差应不大于 20 mV(2 V 电池)，100 mV(12 V 电池)；浮充状态下，各单体电池电压差不超过 90 mV(2 V 电池)，480 mV(12 V 电池) (3)密封阀控式蓄电池的浮充电压和均充电压必须满足电池生产厂家和通信设备供电的技术要求。一般浮充电压(48 V 电池组)应为 53.52～54.48 V，均充电压为 55.2～56.4 V。 2. 实训步骤 (1)阀控式铅酸蓄电池检查： ①先观察电池外壳是否有鼓胀及损坏 ②用手背触摸电池外壳，电池外壳是否膨胀及损坏 ③检查电池有无漏液或漏液痕迹 ④检查连接线、连接端子处有无生锈，出现锈迹进行除锈、更换连接线、涂拭防锈剂等处理 (2)电池组浮充总电压测试： ①在电池组浮充状态下，用万用表测量电池组正、负极上的电压 ②此时万用表上的电压值，即为电池组浮充总电压 ③读出数值并记录，如下图(电池组浮充总电压测试)所示 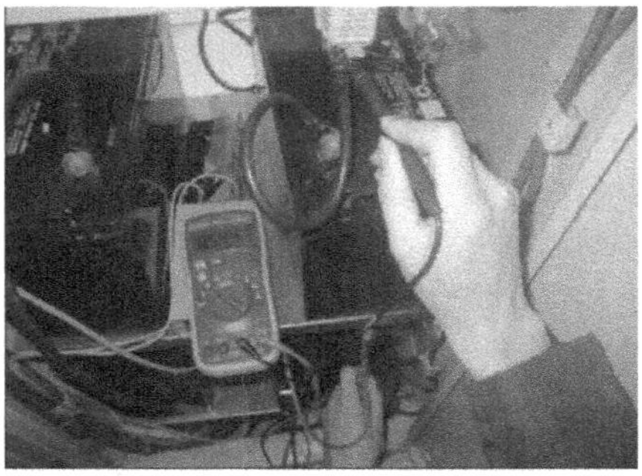 		

续上表

项目名称	蓄电池检查及参数测量	项目课时	2
项目实施环节 （操作步骤）	（3）电池组浮充电流测试 ①在电池组浮充状态下，用钳形电流表夹在电池组的负极连接线上 ②读出此时钳形电流表上的数据，即为电池组浮充电流 ③记录电池组浮充电流，如下图（电池组浮充电流测试）所示 （4）全组各电池单体浮充电压及温度测试 ①单体浮充电压测试 用万用表测试如下图（单体浮充电压测试）所示 ②单体温度测试 用红外线测温仪测量单体温度 （5）电池组均衡充电（选做） ①通过高频开关电源的监控模块，将电池组的浮充设置为均充 ②用数字万用表测量电池组的电压 ③测量的电压与均充电压一致，说明电池组在均充状态下 ④均充完毕，再通过高频开关电源的监控模块，将电池组的均充设置改为浮充 （6）连接排电压降测试 ①数字万用表拨至直流2 V挡，测试连接排始端压降，记录其数值 ②再测试连接排末端压降，记录其数值 ③比较两者压降，通信电源线路较短，两者数值几乎相等 （7）注意事项 ①作业时注意人身安全 ②操作时小心谨慎，勿引起电源短路 ③试验要在实训指导教师指导下才可操作		
参考资料			

三、考核标准与评分表

项目名称			蓄电池检查及参数测量			实施日期	
执行方式		分组合作、个人独立完成	执行成员	班级		组别	
考核标准	类别	序号	考核分项	考核标准		分值	考核记录（分值）
	职业技能	1	电池组外观检查	随堂考察：实训过程中的认真程度和态度		10	
		2	电池组参数测量	随机抽查：随机抽取学生和问题进行回答或操作演示		70	
		3	工具使用	工具使用使用是否规范		10	
	职业素养	4	职业素养	随堂考察：实训过程中的认真程度和态度		10	
			总　分				

项目四　直流配电屏检查及参数测量

一、任务工单

项目名称	直流配电屏检查及参数测量	项目课时	2	目标要求	1. 掌握直流配电屏的结构 2. 熟悉直流配电屏的工作原理 3. 掌握直流参数的测量方法
项目内容（工作任务）	对一个直流配电屏进行检查及参数测量，包括： 1. 标签核对检查 2. 配线强度检查 3. 直流馈电线压降测试 4. 仪表检查校对				
工作要求	1. 六人一组先讨论项目内容 5 min 2. 然后教师简单讲解，演示 10 min 3. 学生在各自的完成实训操作，65 min 4. 当场考核评分				
备注					

二、作业指导书

项目名称	直流配电屏检查及参数测量	项目课时	2
技术指标 （质量标准）	直流配电屏检查操作要规范、参数测量读数要准确		
仪器设备	直流配电屏、万用表、钳形电流表		
相关知识	1. 直流配电屏的作用 2. 直流配电屏的工作原理 3. 万用表的使用		
注意事项	1. 对设备不了解清楚不动 2. 在测量前注意直流电的正负极母线位置 3. 在测量前注意万用表的使用的挡位是否正确		
项目实施环节 （操作步骤）	1. 直流配电屏检查 (1)标签核对检查 ①检查各标签是否脱落 ②检查各标签是否模糊不清 ③检查各标签是否破损 (2) 配线强度检查 ①检查各接口插座、连接线是否连接良好 ②检查机柜布线是否松脱，各用电标识是否齐全 ③各类电缆连接是否牢固，缆线是否存在破损、局部过热或老化 (3)注意事项： ①作业时注意人身安全 ②操作时小心谨慎，勿引起电源短路 ③试验前要与实训指导教师指导下才可操作 2. 直流配电屏参数测量 (1)直流馈电线压降测试 ①数字万用表打到直流 2 V 挡，测试直流馈电线始端压降，记录其数值 ②测试直流馈电线末端压降，记录其数值 ③比较两者压降(通信电源线路较短，两者数值几乎相等) (2)仪表检查校对 ①先测量直流配电屏实际电流电压 ②将测量到的电流、电压值与配电屏仪表显示值核对 (3)注意事项 ①试验前要与实训指导教师指导下才可操作 ②测量负载电流及电压时，注意人身安全，切勿引起电源短路		
参考资料			

三、考核标准与评分表

项目名称	直流配电屏检查及参数测量				实施日期	
执行方式	分组合作、个人独立完成	执行成员	班级		组别	

	类别	序号	考核分项	考核标准	分值	考核记录（分值）
考核标准	职业技能	1	直流配电屏检查	随机抽查：随机抽取学生和问题进行回答或操作演示	50	
		2	直流配电屏参数测量	随机抽查：随机抽取学生和问题进行回答或操作演示	30	
		3	工具使用	工具使用使用是否规范	10	
	职业素养	4	职业素养	随堂考察：实训过程中的认真程度和态度	10	
总　分						

项目五　接地电阻的测量

一、任务工单

项目名称	接地电阻的测量	项目课时	2	目标要求	1. 掌握接地电阻测试仪的使用方法 2. 熟悉接地电阻的测量工作原理 3. 掌握接地电阻的测量方法
项目内容（工作任务）	对接地系统的接地电阻参数测量，包括： 在学校校园内，找两个正在使用的接地系统，通过使用接地电阻测试仪对接地系统的接地电阻参数进行测量				
工作要求	1. 六人一组先讨论项目内容，5 min 2. 教师简单讲解及演示，15 min 3. 每位学生各自完成实训操作，60 min 4. 当场考核评分				
备注					

二、作业指导书

项目名称	接地电阻的测量	项目课时	2
技术指标 （质量标准）	连接线路准确，摇表方向及速度要求准确		
仪器设备	1. ZC-8 型接地电阻测试仪一台 2. 辅助接地棒二根 3. 导线 5 m、20 m、40 m 各一根		
相关知识	1. 地线的作用 2. 接地系统的基本结构 3. 接地电阻测试仪的使用		
注意事项	1. 对设备不了解清楚不动 2. 在测量前注意接地电阻测试仪接地棒极的位置 3. 在测量前注意如果有人在连接地线时，不能摇动手柄		
项目实施环节 （操作步骤）	1. 接地电阻测试要求 (1)交流工作接地，接地电阻不应大于 4 Ω (2)安全工作接地，接地电阻不应大于 4 Ω (3)直流工作接地，接地电阻应按计算机系统具体要求确定 (4)防雷保护地的接地电阻不应大于 10 Ω (5)对于屏蔽系统如果采用联合接地时，接地电阻不应大于 1 Ω 2. 测量接地电阻值时接线方式的规定 仪表上的 E 端钮接 5 m 导线，P 端钮接 20 m 线，C 端钮接 40 m 线，导线的另一端分别接被测物接地极 E′，电位探棒 P′和电流探棒 C′，且 E′、P′、C′应保持直线，其间距为 20 m (1)测量大于或等于 1 Ω 接地电阻时接线如下图(量大于或等于 1 Ω 接地电阻时接线图)所示 将仪表上 2 个 E 端钮连结在一起。 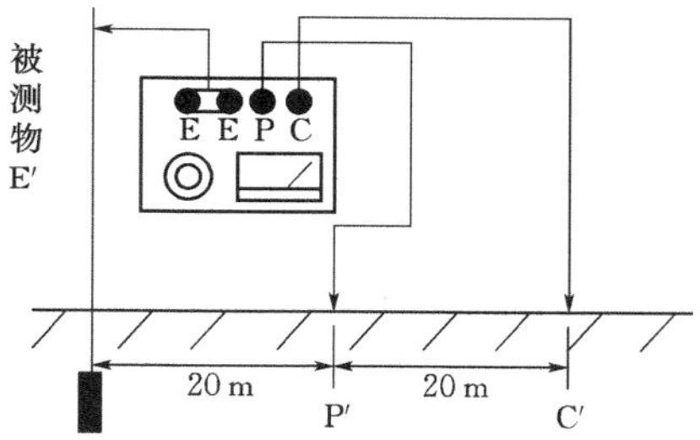 (2)测量小于 1 Ω 接地电阻时接线如下图(测量小于 1 Ω 接地电阻时接线图)所示 将仪表上 2 个 E 端钮导线分别连接到被测接地体上，以消除测量时连接导线电阻对测量结果引入的附加误差 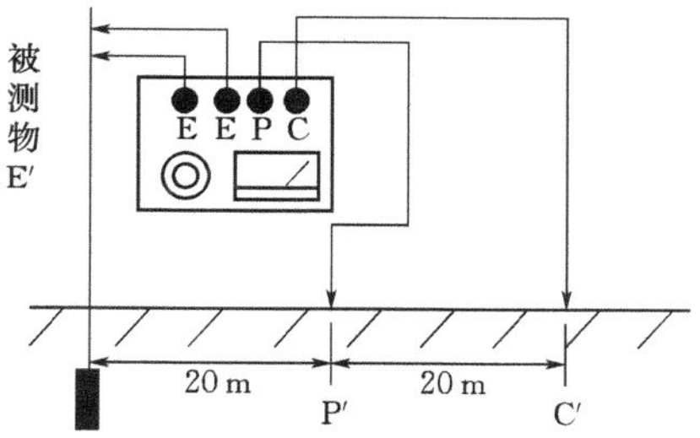 		

项目名称	接地电阻的测量	项目课时	2
项目实施环节 （操作步骤）	3. 操作步骤 （1）仪表端所有接线应正确无误 （2）仪表连线与接地极 E′、电位探棒 P′和电流探棒 C′应牢固接触 （3）仪表放置水平后，调整检流计的机械零位，归零 （4）将"倍率开关"置于最大倍率，逐渐加快摇柄转速，使其达到 150 r/min。当检流计指针向某一方向偏转时，旋动刻度盘，使检流计指针恢复到"0"点。此时刻度盘上读数乘上倍率挡即为被测电阻值 （5）如果刻度盘读数小于 1 时，检流计指针仍未取得平衡，可将倍率开关置于小一挡的倍率，直至调节到完全平衡为止 （6）如果发现仪表检流计指针有抖动现象，可变化摇柄转速，以消除抖动现象 4. 注意事项 （1）禁止在有雷电或被测物带电时进行测量 （2）仪表携带、使用时须小心轻放，避免剧烈震动 （3）为了保证所测接地电阻值的可靠，应改变方位重新进行复测。取几次测得值的平均值作为接地体的接地电阻		
参考资料			

三、考核标准与评分表

项目名称			接地电阻的测量			实施日期	
执行方式		分组合作、个人独立完成	执行成员	班级		组别	
考核标准	类别	序号	考核分项	考核标准		分值	考核记录（分值）
	职业技能	1	测量操作过程	随堂考察：实训过程中的操作过程 随机抽查：随机抽取学生和问题进行回答或操作演示		60	
		2	仪器使用后的回收过程	随堂考察：实训过程中的操作过程		20	
		3	工具使用	工具使用使用是否规范		10	
	职业素养	4	职业素养	随堂考察：实训过程中的认真程度和态度		10	
			总　　分				

课程八 现代交换技术

项目一 认识程控交换机房

一、任务工单

项目名称	认识程控交换机房	项目课时	2	目标要求	1. 熟悉交换机房结构及设备 2. 掌握 C&C08 程控交换机单板功能
项目内容 （工作任务）	1. 绘制机房结构及设备连接图 2. 说明个设备的功能 3. 绘制程控交换机机架图 4. 说明单板功能				
工作要求	1. 提交机房结构图及设备连接图进行考核评分 2. 提交程控交换机机架图进行考核评分				
备注	自备作图用 A4 稿纸和铅笔				

二、作业指导书

项目名称	认识程控交换机房	项目课时	4
仪器设备	C&C08 程控交换机一套		
相关知识	1. 程控交换机硬件组成结构 2. 通信电源		
注意事项	带上笔记本和笔		
项目实施环节 （操作步骤）	1. 听老师讲解程控交换机房的分布及设备功能 2. 听老师讲解程控交换机房设备连接关系 3. 听老师讲解程控交换机单板功能及相互关系 4. 绘制程控交换机房平面结构图 5. 对图中设备进行连接，同时说明图中设备的功能 6. 绘制程控交换机机架图，并说明图中单板的作用		
参考资料	教材		

三、考核标准与评分表

项目名称			认识程控交换机房			实施日期	
执行方式		独立完成	执行成员	班级		组别	

考核标准	类别	序号	考核分项	考核标准	分值	考核记录（分值）
	职业技能	1	程控机房结构图	准确画出程控机房结构图，并说明图中设备的功能	20	
		2	机房设备连接图	准确画出机房设备间的连线	30	
		3	程控交换机机架图	准确画出 C&C08 程控交换机机架图并说明各单板功能	30	
	职业素养	4	职业素养	注意佩戴防静电手环	20	
				总　　分		

执行情况记录	填写要求： 包括执行人员分工情况、任务完成流程情况、任务执行过程中所遇到的问题及处理情况

项目二　本局用户基本呼叫数据配置

一、任务工单

项目名称	本局用户基本呼叫数据配置	项目课时	4	目标要求	1. 加深对交换机系统功能结构的理解，熟悉掌握 B 模块局配置数据、字冠、用户数据的设置 2. 通过配置交换机数据，要求实现本局用户基本呼叫

项目内容（工作任务）	本局号段为 8880000～8889999，对应物理端口号是：0～63，电话号码为 8880000～8880063，配置与本局用户通话有关的数据，实现本局基本呼叫，号码与设备号的对应关系见下表					

设备号	电话号码	设备号	电话号码	设备号	电话号码
0	8880000	8	8880008	16	8880016
1	8880001	9	8880009	17	8880017
2	8880002	10	8880010	18	8880018
3	8880003	11	8880011	19	8880019
4	8880004	12	8880012	20	8880020
5	8880005	13	8880013	21	8880021
6	8880006	14	8880014	22	8880022
7	8880007	15	8880015	23	8880023

设备号	电话号码	设备号	电话号码	设备号	电话号码
24	8880024	38	8880038	52	8880052
25	8880025	39	8880039	53	8880053
26	8880026	40	8880040	54	8880054
27	8880027	41	8880041	55	8880055
28	8880028	42	8880042	56	8880056
29	8880029	43	8880043	57	8880057
30	8880030	44	8880044	58	8880058
31	8880031	45	8880045	59	8880059
32	8880032	46	8880046	60	8880060
33	8880033	47	8880047	61	8880061
34	8880034	48	8880048	62	8880062
35	8880035	49	8880049	63	8880063
36	8880036	50	8880050		
37	8880037	51	8880051		

项目内容（工作任务）

每个同学选取与自己学号相同的设备号及对应的号码进行配置

工作要求

1. 所配置的号码能实现局内呼叫
2. 填写工单执行记录表
3. 分工明确、团队协作

备注 无

二、作业指导书

项目名称	本局用户基本呼叫数据配置	项目课时	4

技术指标（质量标准） 无

仪器设备

1. C&C08 交换机独立模块、BAM
2. 实验用维护终端
3. 电话机

相关知识

1. 程控交换机组成结构及单板功能
2. 本局呼叫处理过程

注意事项 无

项目实施环节（操作步骤）

1. 增加呼叫源
ADD CALLSRC：CSC＝0,CSCNAME＝"柳运职院",PRDN＝0,P＝0,RSSC＝1;
CSC＝0:呼叫源为 0。CSCNAME＝"柳运职院":呼叫源名为"柳运职院"。PRDN＝0:预收号码位
数为 3 位。P＝0:号首集为 0,RSSC＝1;路由选择源码为 1

续上表

项目名称	本局用户基本呼叫数据配置	项目课时	4
项目实施环节 （操作步骤）	2. 增加字冠 ADD CNACLD：P=0,PFX=K'222,CSTP=BASE,CSA=LCO,RSC=65535,MIDL=7,MADL=7； P=0：号首集为 0。PFX=K'5：呼叫字冠为 5。CSTP=BASE：业务类型为基本业务。CSA=LCO：业务属性=本局。RSC=65535：路由选择码无。MIDL=7,MADL=7：最小号长为 7 位，最大号长为 7 位 3. 增加号段 ADD DNSEG：P=0,BEG=K'2220000,END=K'2220031； P=0：号首集为 0。BEG=K'2220000,END=K'2220031 号段为 2220000～2220031 4. 增加用户 ADB ST：SD=K'2220000,ED=K'2220031,P=0,DS=32,MN=1,RCHS=1,CSC=0； 5. 批量增加用户 SD=K'2220000：起始号码 2220000。ED=K'2220031：终止号码 2220031。DS=32 起始设备号为 32。MN=1：模块号为 1。RCHS=1：计费源码为 255 进行呼叫跟踪		
参考资料	教材		

三、考核标准与评分表

项目名称	本局用户基本呼叫数据配置				实施日期	
执行方式	2 人一组合作完成	执行成员	班级		组别	

	类别	序号	考核分项	考核标准	分值	考核记录（分值）
考核标准	职业技能	1	实现局内呼出	可以正常呼入	40	
		2	实现局内呼入	可以正常呼出	40	
	职业素养	3	职业素养	无违反劳动纪律和不服从指挥的情况	20	
	总　分					
执行情况记录	填写要求： 包括执行人员分工情况、任务完成流程情况、任务执行过程中所遇到的问题及处理情况					

项目三 PSTN 接入

一、任务工单

项目名称	PSTN 接入	项目课时	2	目标要求	1. 熟悉 PSTN 的用户接入的整个流程 2. 掌握 PSTN 用户接入的方法
项目内容 （工作任务）	根据学号选择自己的电话号码，将电话号码从程控交换机接入到用户端，并测试成功接入				
工作要求	1. 所跳接的电话能呼入、呼出 2. 操作规范 3. 跳线整齐美观				
备注					

二、作业指导书

项目名称	PSTN 接入	项目课时	2
仪器设备	程控交换机、电话机、跳线、卡接刀、平口螺丝刀、万用表、配线架、大对数电缆、卡接刀等		
相关知识	PSTN 接入网结构		
注意事项	无		
项目实施环节 （操作步骤）	1. 选号 2. 在配线架上用电话机测试，在总配线架 A 面跳线 3. 到总配线架 B 面，用电话机测试，记住线对颜色或位置，接上保安器 4. 在交接箱上找出线对颜色或位置，用万用表测试，跳线，用万用表测试，记住线对颜色或位置 5. 分线盒，找出线对颜色或位置，用万用表测试，接线至用户，接上电话测试，如下图（PSTN 接入网）所示 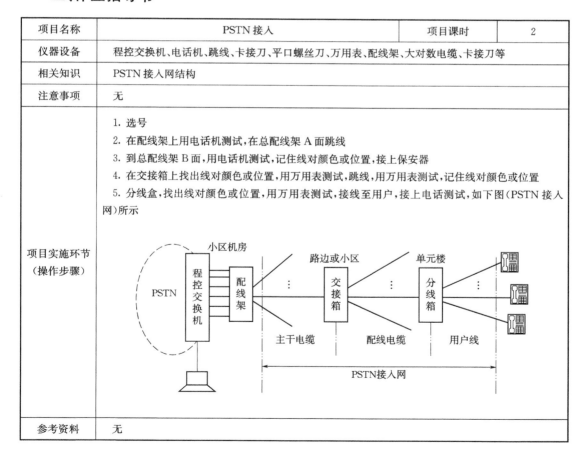		
参考资料	无		

三、考核标准与评分表

项目名称			PSTN 接入			实施日期	
执行方式		小组合作完成	执行成员	班级		组别	
考核标准	类别	序号	考核分项	考核标准		分值	考核记录（分值）
	职业技能	1	电话正常呼叫	可以正常呼入、呼出		40	
		2	跳线整齐美观	跳线整齐美观		20	
		3	操作规范	各项操作规范		20	
	职业素养	4	职业素养	无违反劳动纪律和不服从指挥的情况		20	
				总　　分			
执行情况记录	填写要求： 包括执行人员分工情况、任务完成流程情况、任务执行过程中所遇到的问题及处理情况						

项目四　Soft Co9500 局内 POTS 用户配置

一、任务工单

项目名称	Soft Co9500 局内 POTS 用户配置	项目课时	2	目标要求	掌握 Soft Co9500 局内 POTS 用户配置的方法
项目内容（工作任务）	在 Soft Co9500 的第 4 号槽位增加 EXU 单板，在 EXU 单板的 UEP1、UEP2 端口上增加用户盒，用户盒下增加起始号码为 7000 的连续 64 个用户				
工作要求	1. 所配置的号码能实现局内呼叫 2. 填写工单执行记录表 3. 分工明确、团队协作				
备注					

二、作业指导书

项目名称	Soft Co9500 局内 POTS 用户配置	项目课时	2
仪器设备	Soft Co9500 设备一套，PC 机若干台；电话机		
相关知识	1. Soft Co9500 硬件配置 2. POTS 用户数据配置方法		
注意事项	无		

续上表

项目名称	Soft Co9500 局内 POTS 用户配置	项目课时	2

项目实施环节
（操作步骤）
	1. 打开电脑，单击"开始—运行"，在运行里输入 Soft Co9500 设备维护 IP：129.9.0.5 后，确定
	2. 进入命令行配置窗口，输入用户名"admin"命令，然后在输入密码"huawei"，密码为缺省，看不到，按回车键
	3. 在命令行输入界面，输入"enable"命令，然后在输入密码"huawei"，进入配置模式
	4. 增加 EXU 单板，单板位于 4 号槽位
	    config add board slot 4 type exu
	5. 增加用户盒，用户盒连接在 EXU 单板的 UEP1、UEP2 端口上
	    config add subbox slot 4 port 1
	    config add subbox slot 4 port 2
	6. 用户盒下增加起始号码为 7000 的连续 64 个用户
	    config add subscriber exu slot 4 port 1 dn 7000 number 32
	    config add subscriber exu slot 4 port 2 dn 7032 number 32
	7. 配置局内短号第 1 位号码为局内字冠
	    config add prefix dn 7 callcategory basic callattribute inter cldpredeal no minlen 4 maxlen 4
	    if4pstnprefix yes
	8. 配置长号用户的前几位号码为局内字冠。若无需为用户配置长号，则该命令可不用执行
	    config add prefix dn 6897 callcategory basic callattribute inter cldpredeal no minlen7 maxlen 7
	用户号码配置完成后，配置局内字冠，之后局内用户可以互相通话进行测试		

参考资料	无		

三、考核标准与评分表

项目名称			Soft Co9500 局内 POTS 用户配置		实施日期	
执行方式		2 人一组合作完成	执行成员	班级		组别
考核 标准	类别	序号	考核分项	考核标准	分值	考核记录 （分值）
	职业技能	1	正确登录	正确登录 Soft Co9500	10	
		2	正确进行硬件配置	正确进行硬件配置	40	
		3	正确添加 POTS 用户	正确添加 POTS 用户	40	
	职业素养	4	职业素养	实训结束关机、打扫卫生，实训过程无违反劳动纪律和不服从指挥的情况	10	
			总 分			
执行 情况 记录	填写要求： 包括执行人员分工情况、任务完成流程情况、任务执行过程中所遇到的问题及处理情况					

课程九 通信工程勘察与设计

任务一 CAD 基本操作

一、任务工单

项目名称	CAD 基本操作	建议课时	4	目标要求	1. 理解通信建设工程项目的程序流程和基本概念 2. 熟悉 CAD 的基本使用与操作 3. 掌握 CAD 软件平台的个性化定制
项目内容 （工作任务）	（1）将给定的任务一　参考范例图（电子版下发）中的整张图复制到新建的空白文挡中，将其保存到桌面，文件命名为：××班××号（学号）×××（姓名）图1。 （2）基本设置： ①将文件自动保存时间间隔调整为 10 min ②将显示精度中圆弧和圆的平滑度调整为 200 ③将绘图区窗口的底色设置成白色 （3）输出效果分别如下图所示。 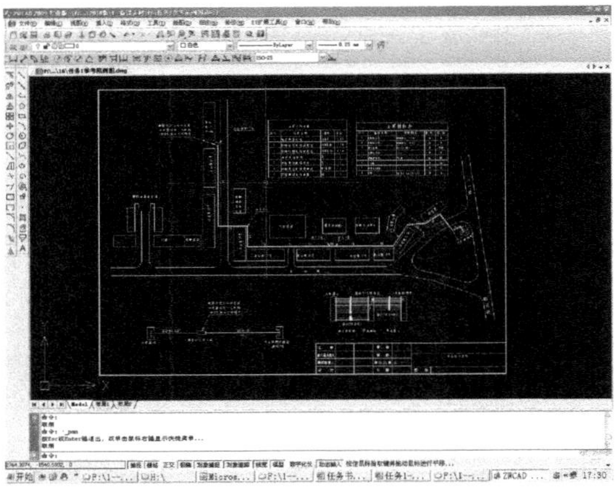 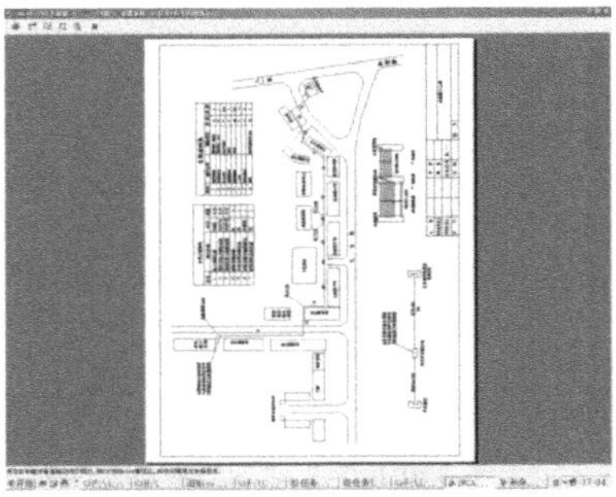 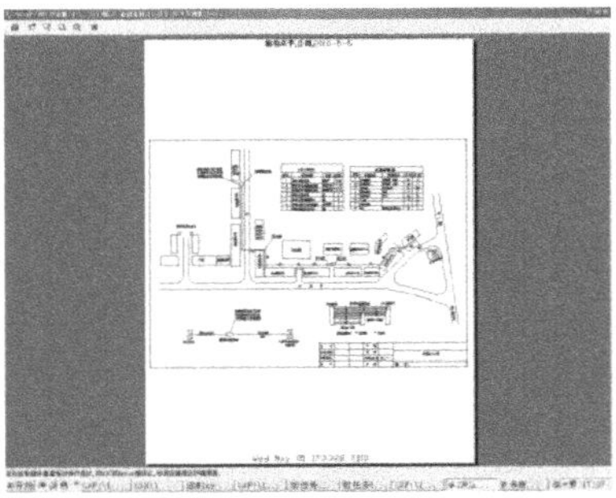 				
工作要求	1. 个人独立完成 2. 当场考核评分				

二、作业指导书

项目名称	CAD 基本操作	建议课时	4
技术指标 (质量标准)	无		
仪器设备	计算机;CAD 制图平台		
相关知识	CAD 图形的输出方式和方法		
注意事项	工作实际中和后续任务执行中注意设置合适的文件自动保存时间和路径		
项目实施环节 (操作步骤)	(1)从开始菜单,选择保存,然后选择保存路径,最后按要求命名即可 (2)基本设置: ①选取工具下拉菜单中的最后一项,即"选项",出现配置对话框,如下图(调整存图时间)所示。选第一个"打开和保存"标签页,将系统默认的自动存盘分钟数 120 改成 10,即 10 min,系统自动存盘一次 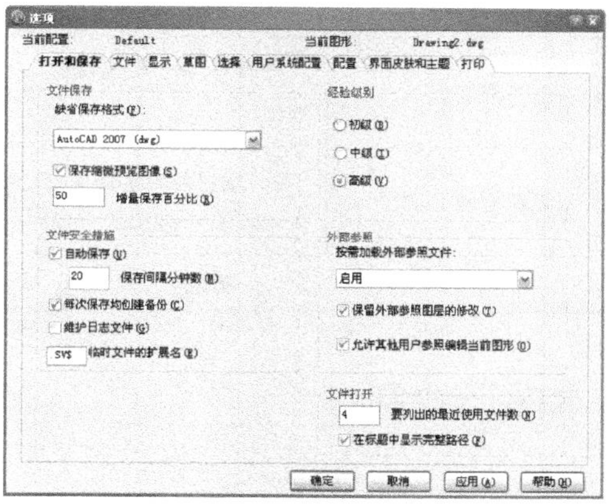 ②如下图("显示"标签对话框)中,在显示精度区域可以设置各对象的显示精度 ③缺省情况下,屏幕图形的背景色是黑色。如下图("显示"标签对话框)中,单击颜色按钮,可以改变屏幕图形的背景色为指定的颜色 (3)效果图 1——截屏输出;效果图 2——横向打印输出,打印预览;效果图 3——纵向打印输出,打印预览 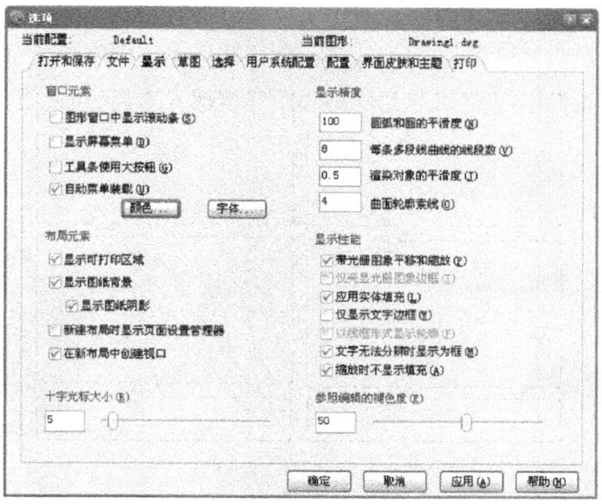 		
参考资料	教材相关章节;CAD 教程;CAD 软件自带帮助文档		

三、考核标准与评分表

项目名称			CAD 基本操作				实施日期	
执行方式		个人独立完成	执行成员	班级			组别	
考核标准	类别	序号	考核分项	考核标准			分值	考核记录（分值）
	职业技能	1	文件命名与保存	查看作品：文件命名格式是否规范；保存路径是否正确			10	
		2	基本设置	现场操作演示：各项设置完成的准确性及速率			20	
		3	效果图制作	查看作品：效果图中各项设置是否准确			50	
	职业素养	4	职业素养	练习过程中协助互助；无违反劳动纪律和不服从指挥的情况			20	
				总　　分				

任务二　基本图形绘制

一、任务工单

项目名称	基本图形绘制	建议课时	4	目标要求	1. 熟悉 CAD 的基本操作与使用 2. 重点掌握多边形、圆、圆弧、直线、多段线等基本图形的绘制
项目内容（工作任务）	本次任务的实施分成两个环节，第一个环节根据给定的教材进行基本图形绘制的练习；第二环节按照要求完成指定图形的绘制，指定绘制的图形包括五角星、圆弧组图、盆栽及羽毛球拍和足球，分别如下图所示 				
工作要求	1. 个人独立完成 2. 当场考核评分				

二、作业指导书

项目名称	基本图形绘制		建议课时	4
技术指标 (质量标准)	五角星、圆弧组图和足球无尺寸要求;盆栽以及羽毛球拍注意参照原图比例			
仪器设备	计算机;CAD制图平台			
相关知识	基本图形的绘制;多段线在工程图纸中的应用;图形对象的基本编辑			
注意事项	养成"左手键盘,右手鼠标"的操作习惯			
项目实施环节 (操作步骤)	(1)五角星的实现:绘制正五边形,每间隔一个顶点用直线连接起来,最后删除原正五边形;连接顶点时要求采用捕捉方式 (2)圆弧组图的实现:任意尺寸绘制一条水平的直线要求用正交方式绘制,用div命令将直线分割成10等份;然后绘制交叉的圆;最后用修剪命令,修剪掉多余的半圆,即可构成图示圆弧组 (3)盆栽的实现:盆栽的地盘和枝叶均用多段线实现(用属性设置配置不同颜色);红花用相切的多个圆构建 (4)羽毛球拍的实现:用线和圆构建(熟悉圆角的编辑) (5)足球的实现:用正六边形和圆构建(熟悉捕捉和修剪)			
参考资料	教材相关章节;CAD教程;CAD软件自带帮助文档			

三、考核标准与评分表

项目名称			基本图形绘制		实施日期	
执行方式		个人独立完成	执行成员	班级	组别	
考核标准	类别	序号	考核分项	考核标准	分值	考核记录 (分值)
	职业技能	1	基本图形绘制练习	随堂考察:练习过程中的认真程度和态度 随机抽查:随机抽取学生和问题进行回答或操作演示	20	
		2	指定图形绘制	查看作品:绘制出的图形是否规范、标准及与原图的相似度	60	
	职业素养	3	职业素养	随堂考察:对软件操作的规范性:"左手键盘,右手鼠标";练习过程中协作互助	20	
			总　分			

任务三　图形编辑与填充

一、任务工单

项目名称	图形编辑与填充	建议课时	4	目标要求	1. 熟悉基本图形的绘制 2. 掌握图形的编辑和填充
项目内容 （工作任务）	本次任务的实施分成两个环节，第一个环节进行图形编辑与填充的练习；第二环节按照要求完成指定图形的绘制，分别如下图所示 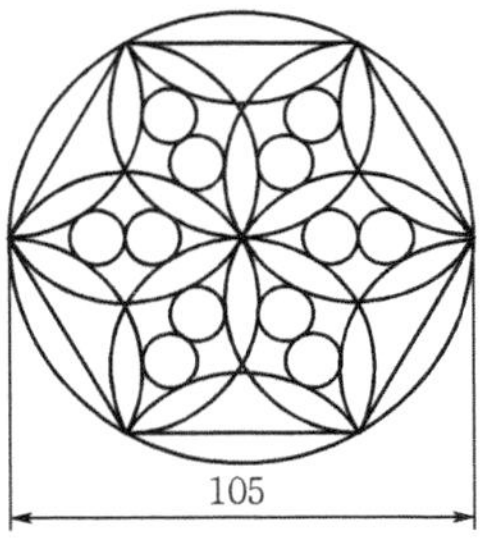 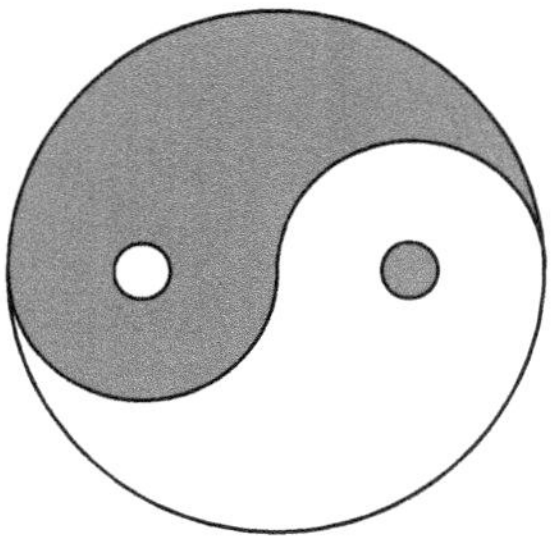   105				
工作要求	1. 个人独立完成 2. 当场考核评分				

二、作业指导书

项目名称	图形编辑与填充	建议课时	4
技术指标 （质量标准）	原图中有尺寸的要求严格按照指定尺寸，并进行标注；否则注意参照原图比例		
仪器设备	计算机；CAD制图平台		
相关知识	图形常用的编辑方法和操作，图形填充的方法和操作		
注意事项	养成"左手键盘，右手鼠标"的操作习惯		
项目实施环节 （操作步骤）	（1）指定绘制图形（1）的实现：绘制直径为105的圆；共圆心绘制内接正六边形；六边形相邻两顶点及圆心三点绘圆；六边形相邻两顶点和圆弧交点三点绘圆；辅助线连接圆弧相邻的两个交点；相交的两圆弧和直线相切—相切—相切方式绘圆；修剪整理。 （2）指定绘制图形（2）的实现：绘制直线；绘圆；修剪；填充颜色纯色填充的操作 （3）指定绘制图形（3）的实现：用同心圆构建圆环；修剪；颜色填充圆环之间的嵌套 （4）指定绘制图形（4）的实现：绘制矩形并填充；绘制五角星并填充图形的叠放层次		
参考资料	《通信工程勘察与设计》相关章节，CAD教程，CAD软件自带帮助文档		

三、考核标准与评分表

项目名称				图形编辑与填充		实施日期	
执行方式		个人独立完成	执行成员	班级		组别	
考核标准	类别	序号	考核分项	考核标准	分值	考核记录（分值）	
	职业技能	1	图形编辑与填充练习	随堂考察：练习过程中的认真程度和态度 随机抽查：随机抽取学生和问题进行回答或操作演示	20		
		2	指定图形绘制	查看作品：绘制出的图形是否规范、标准及与原图的相似度	60		
	职业素养	3	职业素养	随堂考察：绘制图形前，充分观察和分析图形，尽量利用图形编辑命令绘制；练习过程中协作互助	20		
	总 分						

任务四　尺寸标注与文本处理

一、任务工单

项目名称	尺寸标注与文本处理	建议课时	4	目标要求	1. 熟悉图形的尺寸标注 2. 掌握文本编辑和处理
项目内容（工作任务）	本次任务的实施分成两个环节，第一个环节进行图形标注及文本处理的练习；第二环节按照要求完成指定图形的绘制，分别如下图所示 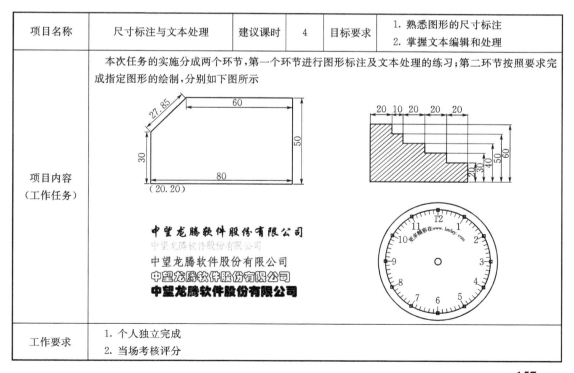				
工作要求	1. 个人独立完成 2. 当场考核评分				

二、作业指导书

项目名称	尺寸标注与文本处理		建议课时	4
技术指标 （质量标准）	原图中有尺寸的要求严格按照指定尺寸，并进行标注；否则注意参照原图比例			
仪器设备	计算机；CAD 制图平台			
相关知识	标注和文本在工程图纸中的应用			
注意事项	养成"左手键盘，右手鼠标"的操作习惯			
项目实施环节 （操作步骤）	1. 指定绘制图形(1)的实现 (1)运用前述任务的技能，按图中尺寸绘制图形 (2)依次运用线性标注、对齐标注和坐标标注，完成图示标注 2. 指定绘制图形(2)的实现 (1)运用前述任务的技能，按图中尺寸绘制图形 (2)运用前述任务的技能，完成图案的填充 (3)运用连续标注，完成图示标注 3. 指定绘制图形(3)的实现 字体的设置： (1)使用文本输入功能，完成图中文字的输入 (2)运用对象属性设置，设置出图示各种字体 4. 指定绘制图形(4)的实现 字体的对齐： (1)绘制钟表的轮廓图形 (2)图中小时数字用阵列实现 (3)使用弧线文本功能设置"更多精彩在 www.lztdzy.com"			
参考资料	《通信工程勘察与设计》相关章节；CAD 教程；CAD 软件自带帮助文档			

三、考核标准与评分表

项目名称			尺寸标注与文本处理		实施日期		
执行方式		个人独立完成	执行成员	班级		组别	
考核标准	类别	序号	考核分项	考核标准	分值	考核记录 （分值）	
	职业技能	1	图形编辑与填充、标注与文本处理练习	随堂考察：练习过程中的认真程度和态度 随机抽查：随机抽取学生和问题进行回答或操作演示	20		
		2	指定图形绘制	查看作品：绘制出的图形是否规范、标准及与原图的相似度	60		
	职业素养	3	职业素养	随堂考察：绘制图形前，充分观察和分析图形，尽量利用图形编辑命令绘制；练习过程中协作互助	20		
				总　分			

任务五　通信工程制图规范

一、任务工单

项目名称	通信工程制图规范	建议课时	4	目标要求	1. 熟悉通信工程制图规范 2. 掌握图幅尺寸的计算与绘制、图衔的格式及绘制 3. 掌握常用图例的应用并绘制
项目内容 （工作任务）	_	_	_	_	本次任务的实施分成两个环节，第一个环节熟悉通信工程制图规范；第二环节按照要求完成指定图形的绘制 （1）绘制 A4 纸横向时的图框与图衔，如下图（A4 纸横向时的图框与图衔）所示 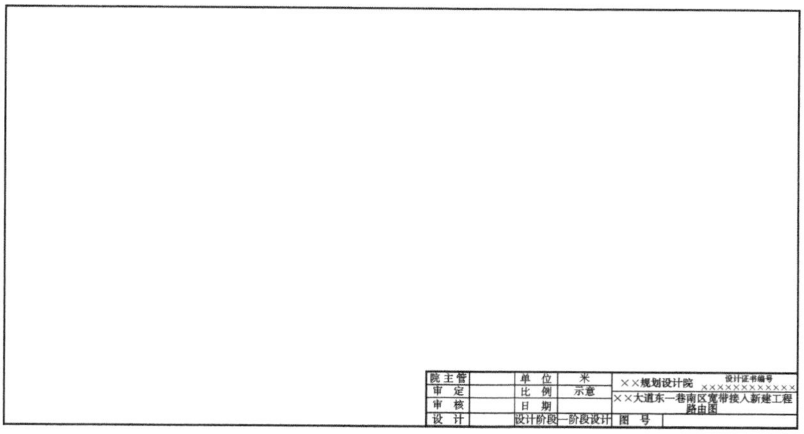 （2）绘制 A4 纸纵向时的图框与图衔，如下图（A4 纸纵向时的图框与图衔）所示 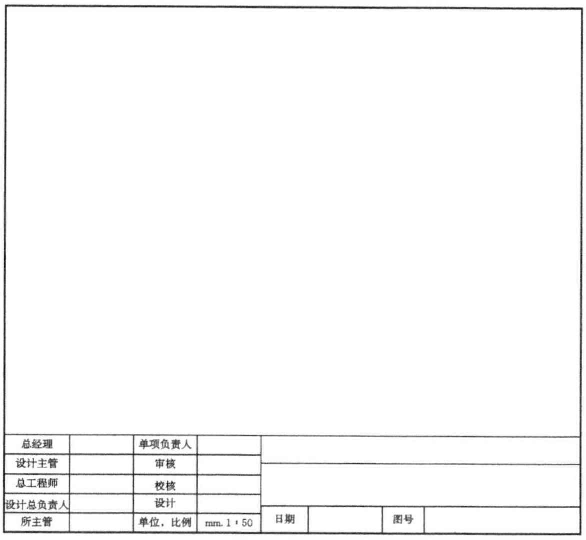

续上表

项目内容 （工作任务）	（3）绘制常用的工程图例，如下图（工程图例）所示 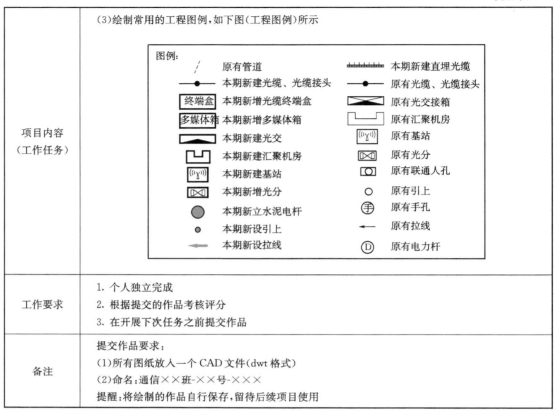 图例： ／　原有管道　　　　　本期新建直埋光缆 —●　本期新建光缆、光缆接头　　　●　原有光缆、光缆接头 终端盒　本期新增光缆终端盒　　　原有光交接箱 多媒体箱　本期新增多媒体箱　　　原有汇聚机房 本期新建光交　　　　原有基站 本期新建汇聚机房　　原有光分 本期新建基站　　　　原有联通人孔 本期新增光分　　　　原有引上 本期新立水泥电杆　　原有手孔 本期新设引上　　　　原有拉线 本期新设拉线　　　　原有电力杆
工作要求	1. 个人独立完成 2. 根据提交的作品考核评分 3. 在开展下次任务之前提交作品
备注	提交作品要求： （1）所有图纸放入一个 CAD 文件（dwt 格式） （2）命名：通信××班-××号-××× 提醒：将绘制的作品自行保存，留待后续项目使用

二、作业指导书

项目名称	通信工程制图规范	建议课时	4
技术指标 （质量标准）	图幅：A4 横向——200×267；A4 纵向——180×287；标准图衔——30×180		
仪器设备	计算机；CAD 制图平台		
相关知识	通信工程制图规范：包括图幅尺寸、图线型式及其应用、比例、尺寸标注、字体及写法、图衔、图纸编号等方面的规范与要求		
注意事项	注意国家规范与设计院规范之间的差别		
项目实施环节 （操作步骤）	（1）图幅尺寸的设置如下图（图幅尺寸的设置）所示，图中各参数的设置见下表		

续上表

项目名称	通信工程制图规范			建议课时	4

项目实施环节（操作步骤）	幅面代号	A0	A1	A2	A3	A4
	图框尺寸($B \times L$)	841×1 189	594×841	420×594	297×420	210×297
	侧边框距 c	10			5	
	装订侧边框距 a	25				

（2）图衔格式与尺寸如下图（图衔格式与尺寸）所示

单位主管	审核	（单位名称）
部门主管	校核	
总负责人	制（描）图	（图名）
单项负责人	单位、比例	
主办人	日期	图号

30 mm（左侧纵向尺寸）

20 mm　30 mm　20 mm　20 mm　90 mm

（3）图例的绘制：综合应用之前任务中 CAD 的操作与基本图形的绘制，完成各图例的绘制

参考资料	通信工程制图规范；教材相关章节，CAD 教程，CAD 软件自带帮助文档

三、考核标准与评分表

项目名称			通信工程制图规范		实施日期	
执行方式	个人独立完成		执行成员	班级	组别	

考核标准	类别	序号	考核分项	考核标准	分值	考核记录（分值）
	职业技能	1	A4 纸横向时的图框与图衔的绘制	查看作品：作品是否规范、标准及尺寸与内容是否符合要求	30	
		2	A4 纸纵向时的图框与图衔的绘制	查看作品：作品是否规范、标准及尺寸与内容是否符合要求	30	
		3	常用图例的绘制	查看作品：绘制出的图形是否规范、标准及与原图的相似度	20	
	职业素养	4	职业素养	随堂考察：对软件操作的规范性，"左手键盘，右手鼠标"；练习过程中协作互助	20	
			总　　分			

任务六　宽带接入工程勘察与施工图设计

一、任务工单

项目名称	宽带接入工程勘察与施工图设计	建议课时	4	目标要求	1. 熟悉宽带接入工程勘察流程与要求 2. 具备依托 CAD 平台设计并绘制宽带接入线路工程图纸的能力
项目内容 （工作任务）	1. 任务背景 　宽带接入工程,线路起点均设在学校图书馆机房。本次任务执行时划分成八个小组,各小组的具体任务为分别实现学生宿舍楼 F1～F8 的宽带接入;要求每个宿舍(房间)至少能同时实现四路光接入并预留两个端口备用 2. 工作内容和时间安排 2 学时完成区间线路工程的勘查,绘制草图,填写勘查报告(参考教材格式) 2 学时完成整套施工图纸的设计[敷设方式的选择顺序:管道→架空(含墙壁光缆)→直埋] 3. 作品提交内容与要求 (1)草图 (2)勘察报告 (3)成套施工图纸 (4)考核标准与评分表				
工作要求	1. 小组合作完成 2. 执行过程考核与根据提交的作品考核相结合(小组自行填写组别信息、记录执行情况) 3. 在开展下次任务之前提交有形作品				
备注	提交作品要求: (1)所有图纸放入一个 CAD 文件 (2)命名:班级＋组号				

二、作业指导书

项目名称	宽带接入工程勘察与施工图设计	建议课时	4
技术指标 （质量标准）	1. 勘查过程中工具仪表使用的规范程度 2. 勘查过程中信息收集的详尽程度 3. 草图绘制的规范性 4. 施工图纸的规范性		
仪器设备	轮式测距仪,钢尺(100 m),草图绘制工具等;计算机,CAD 制图平台		
相关知识	1. 通信线路工程勘察的流程和规范要求 2. 通信线路工程设计的规范要求 3. 宽带接入的基础知识,重点是 PON 技术的系统结构和设备 4. 通信线路工程图纸的规范与要求 5. 通信线路工程成套图纸的组成		
注意事项	"安全第一、预防为主","左手键盘、右手鼠标","团队一体、协同作业"		
项目实施环节 （操作步骤）	1. 勘察准备 (1)知识积累:掌握通信线路工程项目的敷设方式和规范要求;理解通信线路工程勘察的程序和流程;掌握 PON 技术的系统结构和设备组成;掌握仪器仪表的操作使用方法 (2)资料准备:勘察区域的地图、现有管道和杆路图纸、建筑物图纸 (3)工具准备:标杆、轮式测距仪、钢尺(100 m)、卷尺(20 m)、信号旗、绘图板、铅笔、A4 纸		

续上表

项目名称	宽带接入工程勘察与施工图设计	建议课时	4

项目实施环节 （操作步骤）	（4）前期组织：小组召开会议，确定勘察计划，其中人员分工可参考如下配备： 大旗组（1~2人）、测距组（2~3人）、测绘组（2~3人）、协调联系组（1人），可视具体情况适当增减人员配置 2. 实地勘察 （1）各分组的工作内容 ①大旗组：负责确定光缆敷设的具体位置和路径 ②测距组：配合大旗组用花杆定线定位，量距离，钉标桩，记录累计距离，记录工程量和对障碍物的处理方法 ③测绘组：现状测绘图纸，经整理后作为施工图纸绘制的原始依据 ④协调联系组：负责整个项目组的协同作业 （2）技术细节 ①敷设方式的选择顺序：管道→架空（含墙壁光缆）→直埋，即在确定光缆路由时，首选管道，然后是架空，前面两者都没有时才选择直埋 ②管道的识别：管道通常有给排水管道、强电管道和弱电管道，光电缆要求走弱电管道；在没有管道施工图纸时，井盖标注有某运营商的均是弱电管道 ③注意各环节的安全防护，特别是在跨越公路等交通要道时 3. 施工图绘制 （1）整理勘察记录与草图，形成勘察报告 （2）再次研讨、论证、确认工程方案，绘制施工图 （3）小组归纳总结，按要求提交各环节资料
参考资料	《通信工程勘察与设计》相关章节、《架空光电缆通信杆路工程设计规范》（YD 5148—2007）、《光缆进线室设计规定》（YD/T 5151—2007）、《本地通信线路工程设计规范》（YD 5137—2005）、《有线接入网设备安装工程设计规范》（YD/T 5139—2005）

三、考核标准与评分表

项目名称			宽带接入工程勘察与施工图设计		实施日期	
执行方式		小组合作完成	执行成员	班级		组别
考核标准	类别	序号	考核分项	考核标准	分值	考核记录（分值）
	职业技能	1	执行过程考核	工具、仪器仪表的操作是否准确规范，是否注意对其保养和爱护 任务执行过程中协同作业情况	20	
		2	草图	内容翔实程度和图纸规范程度	15	
		3	勘察报告	内容翔实程度和图纸规范程度	15	
		4	施工图纸	内容的完整性、图形符号的规范性、技术细节的准确性	40	
	职业素养	5	职业素养	无违反劳动纪律和不服从指挥的情况	10	
			总　分			
执行情况记录			填写要求： 包括执行人员分工情况、任务完成流程情况、任务执行过程中所遇到的问题及处理情况			

任务七　初识通信工程概预算

一、任务工单

项目名称	初识通信工程概预算	建议课时	4	目标要求	1. 理解通信工程概预算编制的概念和基本流程 2. 理解通信建设工程费用的构成，制作概预算成套的 Excel 表格 3. 熟悉 Excel 表格的操作与使用，重点是表格内及表格之间公式的实现
项目内容 （工作任务）	1. 将通信工程概预算构成图与表格对应，填写到图 2-9-1 中并提交 2. 将下发的 word 版概预算成套表格制作成 Excel 表格 3. 练习 Excel 表格内及表格之间公式的操作与使用					
工作要求	1. 个人独立完成 2. 根据提交的作品考核评分 3. 在开展下次任务之前提交作品					
备注	提交作品要求： 1. 所有表格放入一个 Excel 文件 2. 命名：××班-××号-×××					

二、作业指导书

项目名称	初识通信工程概预算	建议课时	4
技术指标 （质量标准）	1. Excel 表格排版布局合理 2. 各表格命名规范 3. 表格内和表格间的公式正确		
仪器设备	计算机；CAD 制图平台；Office 平台		
相关知识	1. 通信工程概预算编制的概念和基本流程 2. 通信建设工程费用的构成 3. 概预算编制整套表格的构成		
项目实施环节 （操作步骤）	(1)概预算整套表格的构成与应用，找出各表格中所填写费用与费用构成图的关系： ①《建设项目总____算表（汇总表）》，供建设项目总概算（预算）使用 ②《工程____算总表（表一）》，供编制单项（单位）工程总费用使用 ③《建筑安装工程费用____算表（表二）》，供编制建筑安装工程费使用 ④《建筑安装工程量____算表表（三）甲》，供编制建筑安装工程量、计算技工工日和普工工日使用 ⑤《建筑安装工程机械使用费____算表表（三）乙》，供编制建筑安装工程机械使用费使用 ⑥《建筑安装工程仪器仪表使用费____算表表（三）丙》，供编制建筑安装工程仪表使用费使用 ⑦《国内器材____算表表（四）甲》，供编制国内器材（需安装设备、不需要安装设备、主要材料）的购置费使用 ⑧《引进器材____算表表（四）乙》，供编制引进国外器材（需安装设备、不需要安装设备、主要材料）的购置费使用		

续上表

项目名称	初识通信工程概预算	建议课时	4

项目实施环节 （操作步骤）	⑨《工程建设其他费____算表表(五)甲》,供编制工程建设其他费使用 ⑩《引进设备工程建设其他费用____算表表(五)乙》,供编制引进设备工程建设其他费使用 (2)将每张表格复制到 Excel 表格中,然后调整格式 (3)练习公式的使用(重点是单元格相乘、求和及表格之间的公式) ①Excel 表格内公式的应用练习 　a. 求和:＝SUM(K2:K56)——对 K2 到 K56 这一区域进行求和 　b. 平均数:＝AVERAGE(K2:K56)——对 K2 K56 这一区域求平均数 　c. 排名:＝RANK(K2,K$2:K$56)——对 55 名学生的成绩进行排名 　d. 等级:＝IF(K2>=85,"优",IF(K2>=74,"良",IF(K2>=60,"及格","不及格"))) 　e. 学期总评:＝K2×0.3＋M2×0.3＋N2×0.4——假设 K 列、M 列和 N 列分别存放着学生的"平时总评"、"期中"、"期末"三项成绩 　f. 最高分:＝MAX(K2:K56)——求 K2 到 K56 区域(55 名学生)的最高分 　g. 最低分:＝MIN(K2:K56)——求 K2 到 K56 区域(55 名学生)的最低分 ②Excel 表格间公式的应用 在其中一个表中使用公式,使用过程中引用另一个工作表中的单元格,例如工作表一中的单元格 A1＝工作表二中的单元格 B1,具体操作过程如下: 　a. 将工作表一和二都打开 　b. 在工作表中 A1 中输入＝,然后鼠标单击工作表二中的单元格 B1 　c. Enter(回车),即切换回到表格一中单元格 A1 的编辑界面,继续完成单元格 A1 中的公式编辑 　d. 两者之间的链接建立,当工作表二中单元格 B1 的数值发生变化时,工作表一中 A1 单元格的数字也随之变化
参考资料	Excel 表格的操作与使用

三、考核标准与评分表

项目名称	初识通信工程概预算		实施日期	
执行方式	个人独立完成	执行成员	班级	组别

	类别	序号	考核分项	考核标准	分值	考核记录 （分值）
考核 标准	职业技能	1	各费用单项与表格的对应	对应关系是否准确	20	
		2	概预算 Excel 表格的制作	(1)成套表格的完整性 (2)表格格式的规范性和美观程度 (3)任务完成的时效性	50	
		3	公式的制作与使用	(1)表格内公式制作是否准确 (2)表格之间公式制作是否准确	20	
	职业素养	4	职业素养	随堂考察:规范、严谨求实的工作作风;任务实施过程中协作互助	10	
	总　分					

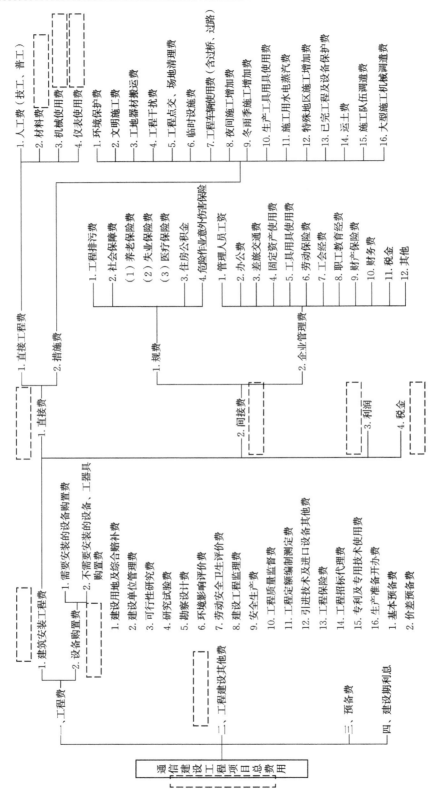

图2-9-1 通信工程概预算构成图与表格对应

任务八　直接工程费的计算和表格填写

一、任务工单

项目名称	直接工程费的计算和表格填写	建议课时	4	目标要求	1. 掌握人工、材料费的计算，填写表（四）甲 2. 掌握机械和仪表使用费的计算，填写表（三）乙、表（三）丙
项目内容 （工作任务）	1. 某项目需要 5 盘 8 芯光缆、5 盘 24 芯光缆；200 根 7 m、100 根 8 m、100 根 9 m 水泥电杆；试计算其主要材料费，并填写表（四）甲。光缆单价和电杆单价分别见下表（单盘光缆长度为 2 km，各材料用量中已折入损耗用量） 下见表格 2. 某项目施工中，光缆接续 8 芯 10 条（按 10 个接头记取，下同），12 芯 10 条，16 芯 10 条；试计算其机械使用费，并填写表（三）乙 3. 某项目施工中，光缆接续 8 芯 10 条（按 10 个接头记取，下同），12 芯 10 条，16 芯 10 条；试计算其仪表使用费，并填写表（三）丙				
工作要求	1. 个人独立完成 2. 根据提交的作品考核评分 3. 在开展下次任务之前提交作品				
备注	提交作品要求： 1. 所有表格放入一个 Excel 文件 2. 命名：××班-××号-××				

型号	价格（元/m）	型号	价格（元/m）	型号	价格（元/m）
GYTS-4S	2.60	GYTS-16S	4.10	GYTS-48S	10.10
GYTS-6S	2.90	GYTS-24S	5.10	GYTS-72S	13.00
GYTS-8S	3.10	GYTS-32S	6.60	GYTS-96S	15.90
GYTS-12S	3.60	GYTS-36S	7.10		

型　号	单价（元/根）
预应力混凝土水泥电杆 150×7 CY	274.30
预应力混凝土水泥电杆 150×8 CY	309.32
预应力混凝土水泥电杆 150×9 CY	396.87
预应力混凝土水泥电杆 150×10 CY	443.56
预应力混凝土水泥电杆 190×12 CY	758.71

二、作业指导书

项目名称	直接工程费的计算和表格填写	建议课时	4
技术指标 (质量标准)	1. 计算结果的准确性 2. 表格填写的规范性		
仪器设备	计算机;CAD 制图平台;Office 平台		
相关知识	1. 人工、材料费的计算方法 2. 机械和仪表使用费的计算方法		
项目实施环节 (操作步骤)	1. 材料费与表(四)甲 (1)计算材料费 材料费计费标准及计算规则为: ①材料费＝主要材料费＋辅助材料费 ②主要材料费＝材料原价＋运杂费＋运输保险费＋采购及保管费＋采购代理服务费 主要材料费的计算方法: ①材料原价为供应价或供货地点价 ②运杂费＝材料原价×材料运杂费费率 ③运输保险费＝材料原价×保险费率(0.1%) ④采购及保管费＝材料原价×采购及保管费费率 ⑤采购代理服务费按实计列 ⑥凡由建设单位提供的利旧材料,其材料费不计入工程成本 辅助材料费的计算方法: 辅助材料费＝主要材料费×辅助材料费费率 (2)填写表(四)甲 ①只需填写表(四)甲,并在标题行中填入(主要材料)表 ②格式规范要求参考范例 2. 机械使用费与表(三)乙 (1)计算机械使用费 机械使用费计费标准及计算规则为: ①机械使用费＝机械台班单价×概算、预算机械台班量 ②概算、预算机械台班量＝机械定额台班量×工程量 (2)填写表(三)乙 格式规范要求参考范例 3. 仪表使用费与表(三)丙 (1)计算仪表使用费 仪表使用费计费标准及计算规则为: ①仪表使用费＝仪表台班单价×概算、预算仪表台班量 ②概算、预算仪表台班量＝仪表定额台班量×工程量 (2)填写表(三)丙 格式规范要求参考范例		
参考资料	"75"定额;通信建设工程施工机械、仪表台班定额		

三、考核标准与评分表

项目名称	直接工程费的计算和表格填写				实施日期	
执行方式	个人独立完成	执行成员	班级		组别	
考核标准	类别	序号	考核分项	考核标准	分值	考核记录（分值）
	职业技能	1	材料费与表(四)甲	(1)计算方法和结果的准确性 (2)表格填写的规范性	50	
		2	机械使用费与表(三)乙	(1)计算方法和结果的准确性 (2)表格填写的规范性	20	
		3	仪表使用费与表(三)丙	(1)计算方法和结果的准确性 (2)表格填写的规范性	20	
	职业素养	4	职业素养	随堂考察：规范、严谨求实的工作作风；任务实施过程中协作互助	10	
			总　分			

任务九　建筑安装工程费的计算和表格填写

一、任务工单

项目名称	建筑安装工程费的计算和表格填写	建议课时	4	目标要求	1. 掌握措施费的计算，填写表二中的相关内容 2. 掌握间接费、利润和税金的计算，填写表二中的相关内容
项目内容 （工作任务）	1. 海拔 3 000 m 某城区的线路工程，统计出技工工日 3 000，普工工日 1 000；施工现场与企业的距离为 450 km；需要光缆接续车、光(电)缆拖车和气流辐射吹缆设备等机械；试计算其措施费，并填入表二 2. 某基站工程，统计出技工工日 160，其中室外部分 110 工日；施工企业驻地距工程所在地 15 km；主要材料运距为 500 km；主要材料中电缆类 20 000 元(原价)，其他类 6 000 元(原价)；仪表使用费 2 000元，无机械使用费；试计算其建筑安装工程费，并填写表二				
工作要求	1. 个人独立完成 2. 根据提交的作品考核评分 3. 在开展下次任务之前提交作品				
备注	提交作品要求： 1. 所有表格放入一个 Excel 文件 2. 命名：××班-××号-××				

二、作业指导书

项目名称	建筑安装工程费的计算和表格填写	建议课时	4
技术指标 （质量标准）	1. 计算结果的准确性 2. 表格填写的规范性		
仪器设备	计算机；CAD 制图平台；Office 平台		
相关知识	1. 措施费的计算方法 2. 建筑安装工程费的计算方法		
项目实施环节 （操作步骤）	1. 措施费与表二 （1）计算方法：基本上都是人工费×相应费率 （2）填表：填写表二中的对应部分，其余空白；详情见表 2-9-1 2. 建筑安装工程费与表二 （1）计算方法：基本上都是人工费×相应费率 （2）填表：参见范例，详情见表 2-9-2		
参考资料	"75"定额；通信建设工程施工机械、仪表台班定额		

三、考核标准与评分表

项目名称			建筑安装工程费的计算和表格填写		实施日期		
执行方式		个人独立完成	执行成员	班级		组别	
考核标准	类别	序号	考核分项	考核标准	分值	考核记录 （分值）	
	职业技能	1	措施费与表二	（1）计算方法和结果的准确性 （2）表格填写的规范性	40		
		2	建筑安装工程费与表二	（1）计算方法和结果的准确性 （2）表格填写的规范性	50		
	职业素养	3	职业素养	随堂考察：规范、严谨求实的工作作风；任务实施过程中协作互助	10		
				总　　分			

表 2-9-1 措施费的计算与填写范例

建筑安装工程费用算表(表二)

工程名称:某城区线路工程　　建设单位名称:　　　表格编号:　　　第　全　页

序号	费用名称	依据和计算方法	合计(元)	序号	费用名称	依据和计算方法	合计(元)
I	II	III	IV	I	II	III	IV
	建筑安装工程费	一十二十三十四		8	夜间施工增加费	人工费×3.00%	5 525.70
一	直接费	(一)+(二)		9	冬雨季施工增加费	人工费×2.00%	3 683.80
(一)	直接工程费	1+2+3+4		10	生产工具用具使用费	人工费×3.00%	5 525.70
1	人工费	(1)+(2)		11	施工用水电蒸气费		
(1)	技工费	技工总工日×1.13×48		12	特殊地区施工增加费	总工日×3.2×1.13	14 464.00
(2)	普工费	普工总工日×1.13×19		13	已完工程及设备保护费		
2	材料费			14	运土费		
(1)	主要材料费			15	施工队伍调遣费	227×30×2	13 620.00
(2)	辅助材料费			16	大型施工机械调遣费	2×17×450×0.62	9 486.00
3	机械使用费			二	间接费		
4	仪表使用费			(一)	规费		
(二)	措施费	1~16 之和	115 850.75	1	工程排污费		
1	环境保护费	人工费×1.50%	2 762.85	2	社会保障费		
2	文明施工费	人工费×1.00%	1 841.90	3	住房公积金		
3	工地器材搬运费	人工费×5.00%	9 209.50	4	危险作业意外伤害保险费		
4	工程干扰费	人工费×6.00%	11 051.40	(二)	企业管理费		
5	工程点交、场地清理费	人工费×5.00%	9 209.50	三	利润		
6	临时设施费	人工费×10.00%	18 419.00	四	税金		
7	工程车辆使用费	人工费×6.00%	11 051.40				

设计负责人:　　　审核:　　　编制:　　　编制日期:　　　年　月

表 2-9-2 表二各费用的计算与填写范例

工程名称:某城区线路工程　　建设单位名称:　　　表格编号:　　　第　全　页

序号	费用名称	依据和计算方法	合计(元)	序号	费用名称	依据和计算方法	合计(元)
I	II	III	IV	I	II	III	IV
	建筑安装工程费	一十二十三十四	48 435.24	(1)	技工费	技工总工日×48元/工日	7 680.00
一	直接费	(一)+(二)	39 772.46	(2)	普工费	普工总工日×19元/工日	0.00
(一)	直接工程费	1+2+3+4	37 582.70	2	材料费	(1)+(2)	27 902.70
1	人工费	(1)+(2)	7 680.00	(1)	主要材料费	原价+运杂费+运保费+采购保管费	27 090.00

续上表

序号	费用名称	依据和计算方法	合计(元)	序号	费用名称	依据和计算方法	合计(元)
Ⅰ	Ⅱ	Ⅲ	Ⅳ	Ⅰ	Ⅱ	Ⅲ	Ⅳ
(2)	辅助材料费	主要材料费×3.00%	812.70	10	运土费		
3	机械使用费			11	施工队伍调遣费		
4	仪表使用费		2 000.00	12	大型施工机械调遣费		
(二)	措施费	1~16之和	2 189.76	二	间接费	(一)+(二)	4 761.60
1	环境保护费	人工费×1.20%	92.16	(一)	规费	1+2+3+4	2 457.60
2	文明施工费	人工费×1.00%	76.80	1	工程排污费		
3	工地器材搬运费	人工费×1.30%	99.84		社会保障费	人工费×26.81%	2 059.01
4	工程干扰费	人工费×4.00%	307.20	3	住房公积金	人工费×4.19%	321.79
5	工程点交、场地清理费	人工费×3.50%	268.80	4	危险作业意外伤害保险费	人工费×1.00%	76.80
6	临时设施费	人工费×6.00%	460.80	(二)	企业管理费	人工费×30.00%	2 304.00
7	工程车辆使用费	人工费×6.00%	460.80	三	利润	人工费×30.00%	2 304.00
8	特殊地区施工增加费			四	税金	(一+二+三)×3.41%	1 597.18
9	已完工程及设备保护费						

设计负责人：　　　　审核：　　　　编制：　　　　编制日期：　　　年　　月

任务十　工程总费用的计算和表格填写

一、任务工单

项目名称	工程总费用计算和表格填写	建议课时	4	目标要求	1. 掌握设备、工器具购置费的计算，填写表(四)甲 2. 掌握工程建设其他费、预备费、利息的计算，填写表五 3. 掌握总费用的构成，填写表一
项目内容（工作任务）	1. 某程控交换机房交换设备安装单项工程主要设备下表所示，计算其设备、工器具购置费并填写表（四）甲。设备单价见下表(需要安装的设备运距1 000 km，不需要安装的设备运距100 km)<table><tr><td>序号</td><td>名称</td><td>规格(高×宽×厚)</td><td>单位</td><td>单价(元)</td><td>数量</td></tr><tr><td>1</td><td>交换设备硬件</td><td>2 200×600×600</td><td>套</td><td>400 000.00</td><td>2</td></tr><tr><td>2</td><td>交换设备软件</td><td></td><td>套</td><td>300 000.00</td><td>1</td></tr><tr><td>3</td><td>数字分配架</td><td>2 200×300×600</td><td>架</td><td>15 000.00</td><td>1</td></tr></table>				

续上表

续上表

序号	名称	规格(高×宽×厚)	单位	单价(元)	数量
4	光纤分配架	2 200×300×600	架	18 000.00	1
5	总配线架	JP×234 型 6 000 回线	架	60 000.00	1
6	维护终端		台	8 000.00	1
7	打印机		台	2 000.00	1
8	告警设备		盘	1 000.00	1
9	终端工作台椅	(不需要安装的设备)	套	2 500.00	1
10	维护、测试用工具	(不需要安装的设备)	套	3 000.00	10
11	实训控制服务器	(不需要安装的设备)	套	60 000	1
12	实训工作台	(不需要安装的设备)	套	1 500	12
13	实训操作终端	(不需要安装的设备)	套	5 000	60

项目内容
(工作任务)

2. 某项目的背景如下,计算其工程建设其他费并填写表五:

(1)本工程为交换机房 6 000 门用户的程控交换设备安装工程,投资估算 500 万元

(2)施工企业距施工现场 40 km

(3)施工用水电蒸汽费 1 000 元

(4)勘察设计费按合同计算为 30 000.00 元

(5)建设工程监理费按 40 000 元计取

(6)本工程设计新增定员 2 人,生产准备费指标为 1 200 元/人

(7)本工程不计取"建设单位管理费"、"已完工程及设备保护费"、"建设用地及综合赔补费"、"可行性研究费"、"研究试验费"、"环境影响评价费"、"劳动安全卫生评价费"、"工程质量监督费"、"工程定额测定费"、"工程保险费"、"工程招标代理费"、"建设期利息"

3. 以"任务二　基本图形绘制"中的背景作为表(四)甲(主要材料)、表(三)乙和表(三)丙的数据,以"任务三　图形编辑与填充"中的背景作为表二的数据,以"任务四　尺寸标注与文本处理"的背景作为表四(需要安装的设备、不需要安装的设备)和表五的数据,填写工程概预算总表(表一)(预备费计算时按通信设备安装工程处理)

工作要求

1. 个人独立完成

2. 根据提交的作品考核评分

3. 在开展下次任务之前提交作品

备注

提交作品要求:

1. 所有表格放入一个 Excel 文件

2. 命名:××班-××号-××

二、作业指导书

项目名称	工程总费用的计算和表格填写		建议课时	4
技术指标
(质量标准)	1. 计算结果的准确性
2. 表格填写的规范性			
仪器设备	计算机;CAD 制图平台;Office 平台			

续上表

项目名称	工程总费用的计算和表格填写	建议课时	4
相关知识	1. 设备、工器具购置费的计算方法 2. 工程建设其他费的计算方法		
项目实施环节 （操作步骤）	1. 设备、工器具购置费与表（四）甲 （1）计算方法 计费标准和计算规则为： 设备、工器具购置费＝设备原价＋运杂费＋运输保险费＋采购及保管费＋采购代理服务费 上式中： ①设备原价指供应价或供货地点价[设备、工器具原价指国产设备制造厂的供货地点价，进口设备的到岸价（包括货价、国际运费、运输保险费）] ②运杂费＝设备原价×设备运杂费费率 ③运输保险费＝设备原价×保险费费率0.4% ④采购及保管费＝设备原价×采购及保管费费率 ⑤采购代理服务费按实计列 （2）填表 参见表格填写范例，详情见表2-9-3和表2-9-4 2. 工程建设其他费与表五 （1）计算方法：基本上都是人工费×相应费率 （2）填表：参见表格填写范例，详情见2-9-5 3. 工程概预算总表（表一） （1）计算方法：基本上都是人工费×相应费率 （2）填表：参见表格填写范例，详情见2-9-6		
参考资料	"75"定额；通信建设工程施工机械、仪表台班定额		

三、考核标准与评分表

项目名称			工程总费用的计算和表格填写		实施日期	
执行方式		个人独立完成	执行成员	班级	组别	
考核标准	类别	序号	考核分项	考核标准	分值	考核记录 （分值）
	职业技能	1	设备、工器具购置费与表（四）甲	（1）计算方法和结果的准确性 （2）表格填写的规范性	50	
		2	工程建设其他费与表五	（1）计算方法和结果的准确性 （2）表格填写的规范性	20	
		3	总费用与表一	（1）计算方法和结果的准确性 （2）表格填写的规范性	20	
	职业素养	4	职业素养	随堂考察：规范、严谨求实的工作作风；任务实施过程中协作互助	10	
			总　分			

表 2-9-3 表(四)甲的填写规范与要求(需要安装的设备)

国内器材 预 算表表(四)甲

(需要安装设备)表

工程名称:某程控交换机房交换设备安装单项工程

建设单位名称:×××通信公司　　　　　　　　　　　表格编号:B4JS 第 全 页

序号	名称	规格程式	单位	数量	单价(元)	合计(元)	备注
I	II	III	IV	V	VI	VII	VIII
1	交换设备硬件	2 200×600×600	套	2	400 000.00	800 000.00	
2	交换设备软件		套	1	300000.00	300 000.00	
3	数字分配架	2 200×300×600	架	1	15 000.00	15 000.00	
4	光纤分配架	2 200×300×600	架	1	18 000.00	18 000.00	
5	总配线架	JP×234 型 6 000 回线	架	1	60 000.00	60 000.00	
6	维护终端		台	1	8 000.00	8 000.00	
7	打印机		台	1	2 000.00	2 000.00	
8	告警设备		盘	1	1 000.00	1 000.00	
	(1)小计[设备原价]					1 204 000.00	
	(2)运杂费[(1)×1.7%]					20 468.00	
	(3)运输保险费[(1)×0.4%]					4 816.00	
	(4)采购及保管费[(1)×0.82%]					9 872.80	
	合计[(1)~(4)之和]					1 239 156.80	

设计负责人:×××　　　审核:×××　　　编制:×××　　　编制日期:×××年××月

表 2-9-4 表(四)甲的填写规范与要求(不需要安装的设备)

国内器材 预 算表表(四)甲

(不需要安装设备)表

工程名称:某程控交换机房交换设备安装单项工程

建设单位名称:×××通信公司　　　　　　　　　　　表格编号: 第 全 页

序号	名称	规格程式	单位	数量	单价(元)	合计(元)	备注
I	II	III	IV	V	VI	VII	VIII
1	终端工作台椅		套	1	2 500.00	2 500.00	
2	维护、测试用工具		套	10	3 000.00	30 000.00	
3	实训控制服务器		套	1	60 000	60 000.00	

续上表

序号	名称	规格程式	单位	数量	单价(元)	合计(元)	备注
I	II	III	IV	V	VI	VII	VIII
4	实训工作台		套	12	1 500	18 000.00	
5	实训操作终端		套	60	5 000	300 000.00	
	(1)小计[1~5之和]					32 500.00	
	(2)运杂费[(1)×0.8%]					260.00	
	(3)运输保险费[(1)×0.4%]					130.00	
	(4)采购及保管费[(1)×0.41%]					133.25	
	合计[(1)~(4)之和]					33 023.25	

设计负责人：×××　　　　审核：×××　　　　编制：　　　　　　　编制日期：××年××月

表 2-9-5　表(五)甲的填写规范与要求

工程建设其他费　预　算表表(五)甲

工程名称：×××程控交换机房交换设备安装单项工程

建设单位名称：×××通信公司　　　　　　　　　表格编号：　　　第　全　页

序号	费用名称	计算依据及方法	金额(元)	备注
I	II	III	IV	V
1	建设用地及综合赔补费			
2	建设单位管理费			
3	可行性研究费			
4	研究试验费			
5	勘察设计费	按实计列	30 000.00	
6	环境影响评价费			
7	劳动安全卫生评价费			
8	建设工程监理费	按实计列	40 000.00	
9	安全生产费			
10	工程质量监督费			
11	工程定额测定费			

续上表

序号	费用名称	计算依据及方法	金额（元）	备注
Ⅰ	Ⅱ	Ⅲ	Ⅳ	Ⅴ
12	引进技术及引进设备其他费			
13	工程保险费			
14	工程招标代理费			
15	专利及专利技术使用费			
	总　计		70 000.00	
16	生产准备及开办费（运营费）	设计定员×生产准备费指标（元/人）	2 400.00	

设计负责人：×××　　　　审核：×××　　　　编制：××　　　　编制日期：×× 年 ×× 月

表 2-9-6　表一的填写规范与要求

工　程　预　算总表（表一）

建设项目名称：

工程名称：×××程控交换机房交换设备安装单项工程

建设单位名称：×××通信公司　　　　　　　　　　表格编号：　　　　　第　全　页

序号	表格编号	费用名称	小型建筑工程费	需要安装的设备费	不需要安装的设备、工器具费	建筑安装工程费	其他费用	预备费	总价值 人民（元）	其中外币（）
					（元）					
Ⅰ	Ⅱ	Ⅲ	Ⅳ	Ⅴ	Ⅵ	Ⅶ	Ⅷ	Ⅸ	Ⅹ	Ⅺ
1	B4J2、B4J3、B2	工程费		1 239 156.80	33 023.25	300 040.75			1 572 220.80	
2	B5J	工程建设其他费					70 000.00		70 000.00	
3		合计		1 239 156.80	33 023.25	300 040.75	70 000.00		1 642 220.80	
4		预备费：（合计×3%）						49 266.62		
5		总计		1 239 156.80	33 023.25	300 040.75	70 000.00	49 266.62	1 691 487.42	
6		生产准备及开办费					2 400.00		2 400.00	

设计负责人：×××　　　　审核：×××　　　　编制：×××　　　　编制日期：×× 年 ×× 月

课程十　数字传输系统

项目一　配置 2 M 电接口板

一、任务工单

项目名称	配置 2 M 电接口板	项目课时	4	目标要求	掌握 2 M 业务及单板的配置
项目内容 （工作任务）	配置中兴设备 2 M 电接口板： (1)每个小组根据指定中兴传输系统设备配置 2 M 接口板 (2)激活 2 M 接口，并做时隙交叉配置，与指定(另一小组)的 2 M 接口链接 (3)配置保护通道				
工作要求	1. 两个小组所配的接口连接状态进行验证 2. 遵守操作规程				
备注	进入实训室内需换鞋套				

二、作业指导书

项目名称	配置 2 M 电接口板	项目课时	4
技术指标 （质量标准）	无		
仪器设备	中兴 S330 设备		
相关知识	2 M 数据		
注意事项	无		
项目实施环节 （操作步骤）	1. 登录中兴网管 2. 安装单板：全选所有网元，双击网元，弹出单板管理界面，分别给各网元安装 2 M 单板(ET1) 3. 网元连接：全选所有网元，打开网元间连接配置对话框，根据实际系统设备连接情况进行具体的连接设置，填写回执单中的连接关系表(之前有操作过设备连接的任务，在这里就不再具体描述) 4. 业务配置：进行业务间选择"连接配置"，填写回执单中的业务配置时隙表 选择要配置业务的网元，选择设备管理→SDH 管理→业务配置，打开业务配置对话框。 5. 通道保护配置：在已配置 2 M 工作时隙通路的基础上，再配置经过另一个不同路由的保护时隙。配置方法与业务配置相同(之前已经学习过通道保护的配置，这里就不具体描述)。配置完成后填写回执单中的保护时隙配置表 6. 将所配置的接口用 2 M 线连接起来(在 DDF 架上环回)，并在网管中查看，连接后是否显示正常。若不正常，检查所做的配置是否正确		
参考资料	课本教材		

三、考核标准与评分表

项目名称	配置 2 M 电接口板				实施日期	
执行方式	分组合作、个人独立完成	执行成员	班级		组别	

考核标准	类别	序号	考核分项	考核标准	分值（分）	考核记录（分值）
	专业知识	1	通道保护的特点	回答是否正确	10	
	职业技能	2	单板配置	能否按照要求配置单板	10	
		3	2 M 业务配置	是否按要求配置 2 M 通道	15	
		4	通道保护连接	2 M 通道是否连接	15	
		5	通道测试	通道保护是否有效	10	
		6	标签	2 M 接口的标签是否规范	5	
	职业素养	7	流程	是否按照流程操作	10	
		8	合作	是否与对端小组沟通解决问题	10	
		9	互检	小组内其他成员的所配通道是否连接	5	
		10	记录工作	是否按要求做好记录	5	
		11	清理善后	工作完成后是否清理现场	5	
总　分						

项目二　制作月报报表

一、任务工单

项目名称	制作月报报表	项目课时	4	目标要求	掌握月度维护操作
项目内容（工作任务）	针对不同网元,完成以下任务： (1)测试发送光功率和接收光功率 (2)测试光接收灵敏度 (3)单板更换				
工作要求	每一组选择不同的电路 小组的每位成员必须参与和掌握,执行过程中老师对小组成员进行抽查,抽查到的成员成绩作为本小组的基本成绩 思考功率测试的意义 每一组选择不同的光板 小组的每位成员必须参与和掌握,执行过程中老师对小组成员进行抽查,抽查到的成员成绩作为本小组的基本成绩 思考如何选择测试点				
备注	进入实训室内需换鞋套				

二、作业指导书

项目名称	制作月报报表	项目课时	4
技术指标 （质量标准）	无		
仪器设备	中兴 S330 设备一套；光功率计、尾纤；2 M 误码仪；2 M 测试线		
相关知识	传输系统各性能指标的含义；日常维护规程		
注意事项	无		
项目实施环节 （操作步骤）	光功率测试： (1)光功率计的基本使用（以 WG 光表为例） ①光功率 a. 将待测纤接至光表的接收口 b. 按下"ON" c. 按下"λ" d. 按下"dBm" ②光源 a. 将待测光纤接至光表的发送口； b. 按下"ON" c. 按下相应的波长按钮 (2)发送光功率测试 ①将测试用尾纤的一端连接被测光板的 OUT 接口 ②将此尾纤的另一端连接光功率计的测试输入口 (3)接收光功率测试 ①设置光功率计的接收光波长 ②在本站，选择连接相邻站发光口（OUT）的尾纤 ③将此尾纤连接到光功率计的测试输入口 (4)光接收灵敏度 ①将误码测试仪、光可变衰减器与传输设备连接 ②误码仪设置，调整光衰 ③记录数据		
参考资料	课本教材		

三、考核标准与评分表

项目名称			制作月报报表				实施日期	
执行方式		分组合作、个人 独立完成	执行成员		班级		组别	
考核 标准	类别	序号	考核分项	考核标准			分值 （分）	考核记录 （分值）
	专业知识	1	灵敏度指标的含义	回答是否正确			10	
	职业技能	2	光功率	测量光功率操作是否正确			20	
		3	灵敏度	测试灵敏度操作是否正确			20	
		4	数据库备份	网管数据库是否做备份			10	
		5	单板更换	单板更换操作是否正确			10	
	职业素养	6	纪律	是否遵守日常维护的工作纪律			5	
		7	记录工作	是否按要求做好记录			20	
		8	清理善后	工作完成后是否清理现场			5	
			总　　分					

项目三　处理 LOS 故障

一、任务工单

项目名称	处理 LOS 故障	项目课时	4	目标要求	掌握电口 LOS 故障处理操作
项目内容 （工作任务）	某电口出现 LOS 故障如下图所示，排除该故障 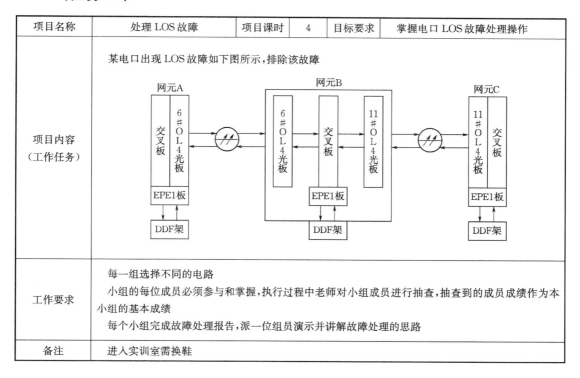				
工作要求	每一组选择不同的电路 小组的每位成员必须参与和掌握，执行过程中老师对小组成员进行抽查，抽查到的成员成绩作为本小组的基本成绩 每个小组完成故障处理报告，派一位组员演示并讲解故障处理的思路				
备注	进入实训室需换鞋				

二、作业指导书

项目名称	处理 LOS 故障	项目课时	4
技术指标 （质量标准）	无		
仪器设备	中兴 S330 设备一套；2 M 误码仪；2 M 测试线		
相关知识	故障告警基础知识		
注意事项	无		
项目实施环节 （操作步骤）	(1)首先在某站业务中断的 2 Mbit/s 端口所对应 DDF 架上，挂误码仪进行测试 (2)在 DDF 架上向误码仪侧做环回。如果环回后误码仪显示业务不正常，则说明是 DDF 架端口问题，如果正常，则继续下一步 (3)解除 DDF 架上的环回 在网管上，对某站 EPE1 板某端口做"终端侧环回"，如果环回后误码仪显示业务不通，则说明是 B 站 ZXMP S330 设备 EPE1 板到 DDF 架电缆问题 (4)解除某站 EPE1 板某端口 的"终端侧环回"		
参考资料	课本教材		

三、考核标准与评分表

项目名称			处理 LOS 故障			实施日期	
执行方式		分组合作、个人独立完成	执行成员	班级		组别	
考核标准	类别	序号	考核分项	考核标准		分值（分）	考核记录（分值）
	专业知识	1	LOS 故障原因	回答是否正确		10	
	职业技能	2	故障处理	LOS 故障是否排除		30	
		3	流程填写	处理流程是否填写正确		15	
		4	处理思路	处理思路是否清晰		10	
	职业素养	5	制度	是否按照制度上报故障		10	
		6	验证检查	故障处理完毕后是否验证		10	
		7	记录工作	是否按要求做好记录；是否有明确的判断结果		10	
		8	清理善后	工作完成后是否清理现场		5	
			总　　分				

项目四　处理 AIS 故障

一、任务工单

项目名称	处理 AIS 故障	项目课时	4	目标要求	掌握光口/电口 AIS 故障处理操作
项目内容（工作任务）	某网元的 EPE1 某端口出现 AIS 故障，排除该故障，如下图所示 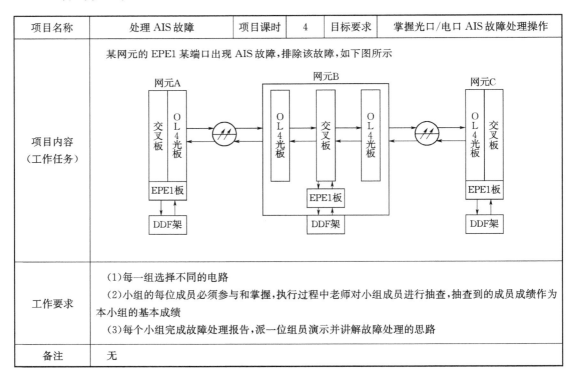				
工作要求	(1)每一组选择不同的电路 (2)小组的每位成员必须参与和掌握，执行过程中老师对小组成员进行抽查，抽查到的成员成绩作为本小组的基本成绩 (3)每个小组完成故障处理报告，派一位组员演示并讲解故障处理的思路				
备注	无				

二、作业指导书

项目名称	处理 AIS 故障		项目课时	4
技术指标 （质量标准）	无			
仪器设备	中兴 S330 设备一套；2 M 误码仪；2 M 测试线			
相关知识	故障告警基础知识			
注意事项				
项目实施环节 （操作步骤）	（1）先检查业务时隙（以下以 C 站端口 2 出现 AIS 故障为例进行描述，假设 C 站端口 2 与 A 站端口 2 有业务连接） （2）在 A 局业务中断的 2 Mbit/s 端口 2 所对应 DDF 架上，挂误码仪进行测试 （3）在 DDF 架上向误码仪侧做环回。如果环回后误码仪显示业务不正常，则说明是 DDF 架端口问题，如果正常则继续下一步 （4）解除 DDF 架上的环回 （5）在网管上，对 A 局的 S330 设备 EPE1 板端口 2 做"终端侧环回"，如果环回后误码仪显示业务不通，则说明 A 网元 S330 设备 EPE1 板到 DDF 架电缆问题；如果环回后误码仪显示业务正常，则继续环回定位 （6）解除 A 的 EPE1 板端口 2 的"终端侧环回" （7）对 C 局 EPE1 板端口 2 进行"线路侧环回"。如果环回后业务不通，故障就在 C；如果环回后误码仪显示业务正常，则继续环回定位 （8）解除 C 局 EPE1 板端口 2 的"线路侧环回" （9）在 C 的 DDF 架端口 2 上，对 A 局方向做环回。环回后如果误码仪显示业务不通，则说明是 C 的 DDF 架到 S330 设备的电缆问题，或 C 局 EPE1 支路板问题。若正常则说明是 DDF 架下面 C 局交换机的问题			
参考资料	课本教材			

三、考核标准与评分表

项目名称			处理 AIS 故障		实施日期		
执行方式		分组合作、个人独立完成	执行成员	班级		组别	
考核标准	类别	序号	考核分项	考核标准	分值（分）	考核记录（分值）	
	专业知识	1	AIS 故障产生机理	回答是否正确	10		
		2	AIS 告警信息的含义	回答是否正确	5		
	职业技能	3	故障处理	AIS 故障是否排除	30		
		4	流程填写	处理流程是否填写正确	10		
		5	处理思路	处理思路是否清晰	10		
	职业素养	6	制度	是否按照制度上报故障	10		
		7	验证检查	故障处理完毕后是否验证	10		
		8	记录工作	是否按要求做好记录；是否有明确的判断结果	10		
		9	清理善后	工作完成后是否清理现场	5		
			总　　分				

课程十一 铁路移动通信系统

项目一 场强仪的使用和场强的测量

一、任务工单

项目名称	场强仪的使用和场强的测量	项目课时	2	目标要求	掌握场强仪的使用和用场强仪测量场强 掌握场强电平的变换
项目内容 （工作任务）	对某一调制系统的场强电平参数测量，包括： (1)对 450 MHz 的 FM 系统的场强电平参数测量 (2)使用场强仪对调频广播信号的场强电平参数测量				
工作要求	1. 六人一组先讨论项目内容，5 min 2. 然后教师简单讲解及演示，10 min 3. 每位学生各自完成实训操作，65 min 4. 当场考核评分				
备注					

二、作业指导书

项目名称	场强仪的使用和场强的测量	项目课时	2
技术指标 （质量标准）	熟练操作		
仪器设备	通信场强仪；二台 电台(作发射信号用)；一台 直流稳压电源；一台		
相关知识	GMS-R 的基本工作原理；无线电传播的衰耗；场强中值的概念		
注意事项	通信场强仪使用时要注意正确设置接收带宽，操作要小心规范		
项目实施环节 （实训原理及 操作步骤）	1. 实训原理及仪器 　场强是电场强度的简称，它是天线在空间某点处感应电信号的大小，以表征该点的电场强度，其单位是微伏/米($\mu V/m$)，为方便起见，也有用 $dB\mu V/m$(0 dB＝1 μV) 　(1)场强测量 　当天线在空中与被测信号极化方向相同时取得最大感应信号，一般可用射频(RF)的有效值型电平表(电压表)来测量，其测量原理如下图所示		

续上表

项目名称	场强仪的使用和场强的测量	项目课时	2

| 项目实施环节
（实训原理及
操作步骤） | 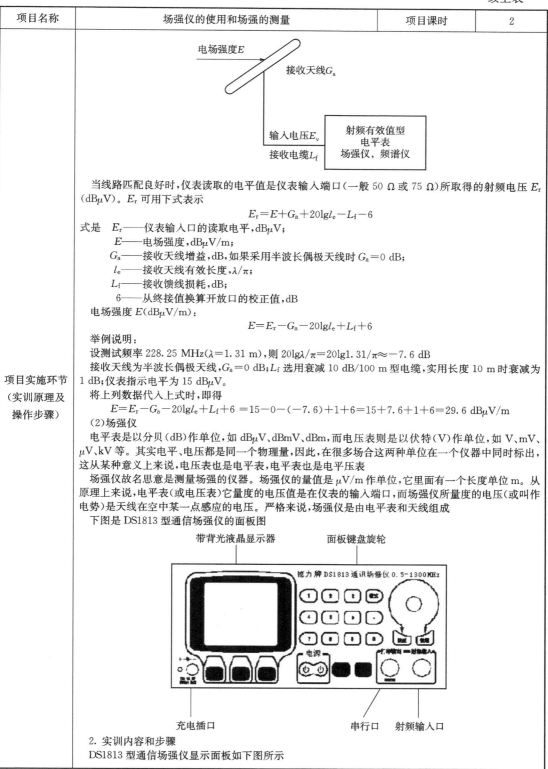

　　当线路匹配好时,仪表读取的电平值是仪表输入端口（一般 50 Ω 或 75 Ω）所取得的射频电压 E_r
（dBμV）。E_r 可用下式表示

$$E_r = E + G_a + 20\lg l_e - L_f - 6$$

式是　E_r——仪表输入口的读取电平,dBμV;
　　　　E——电场强度,dBμV/m;
　　　　G_a——接收天线增益,dB,如果采用半波长偶极天线时 $G_a = 0$ dB;
　　　　l_e——接收天线有效长度,λ/π;
　　　　L_f——接收馈线损耗,dB;
　　　　6——从终接值换算开放口的校正值,dB
　　电场强度 E（dBμV/m）:

$$E = E_r - G_a - 20\lg l_e + L_f + 6$$

　　举例说明:
　　设测试频率 228.25 MHz（$\lambda = 1.31$ m）,则 $20\lg\lambda/\pi = 20\lg1.31/\pi \approx -7.6$ dB
　　接收天线为半波长偶极天线,$G_a = 0$ dB;L_f 选用衰减 10 dB/100 m 型电缆,实用长度 10 m 时衰减为
1 dB;仪表指示电平为 15 dBμV。
　　将上列数据代入上式时,即得
　　$E = E_r - G_a - 20\lg l_e + L_f + 6 = 15 - 0 - (-7.6) + 1 + 6 = 15 + 7.6 + 1 + 6 = 29.6$ dBμV/m
　　（2）场强仪
　　电平表是以分贝（dB）作单位,如 dBμV、dBmV、dBm,而电压表则是以伏特（V）作单位,如 V、mV、
μV、kV 等。其实电平、电压都是同一个物理量,因此,在很多场合这两种单位在一个仪器中同时标出,
这从某种意义上来说,电压表也是电平表,电平表也是电平压表
　　场强仪故名思意是测量场强的仪器。场强仪的量值是 μV/m 作单位,它里面有一个长度单位 m。从
原理上来说,电平表（或电压表）它量度的电压值是在仪表的输入端口,而场强仪所量度的电压（或叫作
电势）是天线在空中某一点感应的电压。严格来说,场强仪是由电平表和天线组成
　　下图是 DS1813 型通信场强仪的面板图

　　2. 实训内容和步骤
　　DS1813 型通信场强仪显示面板如下图所示 |

项目名称	场强仪的使用和场强的测量	项目课时	2

| 项目实施环节
（实训管理及
操作步骤） | 时间显示区　　　　　　功能指示区

01:41:16　　电平测量
频率　0099.0000MHz
电平　35.5 dBμV
　　　　　　　　38.0
音量
步进 030.0K　模式 WFM
步进　　音量　　频率
屏幕软键F1　　软键F2　　软键F3　　　正文区

(1)开机
(2)设置测量频率
①按下软键 F3 使"频率"置为反显后,按动快增、快减键或转动旋轮,将按照步进频率改变频率
②按动数字输入测量频率后,按下软键 F1"确认",可以改变测量的频率
(3)改变接收模式
按动模式键将顺序改变接收模式,其顺序是:FM(窄带调频)→WFM(宽带调频)→LSB(下边带)→USB(上边带)→AM(调幅)→CW(等幅电报)→FM
(4)改变音量大小
按下软键 F2 使"音量"置为反显后,按动快增、快减键或转动旋轮将 改变音量大小
(5)在屏幕上读取
读取上图的"电平"值 |
| 参考资料 | |

三、考核标准与评分表

项目名称			场强仪的使用和场强的测量		实施日期	
执行方式		分组合作、个人独立完成	执行成员	班级	组别	
考核标准	类别	序号	考核分项	考核标准	分值	考核记录（分值）
	职业技能	1	步进频率的设置操作	随堂考察:步进频率的设置操作是否规范 随机抽查:随机抽取学生和问题进行回答或操作演示	20	
		2	场强仪的频率的设置	随堂考察:场强仪的频率的设置 随机抽查:随机抽取学生和问题进行回答或操作演示	30	
		3	场强值的读数	随堂考察:场强值的读数是否正确 随机抽查:随机抽取学生和问题进行回答或操作演示	40	
	职业素养	4	职业素养	随堂考察:实训过程中的认真程度和态度	10	
总　分						

项目二 电台发射功率的测试

一、任务工单

项目名称	电台发射功率的测试	项目课时	2	目标要求	了解电台的操作使用方法,通过实验掌握用通过式功率计测量发射机的载频输出功率和通过测量天线的正向和反向功率计算天线的驻波比的方法
项目内容 (工作任务)	完成对电台发射功率测量方法的电缆连接,用不同的方法实现对电台正向和反向功率的测试,通过测试数据计算天线的驻波比				
工作要求	1. 六人一组先讨论项目内容,5 min 2. 然后教师简单讲解及演示,15 min 3. 每位学生各自完成实训操作,60 min 4. 当场考核评分				
备注					

二、作业指导书

项目名称	电台发射功率的测试	项目课时	2
技术指标 (质量标准)	熟练操作、读数准确		
仪器设备	电台;一套 综合测试仪;一台 通过式功率计;一台(包括 450 MHz 检波头一个) 直流稳压电源;一台		
相关知识	电台发射的功率;驻波比的概念		
注意事项	1. 综合测试仪为贵重仪表,注意按照实验室有关规定操作 2. 通过式功率计测量前一定要注意检波头是否压入到位,锁定旋钮转动时不可用力过猛,以免损坏 3. 在进行正反向功率测试的转换时,切记要关发射机,不然会烧坏检波头		
项目实施环节 (操作步骤)	1. 连接好电台设备,电台加电检查其工作是否正常 连接线路示意图如下图所示 		

续上表

项目名称	电台发射功率的测试	项目课时	2
项目实施环节 （操作步骤）	2. 关闭电台电源，将高频电缆与天线连接的高频接头松开，接入通过式功率计，将检波头压入功率计的顶部槽口内，注意要到位，并转动锁定旋钮固定检波头 3. 先将功率计测试箭头扳向天线端，摘机按 PTT 按键，功率计表头指示为输出功率（正向功率），松开 PTT 按键使电台停止发射，将测试箭头扳向主机高频电缆端，摘机按 PTT 按键功率计表头指示为反射功率（反向功率），记录正反向功率。按下式计算驻波比： $$S=\dfrac{1+\sqrt{反向功率\div正向功率}}{1-\sqrt{反向功率\div正向功率}}$$ 每一种功率测试二次，将结果记录在实验报告 4. 用终端式功率计测量功率（选做） 了解屏蔽室的结构及屏蔽原理，屏蔽室的接地电阻要求；了解并熟悉 R/S 公司 CMS50 综合测试仪的面板结构各按键、旋钮功能；了解 CMS50 的屏幕显示区各功能区的作用及菜单显示的参数调整；了解作为单独仪表使用时，作功率计的使用方法；测量电台输出功率		
参考资料			

三、考核标准与评分表

项目名称			电台发射功率的测试		实施日期	
执行方式	分组合作、个人独立完成	执行成员	班级		组别	
考核标准	类别	序号	考核分项	考核标准	分值	考核记录（分值）
	职业技能	1	电台频率的设置	随堂考察：操作是否规范 随机抽查：随机抽取学生和问题进行回答或操作演示	20	
		2	电台发射的操作	随堂考察：操作是否规范 随机抽查：随机抽取学生和问题进行回答或操作演示	20	
		3	正向和反向功率测试的操作	随堂考察：操作是否规范 随机抽查：随机抽取学生和问题进行回答或操作演示	30	
		4	功率值的读数	随堂考察：功率值的读数是否正确 随机抽查：随机抽取学生和问题进行回答或操作演示	20	
	职业素养	5	职业素养	随堂考察：实训过程中的认真程度和态度	10	
			总　　分			

项目三 驻波比测试仪的使用

一、任务工单

项目名称	驻波比测试仪的使用	项目课时	2	目标要求	了解驻波比测试仪及其使用方法
项目内容（工作任务）	使用驻波比测试仪完成对 GSM-R 数字移动通信系统馈线的驻波比测试				
工作要求	1. 六人一组先讨论项目内容，5 min 2. 然后教师简单讲解并演示，10 min 3. 每位学生各自完成实训操作，65 min 4. 当场考核评分				
备注					

二、作业指导书

项目名称	驻波比测试仪的使用	项目课时	2
技术指标（质量标准）	熟练操作、读数准确		
仪器设备	驻波比测试仪：一台		
相关知识	GMS-R 的基本工作原理、驻波比的概念		
注意事项	驻波比测试仪属于精密设备，操作要小心规范		
项目实施环节（测试仪器及操作步骤）	1. JD724C 天馈线测试仪 大多的移动网络的故障起源于基站的天馈线系统（包括天线、馈线和射频链接器件）。传输线、天线及其连接件长期暴露在恶劣的室外环境条件下，这些部件易于遭受各种自然和人为（雨雾锈蚀、雨水积渗、外力造成的馈线及接头变形）的损坏，从而产生故障。在基站的安装、开通及日常的维护中保证天馈线系统工作在最优状态是很重要的 由于大多数天线的外在特性几乎是开路的，因此检查/测试天馈线的损耗不需要断开与天线的连接或爬到塔上，而只需要在天馈线测试仪上，进行天线频率范围外的频率校正，然后，连接到传输线的输入端就可以进行电缆损耗的测试 JD724C 具有精确测量传输线和天线系统的所有必要功能，从驻波比（回损）、故障点距离、天馈线损耗到发射机功率测量 (1)JD724C 正视图[下图(a)] (2)JD724C 俯视图[下图(b)] 2. 实训内容和步骤 (1)驻波比测试 步骤： ①连接 在软测试线一端连接"RF OUT"，另一端配上合适的测试转换接头，连接到跳线上或被测的天线、馈线上		

续上表

项目名称	驻波比测试仪的使用	项目课时	2

项目实施环节
（测试仪器及
操作步骤）

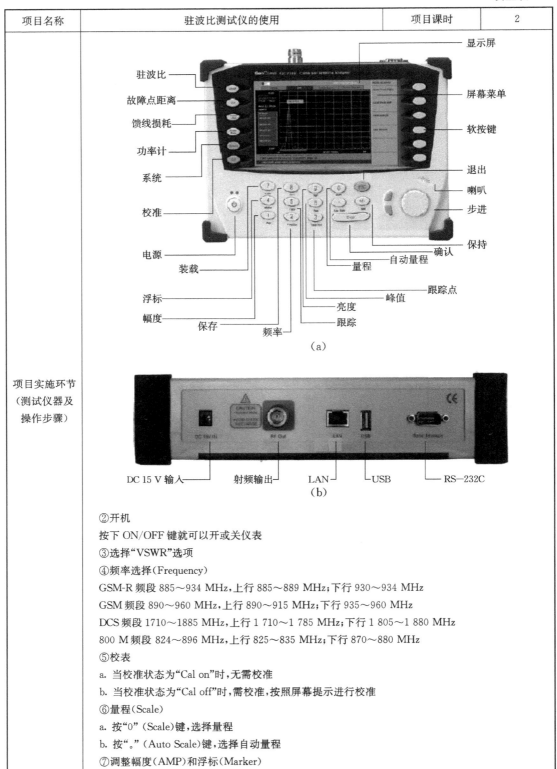

（a）

（b）

②开机

按下 ON/OFF 键就可以开或关仪表

③选择"VSWR"选项

④频率选择（Frequency）

GSM-R 频段 885～934 MHz，上行 885～889 MHz；下行 930～934 MHz

GSM 频段 890～960 MHz，上行 890～915 MHz；下行 935～960 MHz

DCS 频段 1710～1885 MHz，上行 1 710～1 785 MHz；下行 1 805～1 880 MHz

800 M 频段 824～896 MHz，上行 825～835 MHz；下行 870～880 MHz

⑤校表

a. 当校准状态为"Cal on"时，无需校准

b. 当校准状态为"Cal off"时，需校准，按照屏幕提示进行校准

⑥量程（Scale）

a. 按"0"（Scale）键，选择量程

b. 按"。"（Auto Scale）键，选择自动量程

⑦调整幅度（AMP）和浮标（Marker）

续上表

项目名称	驻波比测试仪的使用	项目课时	2

| 项目实施环节
（测试仪器及
操作步骤） | 显示如下图所示

①测量类型：VSWR-VSWR or VSWR-Return Loss
②校准信息：显示校准状态
③点数：在一条迹线上显示的测量点数，越多曲线就越平滑（126、251、501或1 001）
④平均值：显示当前迹线的平均值
⑤频率范围
⑥频带名称：如果选择了预先定义的频带，频带名称会显示。如果用户通过设置start，stop，center or span frequency来自定义测量范围，频带名会显示为"CUSTOM"（自定义）
⑦迹线信息：最多4条迹线可同时显示
⑧限值：当用户设置了测量值上限，则迹线超过上限值的部分会显示为红色
⑨浮标信息：最多可同时显示6个浮标

（2）馈线损耗测试
步骤：
①连接
②开机
③测试的选择"Cable Loss"
④频率选择（Frequency）
⑤校表
⑥量程（Scale）
⑦调整幅度（AMP）和浮标（Marker）
显示如下图所示

①显示类型：Cable Loss
②校准信息：显示校准有效或失效
③点数：在一条迹线上显示的测量点数，越多曲线就越平滑（126、251、501或1 001）
④平均值：显示当前迹的平均值
⑤频率范围
⑥频带名称：如果选择了预先定义的频带，频带名称会显示。如果用户通过设置start，stop，center or span frequency来自定义测量范围，频带名会显示为"CUSTOM"（自定义）
⑦迹线信息：最多4条迹线可同时显示
⑧限值：当用户设置了测量值上限，则迹线超过上限值的部分会显示为红色
⑨浮标信息：最多可同时显示6个浮标 |

| 参考资料 | |

三、考核标准与评分表

项目名称			驻波比测试仪的使用		实施日期		
执行方式	分组合作、个人独立完成		执行成员	班级		组别	
考核标准	类别	序号	考核分项	考核标准		分值	考核记录（分值）
	职业技能	1	频率设置	随堂考察:设置操作是否按规范操作 随机抽查:随机抽取学生和问题进行回答或操作演示		20	
		2	校表	随堂考察:校表操作是否正确 随机抽查:随机抽取学生和问题进行回答或操作演示		20	
		3	测试	随堂考察:测试操作是否按规范操作,读数是否正确 随机抽查:随机抽取学生和问题进行回答或操作演示		50	
	职业素养	4	职业素养	随堂考察:实训过程中的认真程度和态度		10	
				总　　分			

项目四　馈线头的制作及天馈连接

一、任务工单

项目名称	馈线头的制作及天馈连接	项目课时	2	目标要求	了解天馈系统的结构 掌握馈线头的制作及与天线的连接方法
项目内容（工作任务）	完成一个馈线头的制作,并把制作好的馈线有与天线连接				
工作要求	1. 六人一组先讨论项目内容,5 min 2. 然后教师简单讲解及演示,10 min 3. 每位学生各自完成实训操作,65 min 4. 当场考核评分				
备注					

二、作业指导书

项目名称	馈线头的制作及天馈连接	项目课时	2
技术指标（质量标准）	熟练操作		
仪器设备	每组一套工具,包含天线、天馈线维护工具箱、电缆、胶带、胶泥		
相关知识	GMS-R 的基本工作原理和天馈系统结构		

续上表

项目名称	馈线头的制作及天馈连接	项目课时	2
注意事项	操作要小心规范,注意安全		
项目实施环节 (操作步骤)	1. 把馈线外皮剥去 8 个波纹长度 2. 使用馈线切割刀将内层铜皮剥去 4 个波纹长度且注意留下波峰(即在波峰处下刀) 3. 把内部导体磨平,留下 12 mm 长度 4. 把接头拧开,把橡胶防水圈套入馈线铜皮槽中,带有收紧扣一端套入馈线 5. 收紧后将中心导体插入接头另一端内,拧紧(注意此时只能拧带馈线一端) 6. 注意用胶泥胶布做好防水,也可以用热缩套管 7. 把馈线连接到天线		
参考资料			

三、考核标准与评分表

项目名称	馈线头的制作及天馈连接				实施日期	
执行方式	分组合作、个人独立完成	执行成员	班级		组别	

<table>
<tr><td rowspan="6">考核标准</td><td>类别</td><td>序号</td><td>考核分项</td><td>考核标准</td><td>分值</td><td>考核记录（分值）</td></tr>
<tr><td rowspan="4">职业技能</td><td>1</td><td>馈线头制作</td><td>随堂考察:操作是否按规范操作
随机抽查:随机抽取学生和问题进行回答或操作演示</td><td>40</td><td></td></tr>
<tr><td>2</td><td>原件摆放</td><td>随堂考察:原件摆放是否整齐</td><td>10</td><td></td></tr>
<tr><td>3</td><td>工具使用</td><td>随堂考察:工具使用使用是否规范</td><td>10</td><td></td></tr>
<tr><td>4</td><td>连接正确</td><td>随堂考察:连接是否规范</td><td>30</td><td></td></tr>
<tr><td>职业素养</td><td>5</td><td>职业素养</td><td>随堂考察:实训过程中的认真程度和态度</td><td>10</td><td></td></tr>
<tr><td colspan="5" align="center">总　　分</td><td></td></tr>
</table>

项目五　基站天线的安装

一、任务工单

项目名称	基站天线的安装	项目课时	2	目标要求	了解天馈系统的结构 掌握基站天线的安装及方位角、俯仰角调整方法
项目内容（工作任务）	完成一个站天线的安装及方位角、俯仰角调整,并把天线与馈线连接				
工作要求	1. 六人一组先讨论项目内容,5 min 2. 教师简单讲解及演示,10 min 3. 每位学生各自完成实训操作,65 min 4. 当场考核评分				
备注					

二、作业指导书

项目名称	基站天线的安装	项目课时	2
技术指标 （质量标准）	熟练操作		
仪器设备	每组：天线、天馈线维护工具箱、电缆、胶带、胶泥		
相关知识	GMS-R 的基本工作原理和天馈系统结构		
注意事项	操作要小心规范，注意安全		
项目实施环节 （操作步骤）	1. 架设天线前，应对天线进行检查和测试。天线的振子应水平放置，相邻振子间应平行，振子的固定件应采用弹簧垫和平垫，固定牢固。馈线应固定好，并在接头处留出防水弯 2. 将天线组装在横担上，用绳子通过杆顶滑轮，将组装好的天线的横担吊到安装位置，用天线卡子固定在天线杆上 3. 各频道天线按上述做法组装在天线杆上的安装位置，其原则为高频道天线在上边，低频道天线在下边，层间距离大于 $\lambda/2$ 4. 使用罗盘仪，确定天线指定的方位角 5. 把坡度仪贴着天线，确定天线指定的俯仰角 6. 将天线固定 7. 连接馈线并做相应的防水处理		
参考资料			

三、考核标准与评分表

项目名称		基站天线的安装			实施日期	
执行方式	分组合作、个人独立完成	执行成员	班级		组别	
考核标准	类别	序号	考核分项	考核标准	分值	考核记录（分值）
	职业技能	1	天线的安装	随堂考察：安装操作是否按规范操作 随机抽查：随机抽取学生和问题进行回答或操作演示	40	
		2	原件摆放	随堂考察：原件摆放是否整齐	10	
		3	工具使用	随堂考察：工具使用使用是否规范	10	
		4	方位角、俯仰角调整	随堂考察：调整是否规范	30	
	职业素养	5	职业素养	随堂考察：实训过程中的认真程度和态度	10	
			总　分			

课程十二　接入技术与设备

项目一　ADSL 接入

一、任务工单

项目名称	ADSL 接入	项目课时	2	目标要求	1. 掌握 ADSL 设备的网络位置及连接方法 2. 学会开通一个 ADSL 用户
项目内容 （工作任务）	动手连接 ADSL 的用户端设备，对 ADSL Modem 进行数据配置，并验证连接成功				
工作要求	在用户端进行验证，要求能打开网页				
备注					

二、作业指导书

项目名称	ADSL 接入	项目课时	2
仪器设备	ADSL Modem；分离器；电脑		
相关知识	1. ADSL 组网结构 2. ADSL 数据配置		
注意事项	无		
项目实施环节 （操作步骤）	1. 硬件连接 将 ADSL Modem、分离器、电脑按下图连接 2. ADSL Modem 的设置 华为的 SmartAX MT800 出厂时默认的 IP 地址是"192.168.1.1，子网掩码为"255.255.255.0" 将电脑的 IP 地址设为与 ADSL Modem 的 IP 为同一网段，在电脑上打开 IE 浏览器 在地址栏中输入"192.168.1.1"，即可联机到 ADSL Modem 的管理页面 打开后输入默认的用户名：admin；密码：admin，即可进入管理页面进行设定 3. 客户机的配置 (1)ADSL Modem 的设置 单击"ATM 设置"，查找 VPI/VCI 值(0/35)；在 ATM 设置页，选择"允许"，PPP、PPPoE 输入运营商提供的上网账号"blz0161483"和密码"62595055"；保存重启生效 (2)客户机的配置 由于现在 ADSL Modem 成为了网关，计算机的 IP 地址必须与 ADSL Modem 同网段，默认网关地址应填写 ADSL Modem 的 IP 地址，DNS 设置为 202.103.225.68。连接 Internet 并检查连接成功		
参考资料			

三、考核标准与评分表

项目名称		ADSL 接入				实施日期	
执行方式		独立完成	执行成员	班级		组别	
考核标准	类别	序号	考核分项	考核标准		分值	考核记录（分值）
	职业技能	1	硬件连接	正确连接 ADSL Modem、分离器、PC		20	
		2	正常上网	准确画出机房设备间的连线		60	
	职业素养	3	职业素养	项目结束后收拾好实验设备		20	
				总　分			
执行情况记录		填写要求： 包括执行人员分工情况、任务完成流程情况、任务执行过程中所遇到的问题及处理情况					

项目二　WLAN 接入

一、任务工单

项目名称	WLAN 接入	项目课时	2	目标要求	掌握 WLAN 数据配置
项目内容（工作任务）	配置无线路由器，实现 Internet 连接				
工作要求	在用户端进行验证，要求能打开网页				
备注					

二、作业指导书

项目名称	WLAN 接入	项目课时	4
仪器设备	无线路由；电脑		
相关知识	1. WLAN 组网结构 2. 无线路由数据配置		
注意事项	无		
项目实施环节（操作步骤）	1. 登录无线宽带路由器 　局域网环境下，通过网线将无线宽带路由器与 L2 交换机连接，无线宽带路由器 WAN 口接 2 层交换机，LAN 口接 PC，将本机 IP 改为 192.168.1.X，打开 IE 浏览器，在地址栏输入 192.168.1.1 登录无线宽带路由，登录的用户名和密码都是 admin 　2. 对无线宽带路由器进行配置 　进入无线宽带路由器，采用静态 IP 方式配置，将宽带路由器的 WAN 口 IP 地址配置为校园网 IP，即 192.168.72.X，网关：192.168.72.254，DNS：202.103.225.68 　设置无线网络的 SSID 号，加密方式及密码 　3. 在用户终端进行验证 　在用户端打开浏览器，输入网址，成功打开网页即可 　因实验设备问题，学生分若干组进行		
参考资料			

三、考核标准与评分表

项目名称			WLAN 接入			实施日期	
执行方式		独立完成	执行成员	班级		组别	
考核标准	类别	序号	考核分项	考核标准		分值	考核记录（分值）
	职业技能	1	正常上网	在用户端正常打开网页		80	
	职业素养	2	职业素养	项目结束后收拾好实验设备		20	
	总　分						
执行情况记录	填写要求： 包括执行人员分工情况、任务完成流程情况、任务执行过程中所遇到的问题及处理情况						

项目三　RJ-45 头制作

一、任务工单

项目名称	RJ-45 头制作	项目课时	2	目标要求	掌握 RJ-45 接头的制作方法
项目内容（工作任务）	按 T568B 标准制作直通线，并用测试仪进行测试				
工作要求	用测试仪测试成功				
备注					

二、作业指导书

项目名称	RJ-45 头制作	项目课时	2
仪器设备	非屏蔽双绞线；水晶头；网线钳；网线测试仪		
相关知识	1. 双绞线的定义及类别 2. RJ-45 接头的制作方法		
注意事项	无		

项目名称	RJ-45 头制作	项目课时	2
项目实施环节 （操作步骤）	1. 按顺序把线排好，把线夹断，注意断面平整 网线有 4 对 8 芯，颜色分别为：白橙、橙，白绿、绿，白蓝、蓝，白棕、棕。 T568A 标准：1－绿白，2－绿，3－橙白，4－蓝，5－蓝白，6－橙，7－棕白，8－棕 T568B 标准：1－橙白，2－橙，3－绿白，4－蓝，5－蓝白，6－绿，7－棕白，8－棕 1.2 用于发送，3.6 用于接 直通线：两头都按 T568B 线序标准连接 2. 把线塞入水晶头中，并将水晶头夹紧 3. 用网线测试仪对做好的网线进行测试 两端都做好水晶头后即可用网线测试仪进行测试，如果测试仪上 8 个指示灯都依次为绿色闪过，证明网线制作成功。否则说明断路或接触不良或线序排错 		
参考资料			

三、考核标准与评分表

项目名称			RJ-45 头制作		实施日期	
执行方式		独立完成	执行成员	班级		组别
考核标准	类别	序号	考核分项	考核标准	分值	考核记录 （分值）
	职业技能	1	测试成功	测试仪上 8 个指示灯都依次为绿色闪过	80	
	职业素养	2	职业素养	项目结束后收拾好实验设备	20	
	总　分					
执行情况记录	填写要求： 包括执行人员分工情况、任务完成流程情况、任务执行过程中所遇到的问题及处理情况					

项目四　EPON 接入网结构及设备

一、任务工单

项目名称	EPON 接入网结构及设备	项目课时	2	目标要求	1. 掌握 EPON 的组网结构 2. 掌握各设备的结构及功能
项目内容 （工作任务）	参观学院实训室接入设备,记录 PON 的系统结构及核心设备 ZXA10 C200 的硬件结构和单板功能				
工作要求	画出 PON 系统连接图 画出 ZXA10 C200 的硬件结构图,并说明 ZXA10 C200 单板功能				
备注					

二、作业指导书

项目名称	EPON 接入网结构及设备	项目课时	2
仪器设备	ZXA10 C200;光分路器;IBX1000		
相关知识	PON 的系统结构		
注意事项	无		
项目实施环节 （操作步骤）	1. 观察并记录 ZXA10 C200 面板及端口 | FF	IPFB	I	IMCIB	I
---	---	---	---	---
A	11、EPFC		44、EC4G	
N				
A	22、EPFC		55、EC4GM	
N	33		66		 (1)电源板 PFB 面板上有电源指示灯(PWR)、电源开关及电源插座,提供－48 V 电源输出及系统的电源过滤、过压、低压检测 (2)管理接口板 MCIB 管理接口板提供 4 FE 网管接口:Q 接口、A 接口、STC1 接口和 STC2 接口 网管管理 Q 接口用来与网管互联,接受网管的配置、维护、性能查询等管理,接口形式为 10/100 M 自适应 A 功能网口是为了今后的扩展功能,例如接 radius 服务器、软交换设备或视频认证服务器等 STC 预留接口 (3)主控交换板 EC4GM 可同时承担 2 GE 光接口＋2 电接口的上联接口板作用,具有 68 G 的交换能力,用于交换、汇聚各线卡的以太网数据业务 (4)EPFC 板 局端 EPON 业务板,EPFC 板下联 ONT,每个 PON 口可接 32 个 ONT 或 64 个 ONU (5)风扇板 FAN 提供系统风扇,可以根据环境情况自动开关风扇,并能自动检测风扇状态 2. 观察并记录分光器及中兴 F460 端口 3. 动手将以上设备与视频服务器、WEB 服务器、SS 连接好,如下图所示

续上表

项目名称	EPON 接入网结构及设备	项目课时	2
项目实施环节 （操作步骤）	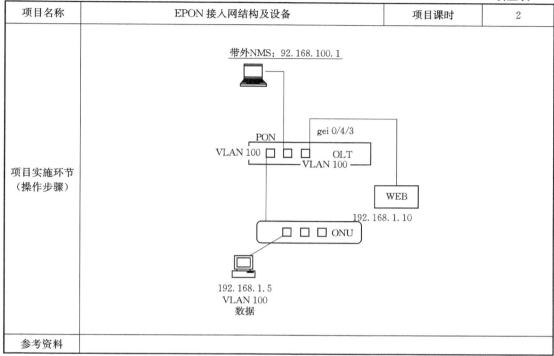		
参考资料			

三、考核标准与评分表

项目名称			EPON 接入网结构及设备		实施日期	
执行方式		独立完成	执行成员	班级	组别	

考核标准	类别	序号	考核分项	考核标准	分值	考核记录 （分值）
	职业技能	1	PON 系统结构	能正确将 OLT、ONU、SS、WEB 服务器等连接，画出 PON 的系统结构图	40	
		2	ZXA10 C200 硬件	能正确画出 ZXA10C200 面板图，并正确说明各单板作用	40	
	职业素养	3	职业素养	项目结束后收拾好实验设备	20	
	总　　分					

情况 记录	填写要求： 包括执行人员分工情况、任务完成流程情况、任务执行过程中所遇到的问题及处理情况

项目五　ZXA10 C200 数据业务配置

一、任务工单

项目名称	ZXA10 C200 数据业务配置	项目课时	2	目标要求	掌握 ZXA10 C200 数据业务配置方法
项目内容 （工作任务）	登录 C200，进行物理数据配置，添加并注册 ONU，开通数据业务				
工作要求	成功配置数据，在 PC 上 ping 通 WEB 服务器				
备注					

二、作业指导书

项目名称	ZXA10 C200 数据业务配置	项目课时	4
仪器设备	ZXA10 C200 一套；客户端若干		
相关知识	1. ZXA10 C200 硬件知识 2. EPON 理论		
注意事项	无		
项目实施环节 （操作步骤）	1. 登录 C200 当计算机可以 ping 通设备带内/带外地址时，可以使用 Telnet 方式登录设备 实验室 C200 带外 IP 地址（即 Q 口地址）是：192.168.100.1，可采用 Telnet 的方式从 Q 口登录。登录密码如下： Username：zte Password：zte Enable Password：zxr10 2. 系统配置清除 ZXAN#cd cfg ZXAN#dir ZXAN#del cfg startrun. sav ZXAN#del cfg startrun. dat ZXAN#reboot 3. 物理配置 (1)机架配置 进入全局配置模式 ZXAN#con ter 在第一次配置系统时用＜add-rack＞命令添加机架 ZXAN(config)#add-rack rackno 0 racktype ZXPON 注：目前只能增加 1 个机架，因此"rackno"只能选 0 (2)机框配置 进入全局配置模式 在第一次配置系统时用＜add-shelf＞命令添加机框 ZXAN(config)#add-shelf　rackno 0 shelfno 0 shelftype ZXA10C200-A 注：目前只能增加 1 个机框，因此"shelfno"只能选 0 (3)单板配置 在 1 号槽位添加 EPFC 单板 ZXAN(config)#add-card rackno 0 shelfno 0 slotno 1 EPFC (4)显示单板配置 用＜show card＞命令显示 C220 系统当前的所有单板配置和状态 ZXAN#show card		

项目名称	ZXA10 C200 数据业务配置	项目课时	4

项目实施环节
（操作步骤）
	4. 注册 ONU
	（1）添加 ONU 类型
	Pon
	onu-type epon ZTE-F460 description F460
	onu-if ZTE-F460 eth_0/1
	onu-if ZTE-F460 eth_0/2
	onu-if ZTE-F460 eth_0/3
	onu-if ZTE-F460 eth_0/4
	onu-if ZTE-F460 pots_0/1
	onu-if ZTE-F460 pots_0/2
	onu-if ZTE-F460 wifi_0/1
	clock-mode 1 local
	（2）注册 ONU
	进入 EPON 的 OLT 接口模式（即进入 PON 口下）
	  ZXAN#configure terminal
	  ZXAN(config)#interface epon-olt_0/1/1
	用＜show onu unauthentication＞命令显示端口未注册的 ONU 信息
	  ZXAN(config-if)#show onu unauthentication epon-olt_0/1/1
	如果发现 PON 口下有未认证的 ONU，则记录下 MAC 地址
	（3）添加 ONU
	用＜onu＞命令注册 ONU 的 MAC 地址信息
	  ZXAN(config-if)#onu 1 type ZTE-F460 mac 00d0. d05f. 88ca
	显示端口下已经注册的 ONU 信息，查看注册是否成功
	  ZXAN(config-if)#show onu authentication epon-olt_0/1/1
	（4）设置 ONU 速率及认证 ONU
	进入相应的 ONU 接口模式
	  ZXAN(config)#interface epon-onu_0/1/1:1
	用＜bandwidth＞命令设置用户的上下行流量
	  ZXAN(config-if)#bandwidth upstream maximum 5120
	  ZXAN(config-if)#bandwidth downstream maximum 10240
	启用接口的认证协议
	  ZXAN(config-if)#authentication enable
	（开通 ONU，新添加的 ONU，默认状态是未开通的，故需要执行此命令，否则业务不通）
	（5）设置 ONU 接口（PON 口）的 VLAN 数据
	用＜switchport＞命令设置接口的 VLAN 模式和 VLAN ID 号
	  ZXAN(config)#vlan 100
	  ZXAN(config-vlan)#exit
	  ZXAN(config)#interface epon-onu_0/1/1：1
	  ZXAN(config-if)#switchport mode trunk
	  ZXAN(config-if)#switchport vlan 100 tag
	  ZXAN(config-if)#exit
	（6）设置 ONU 接口（PON 口）的 VLAN 数据将上联口加入 VLAN 中
	假设上联口是 gei_0/4/3
	  ZXAN(config)#interface gei_0/4/3
	  ZXAN(config-if)#switchport mode hybrid
	  ZXAN(config-if)#switchport default vlan 100
	  ZXAN(config-if)#exit
	（7）配置 ONU 的以太网口，即用户口
	进入 pon-onu-mng 接口
	  ZXAN(config)#pon-onu-mng epon-onu_0/1/1：1

项目名称	ZXA10 C200 数据业务配置	项目课时	4
项目实施环节 （操作步骤）	用＜interface＞命令打开相应的协议 　　ZXAN(epon-onu-mng)＃interface eth eth_0/1 phy-state enable(使能端口) 　　ZXAN(epon-onu-mng)＃ vlan port eth_0/1 mode tag vlan 100 priority 7 （设置端口模式为 tag,并将端口加入 vlan100 中,优先级为 7 最高级） 　　ZXAN＜epon-onu-mng＞＃ save 　　ZXAN＜epon-onu-mng＞＃ reboot(重启 ONU) 　　ZXAN＃ write　　//保存 可以用＜show onu running config＞命令查看 ONU 远程配置命令 ZXAN＃ show onu running config epon-onu_0/1/1∶1		
参考资料			

三、考核标准与评分表

项目名称	ZXA10 C200 数据业务配置				实施日期	
执行方式	3～4 人一组	执行成员	班级		组别	

考核标准	类别	序号	考核分项	考核标准	分值	考核记录 （分值）
	职业技能	1	正确登录	可正确登录 C200	10	
		2	正确配置硬件	正确配置 C200 硬件	30	
		3	正确注册 ONU	正确添加 ONU 并注册 ONU	20	
		4	正确开通数据业务	正确开通数据业务,使 ONU 所带的 PC 能 ping 通 WEB 服务器	30	
	职业素养	5	职业素养	项目结束后关机及设备,摆放好桌椅,并打扫卫生	10	
	总　分					

执行情况记录	填写要求: 包括执行人员分工情况、任务完成流程情况、任务执行过程中所遇到的问题及处理情况

课程十三 铁路专用通信

项目一 会议通信系统日常维护及连接

一、任务工单

项目名称	会议通信系统日常维护及连接	项目课时	4	目标要求	1. 了解铁路会议通信系统的组成、工作原理 2. 熟悉铁路会议通信系统设备的日常维护及操作
项目内容 （工作任务）	分组划分及具体任务安排： 本次任务操作时划分成两个小组，在准备完毕后同时开始执行任务。各小组任务安排为： 小组一：对主会场的会议设备进行连接、测试、试验 小组二：对分会场的会议设备进行连接、测试、试验 完成主、分会场的会议设备进行连接、测试、试验后，进行呼叫和召集会议及相关的会议控制，全部完成后进行轮换				
工作要求	1. 设备连接、试验良好 2. 填写工单执行记录表 3. 分工明确、团队协作				
备注					

二、作业指导书

项目名称	会议通信系统日常维护及连接	项目课时	4
技术指标 （质量标准）	参见《铁路有线通信暂行维护规则》		
仪器设备	MCU多点控制设备；视频会议终端设备；摄像机；图象显示设备；话筒等设备		
相关知识	铁路会议通信系统的组成、工作原理		
注意事项	1. 注意看清各接口的标识，确保连接无误 2. 注意安全用电		
项目实施环节 （操作步骤）	1. 按下面的组网图将主会场与各分会场的设备连接起来		

主会场 → 会议机房MCU8620 → SDH 传输设备 → 分会场B终端设备；分会场A终端设备；分会场C终端设备

续表

项目名称	会议通信系统日常维护及连接	项目课时	4
项目实施环节 (操作步骤)	2. 分会场设备与连接图(会议终端 ViewPoint 8033B) 　　HUAWE1　Viewpoint　8033B 备注:如果传输 2 M 电路离分会场太远,可用一对 PDH 或 SHDSL NTU 设备延长传输距离;分会场显示器根据需要也可选择投影仪与投影布 3. 分会场开机 打开电源步骤:(1)打开液晶彩色电视机电源;(2)打开摄像机电源;(3)打开会议终端电源 本终端启动过程:显示开机画面→播放开机音乐→显示本端图象 4. 呼叫和召集会议及会议控制 请按厂家提供 ViewPoint 群组视讯终端快速指南进行		
参考资料	ViewPoint 群组视讯终端快速指南		

三、考核标准与评分表

项目名称			会议通信系统日常维护及连接		实施日期	
执行方式		小组合作完成	执行成员	班级	组别	

考核标准	类别	序号	考核分项	考核标准	分值	考核记录 (分值)
	职业技能	1	主会场的连接、试验	设备连接、使用良好	25	
		2	分会场的连接、试验	设备连接、使用良好	25	
		3	呼叫和召集会议及相关的会议控制	能召集和呼叫会议等相关操作	25	
	职业素养	4	职业素养	遵守会议纪律及保密制度 无违反劳动纪律和不服从指挥的情况	25	
			总　　分			

执行情况记录	填写要求: 包括执行人员分工情况、任务完成流程情况、任务执行过程中所遇到的问题及处理情况

项目二　电源及环境集中监控系统日常维护及连接

一、任务工单

项目名称	电源及环境集中监控系统 日常维护及连接	项目课时	4	目标要求	1. 了解铁路电源及环境集中系统的组成、工作原理 2. 熟悉铁路电源及环境集中系统设备的日常维护及操作
项目内容 （工作任务）	分组划分及具体任务安排： 本次任务操作时划分成两个小组，在准备完毕后同时开始执行任务。各小组任务安排为： 小组一：在通信机房进行烟雾、水浸、门磁、停电试验 小组二：在监控中心监视、记录、处理各种告警 完成后再进行组间轮换				
工作要求	1. 对各种告警及时、正确记录、处理 2. 填写工单执行记录表 3. 分工明确、团队协作				
备注					

二、作业指导书

项目名称	电源及环境集中监控系统日常维护及连接	项目课时	4
技术指标 （质量标准）	参见《铁路有线通信暂行维护规则》		
仪器设备	电源设备：开关电源；蓄电池；环境设备：烟雾；湿度；温度；水浸；门禁等传感器设备		
相关知识	电源及环境集中监控系统的组成、工作原理		
注意事项	1. 注意看清各接口的标识，确保连接无误 2. 注意安全用电		
项目实施环节 （操作步骤）	1. 烟雾试验 　试验方法：准备少许汽油与适量的水，一缕棉纱团，支撑杆一根（长度以试验人员用手持支撑杆且能接近烟雾感应器为宜），将棉纱捆绑在支撑杆的一端上，预先在室外将棉纱团沾少许汽油并点燃棉纱团后，立即浸入水中，待有烟雾产生，由试验人员慢慢将支撑杆伸向室内烟雾感应器，待烟雾达到感应器所设定的浓度后，感应器就会将所采集的信息通过监控模块，上报监控系统网管中心，管理系统便会实时发出声光和图文报警。试验结束，请将试验用品撤离现场 　2. 水浸试验 　试验方法：准备器皿一个，用矿泉水瓶装着适量的水，将水浸感应器放进器皿内，慢慢将矿泉水瓶的水倒入器皿内，待注入水位达到水浸感应器所设定的高度后，监控系统便会实时发出声光和图文报警。试验结束，请将水浸感应器擦干净放回原处		

项目名称	电源及环境集中监控系统日常维护及连接	项目课时	4

项目实施环节 （操作步骤）	3. 门磁试验 　试验方法：打开机房门口，当磁条与门磁离开，门磁采集器的信息便通过监控模块，上报给监控中心网管，系统实时发出声光和图文报警，提醒中心值机人员及时对该机房房门异常情况通知相关人员进行查看 　特别提示：现场通信机房有明文规定，凡进入无人值守通信机房工作的通信人员，必须在进入机房5 min内，用机房内固定电话拨打动力环境监控网管中心的值机电话，告知其工作内容及离开时间，以便网管中心值机人员随时掌握监控系统的运行动态情况 4. 交流电源停电试验 　在高频开关电源柜内的交流电输入端将空气开关拉下，此时高频开关电源柜相应告警单元告警，提示开关电源柜无交流电输入，将由蓄电池组直接向负荷供电。电源柜内智能监控模块采集不到交流电的输入信息，立即上报给系统监控中心网管，管理系统实时发出声光和图文报警，提醒中心值机人员及时对该机房交流电停电异常情况进行监视观察，同时实时掌握蓄电池组放电电压、电流值等相关技术参数，以便中心值机人员及时通知相关人员进行处理 　试验完毕，将电源开关恢复
参考资料	

三、考核标准与评分表

项目名称	电源及环境集中监控系统日常维护及连接			实施日期	
执行方式	小组合作完成	执行成员	班级		组别	

<table>
<tr><td rowspan="7">考核标准</td><td>类别</td><td>序号</td><td>考核分项</td><td>考核标准</td><td>分值</td><td>考核记录
（分值）</td></tr>
<tr><td rowspan="4">职业技能</td><td>1</td><td>烟雾试验</td><td>及时正确记录、处理告警</td><td>20</td><td></td></tr>
<tr><td>2</td><td>水浸试验</td><td>及时正确记录、处理告警</td><td>20</td><td></td></tr>
<tr><td>3</td><td>门磁试验</td><td>及时正确记录、处理告警</td><td>20</td><td></td></tr>
<tr><td>4</td><td>交流电源停电试验</td><td>及时正确记录、处理告警</td><td>20</td><td></td></tr>
<tr><td>职业素养</td><td>5</td><td>职业素养</td><td>遵守铁路通信纪律
无违反劳动纪律和不服从指挥的情况</td><td>20</td><td></td></tr>
<tr><td colspan="4" align="center">总　　分</td><td></td><td></td></tr>
</table>

执行情况记录	填写要求： 包括执行人员分工情况、任务完成流程情况、任务执行过程中所遇到的问题及处理情况

项目三　专线电路与接入设备日常维护及连接

一、任务工单

项目名称	专线电路与接入设备日常维护及连接	项目课时	4	目标要求	1. 了解铁路专线电路与接入设备的组成、工作原理 2. 熟悉铁路专线电路与接入设备的日常维护及操作
项目内容 （工作任务）	分组划分及具体任务安排： 本次任务操作时划分成两个小组，在准备完毕后同时开始执行任务。各小组任务安排为： 小组一：协议转换器的连接、测试 小组二：专线电路设备拆封、安装、测试 完成后再进行组间轮换				
工作要求	1. 掌握专线电路的测试，接入设备的正确安装 2. 填写工单执行记录表 3. 分工明确、团队协作				
备注					

二、作业指导书

项目名称	专线电路与接入设备日常维护及连接	项目课时	4
技术指标 （质量标准）	参见《铁路有线通信暂行维护规则》		
仪器设备	专线电路主要接入设备；PDH 设备；调制解调器；协议转换器；光电转换器；网桥等		
相关知识	铁路专线电路与接入设备的组成、工作原理		
注意事项	1. 注意看清各接口的标识，确保连接无误 2. 注意安全用电		
项目实施环节 （操作步骤）	1. 当选用 TST-CON02(E1/10/100 M)协议转换器时，按照下图连接 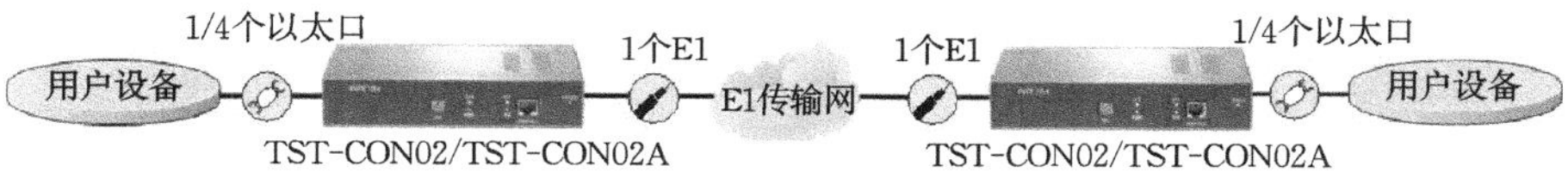 TST-CON02/TST-CON02A　　　　　　　TST-CON02/TST-CON02A （用户设备：PC机、IP电话、视频终端、交换机、网络存储设备） 2. 当选用 E1/V.35 协议转换器时，考虑到通信机房至车站值班室距离较远，为了确保新增 TDCS 电路的安全、稳定、可靠，从通信机房到车站值班室采用通信光缆 GYTA53-8B1 和一对 PDH 设备来延长通信传输距离。即从通信机房传输设备 SDH 的 DDF 架放置 1 条 SYV-75-2-1×8 同轴电缆（长度为 2 m）到综合柜内与 PDH 设备迪科瑞德 T120A 连接。经 GYTA53-8B1 通信光缆连接到车站值班室综合柜内 PDH 设备等		

续上表

项目名称	专线电路与接入设备日常维护及连接	项目课时	4
项目实施环节 （操作步骤）	3. 工程施工——设备安装 （1）设备拆封 ①在确定了设备的安装位置后,清理好该处,并将装有设备的纸箱移到安装处旁 ②请注意包装箱方向,保证正面朝上 ③打开纸箱,取出设备及附件 ④设备采用专用纸箱包装,内有防振保护,每个包装箱内放置1台设备,并包含相应附件,请注意查验,并核对是否跟装单相符 设备检查:检查设备是否完好,是否损坏,并核实电源状况(交流电源与TDCS用户终端设备共用,不另行设置) （2）设备安装 ①取出设备,检查外观无破损,固定在机架或其他装置上,确保安装稳固 ②根据设备配置选择接入电源,正确连接电源线,加电看设备电源是否正常(正常绿色电源指示灯POWER灯亮),工作状态是否正常(绿色RUN灯闪烁) ③连接E1信号线,如用户侧设备已正常工作,该E1信号对应的WORK灯(绿色)亮 （3）设备测试 ①电源:正确连接电源线,打开电源开关,POWER灯(绿色)亮表示电源工作正常 ②设备运行:通电后,设备初始化,当RUN灯(绿色)闪烁表示设备运行正常 ③V.35接口:设备正常运行时,将E1接口自环,V.35接口用误码仪测误码,无误码为正常		
参考资料			

三、考核标准与评分表

项目名称			专线电路与接入设备日常维护及连接		实施日期	
执行方式		小组合作完成	执行成员	班级		组别
考核标准	类别	序号	考核分项	考核标准	分值	考核记录 （分值）
	职业技能	1	协议转换器的连接	规范、快速、正确连接	30	
		2	专线电路设备的拆封、安装、测试	规范、快速、正确拆封、安装、测试	50	
	职业素养	3	职业素养	无违反劳动纪律和不服从指挥的情况	20	
			总　分			
执行情况记录	填写要求: 包括执行人员分工情况、任务完成流程情况、任务执行过程中所遇到的问题及处理情况					

课程十四　数字调度通信系统

项目一　传输与数调系统的连接关系

一、任务工单

项目名称	传输与数调系统的 连接关系	项目课时	2	目标要求	了解铁路调度通信系统的功能及组网方式
项目内容 （工作任务）	1. 分清维护界面 　　依据综合型组网方式,当某条 E1 通道发生故障时,首先判断 2 M 通道故障是发生在哪侧通道上[参见《铁路有线通信暂行维护规则》调度系统与传输系统的维护的分界:以引入室内第一连接处 DDF 外线插座为界,连接器(含)至调度设备由调度工区负责维护;外线侧由通信段指定的单位负责],目前南宁通信段的规定是,中心枢纽侧从传输 DDF 架外线插座至调度主系统之间的 2 M 通道由调度工区负责维护;车站侧从传输 DDF 架外线插座至调度分系统之间的 2 M 通道由现场通信工区负责维护 2. 故障现象及数调网管提示:E1 口(帧失步)通信告警 故障判断、分析、处理方法: 　　(1)2M 通道故障:在传输 DDF 架外线插座做环回,观察数调后台数字中继(或数字环)板相应面板方向灯是否正常,如果正常,说明故障在传输侧,由调度工区与传输室处理或配合调度工区做误码测试。如果不正常,说明 2 M 同轴电缆连线到数调后台数字中继板之间有问题。 　　(2)2 M 同轴电缆连线到数调后台数字中继板之间的故障:在数调后台相应的 E1 接口做环回,观察数调后台数字中继(或数字环)板相应面板方向灯是否正常,如果正常,说明数字中继(或数字环)板正常,故障在 2 M 同轴电缆连线或 2 M 接头,分别检查 2 M 头或 2 M 同轴电缆连线,重做 2 M 头或更换 2 M 同轴电缆线 　　(3)数调后台数字数字中继(或数字环)板故障:在数调后台相应的 E1 接口做环回,如果数调后台数字中继(或数字环)板相应面板方向灯不正常,即为数字中继(或数字环)板有故障,更换数字中继板				
工作要求	1. 个人独立完成 2. 当场考核评分				
备注					

二、作业指导书

项目名称	传输与数调系统的连接关系	项目课时	2
技术指标 （质量标准）	对数调系统的组网方式清晰、明确;能够借助相关仪器仪表和相关设备进行故障点分析、排查及处理		
仪器设备	数字调度主机;数字分析仪		
相关知识	数字调度通信系统综合型组网方式		
注意事项	故障分析和判定可以借助网管前台界面进行		
项目实施环节 （操作步骤）	1. 数字调度通信系统与传输的连接径路 2. 遵守相关维护规定,对维护界面内容清楚、清晰 3. E1 口通信告警的故障判断、分析、处理过程		
参考资料			

三、考核标准与评分表

项目名称		传输与数调系统的连接关系			实施日期	
执行方式		个人独立完成	执行成员	班级		组别

考核标准	类别	序号	考核分项	考核标准	分值	考核记录（分值）
	职业技能	1	综合型组网方式	随堂考察:观察过程中的认真程度和态度	10	
		2	认清维护界面	随机抽查:随机抽取学生和问题进行回答	20	
		3	故障判断、分析、处理过程	查看过程:故障判断的熟练程度、分析的条理性和处理的规范性	50	
	职业素养	4	职业素养	随堂考察:对组网方式的熟悉程度、维护过程中操作的规范性	20	
		总　　分				

项目二　数调前台的日常维护

一、任务工单

项目名称	数调前台的日常维护	项目课时	2	目标要求	1. 熟悉数调前台的检修和维护流程 2. 掌握数调前台的故障处理方法
项目内容（工作任务）	1. 日常检修和试验				

1. 日常检修和试验

序号	检修项目	试验方法
1	调度台（值班台）能否正常重启	对触摸屏主机进行关电重启,设备重启后能运行正常
2	调度台（值班台）双通道通话是否正常	维护人员对呼入呼出操作,同时在通话过程中进行麦克风和手柄通道切换,所有通话正常
3	调度台（值班台）呼叫是否正常	调度台（值班台）呼叫调度有线用户、无线手机用户,呼入/呼出均能正常通话
4	调度台（值班台）通话状态通话记录是否正常	调度台（值班台）呼叫时观察触摸屏界面的显示状态;正常通话记录完整
5	触摸屏主机和屏体电源是否正常	用万用表测量输入电压,在正常范围值内

项目内容 （工作任务）	2. 中软设备典型故障 （1）值班员反映触摸屏调度台（值班台）通话记录显示异常（总是显示以前通话记录），无法显示当前的呼叫记录 原因分析：触摸屏调度台（值班台）的通话记录排序有多种方式，可按时间排序、号码排序和名称排序等，一般为值班员操作不当引起 处理方法：单击触摸屏触摸屏调度台（值班台）的通话记录显示区"开始时间"或"结束时间"即可按时间升序和降序显示，就能显示当前的通话记录 （2）触摸屏调度台（值班台）通话时有"咔啦咔啦"的杂音，通话有时会中断 原因分析：一般为通道有误码产生这种现象，如线路接触不良、线路质量不好等 处理方法：检查线路质量情况，尤其是接头处的处理或直接更换线路 （3）某车站调度交换机查询MPU状态时只能查询左侧MPU状态，无法查询右侧MPU状态，但设备使用正常 原因分析：一般为右侧MPU接触不好或MPU问题，也可能是2块MPU之间网络通信线不好 处理方法：请重新插拔复位或进行更换，如果问题仍旧，请检查背板2块MPU之间的网络通信线接触是否良好 （4）触摸屏调度台（值班台）故障，更换调度台（值班台）后调度员（值班员）无法触摸 原因分析：一般为触摸屏主机与触摸屏之间的串口通信接触不好，触摸屏需要重新校屏或USB接口上误插了一根USB数据线，导致系统默认为USB接口的鼠标操作而造成无法进行触摸操作 处理方法： ①确认触摸屏主机与屏体之间的连线是否正常，尤其是触摸屏和主机之间的串口通信线 ②检查触摸屏USB接口上是否误插了一根USB数据线，若是则将误插的数据线去除 ③检查触摸屏是否经过初始校屏（根据说明书进行校验操作） （5）网管显示双2M触摸屏调度台（值班台）不停告警，造成无法正常使用 原因分析：双口触摸屏调度台（值班台）有一接口不正常或线路不正常而产生 处理方法： ①单独使用一个接口判断是否工作正常 ②检查每一个接口的线路是否正常 ③检查接口板是否正常。依据检查结果处理 （6）在进行车站巡检时，某数字环使用主环时一切正常，但使用备环时末端站无法访问，业务不正常 原因分析：一般为调度交换机和各车站数据没有统一造成的 处理方法：由于调度交换某一数字环上的车站不是一次开通的，使得车站数据中的数字环总站数不一致造成的，一般通过网管给数字环上车站重新加载调度交换机数据并复位MPU板，故障即能恢复 （7）录音仪不能正常录音 原因分析：不能录音一般为录音仪故障，调度交换机录音接口故障或线路故障 处理方法： ①检查录音仪与调度交换机录音模块之间的配线是否有异常 ②检查录音输出模块是否异常，尝试更换VF2/4M模块进行处理 ③复位相应的DDU或DSU单板 ④更换相应的DDU或DSU单板 （8）键控型值班台与主处理机通信不上或按键无响应等故障 ①最常用、最简捷的处理方法：当操作台出现与主处理机通信不上或按键无响应等故障时，用户可用铅笔等非金属物品按复位键重启系统，使操作台恢复正常运行（复位键在操作台后侧） ②当调度台（或值班台）发生故障时，系统会自动将呼叫转移到调度台（或值班台）的备用电话上。此时，备用电话机将替代调度台（或值班台）来完成工作。对于操作台48键区或25键区来说，操作台各键对应的号码依次为01、02…48或01、02…25；用备用电话要呼叫某个对象，只需察看该对象在操作台键区的位置，再拨相应的号码即可
工作要求	1. 个人独立完成 2. 当场考核评分
备注	

二、作业指导书

项目名称	数调前台的日常维护	项目课时	2
技术指标 （质量标准）	数调前台的检修维护按照相关规定执行；数调前台显示及通话正常清晰		
仪器设备	数字调度主机；数字调度前台；万用表		
相关知识	数字调度前台的分类、组成和划分标准		
注意事项	用万用表测试线路时注意挡位的选择		
项目实施环节 （操作步骤）	1. 数字调度前台的日常检修和实验 2. 数调主机与数调前台的连接 3. 数调前台的故障判断、分析和处理		
参考资料			

三、考核标准与评分表

项目名称				数调前台的日常维护		实施日期	
执行方式		个人独立完成	执行成员	班级		组别	
考核 标准	类别	序号	考核分项	考核标准	分值	考核记录 （分值）	
	职业技能	1	数调前台的日常检修和实验	随堂考察：练习过程中的认真程度和态度	20		
		2	数调主机和数调前台的连接	查看结果：从网管前台观察径路的情况	40		
		3	数调前台的故障分析	随机抽查：随机抽取学生和问题进行回答或操作演示	20		
	职业素养	4	职业素养	随堂考察：日常检修和实验的规范性；数调前台的连接、操作的规范性	20		
			总　　分				

项目三 共电分机的连接及日常维护

一、任务工单

项目名称	共电分机的连接及日常维护	项目课时	2	目标要求	1. 掌握共电分机的连接 2. 熟悉共电分机的日常维护流程
项目内容 （工作任务）	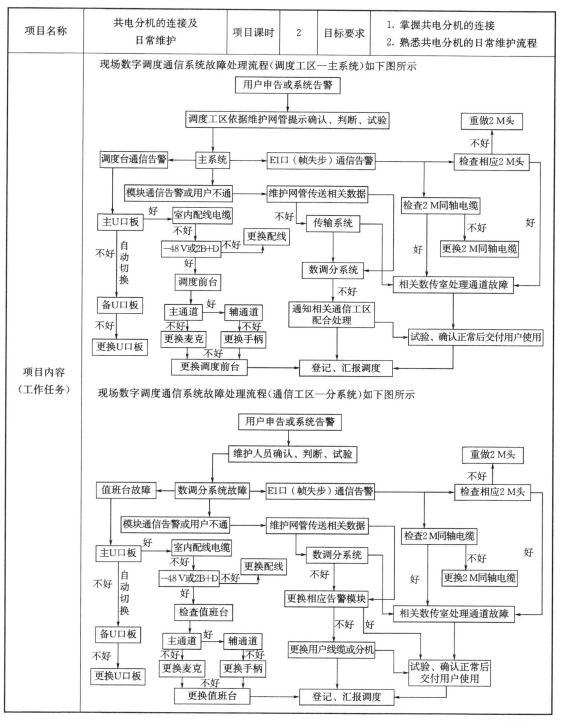				

现场数字调度通信系统故障处理流程（调度工区—主系统）如下图所示

现场数字调度通信系统故障处理流程（通信工区—分系统）如下图所示

项目内容 (工作任务)	1. 常见模拟用户故障处理方法 　　根据经验,多数模拟用户方面的故障都是线路故障引起的,少部分是模块本身损坏及网管数据错误所致,因此重点在于检查模拟线路。线路故障无非就是混线、断线及线路特性下降 2. 故障现象 (1)共电用户取机无声,灯也不亮 (2)站场用户(如扳道电话)摘机后无回铃音 (3)共电用户取机听忙音(板子故障或网管数据错误) 3. 处理方法 (1)用万用表检查后台用户卡接模块相应的配线有无电压 (2)接一部普通电话机听听是否有声音 (3)观察插板的指示灯是否亮灯 (4)检查线路是否完好(线路可分段测量,如混线可用甩开法、断线可用环回法、线路特性下降可用兆欧表测试芯线的绝缘电阻值) (5)若是模块损坏则更换模块
工作要求	1. 个人独立完成 2. 当场考核评分
备注	

二、作业指导书

项目名称	共电分机的连接及日常维护	项目课时	2
技术指标 (质量标准)	按照需求选择并连接共电分机;故障处理及时、规范,效果良好		
仪器设备	数字调度主机、共电分机、万用表、兆欧表		
相关知识	共电分机的连接径路;操作及故障处理流程		
注意事项	仪器仪表的使用按照使用说明书进行		
项目实施环节 (操作步骤)	1. 共电分机的连接 2. 共电分机故障处理流程 3. 共电分机典型故障处理方法		
参考资料			

三、考核标准与评分表

项目名称			共电分机的连接及日常维护			实施日期	
执行方式		个人独立完成	执行成员	班级		组别	
考核标准	类别	序号	考核分项	考核标准	分值	考核记录（分值）	
	职业技能	1	共电分机的连接	查看结果:连接径路正常,操作遵守相关规范	40		
		2	共电分机的故障处理流程	随机抽查:随机抽取学生和问题进行回答	20		
		3	共电分机典型故障处理方法	随堂考察:练习过程中的认真程度和态度	40		
	职业素养	4	职业素养	随堂考察:遵守相关处理流程和操作规范	20		
			总　分				

整周实训指导书

课程十四 数字调度通信系统

一、实训目的

数字调度通信系统实训涉及数字调度通信系统各设备中日常的测试与维护项目,通过本实训巩固、深化对所学理论知识的理解,建立数字调度通信系统日常维护的概念。

二、实训任务

本实训要求学生熟练掌握以下技能:

1. 数字调度通信系统的组成,其主要作用、功能及工作原理。
2. 数字调度通信系统各种设备的日常维护项目及具体操作。
3. 数字调度通信系统各种设备的组网方式。
4. 数字调度通信系统常见故障的分析、判断、处理方法。

三、实训预备知识

1. 调度主机

CTT4000 调度主机实现全系统的网络和通道管理功能、全系统的呼叫处理和交换功能、调度台的管理和调度功能、接口的处理及组网功能等。

CTT4000 调度主机系统框图如图 2-14-1 所示。

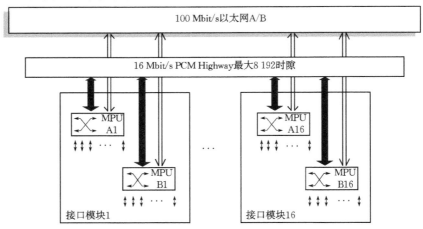

图 2-14-1 调度主机系统框图

（1）CTT4000 调度主机总体结构：16 个接口模块通过高速互联形成一个双平面 4 096 的分布式交换网络；双平面的 100 M 以太网为模块间通信提供高速通道，并为 IP 业务的接入提供平台。每个接口模块最大 768 个端口，系统等效用户线 12 088 门。

（2）模块内网络和控制结构：模块处理机 MPU A 和 MPU B 的双套 PCM 总线、HDLC 控制总线及时钟总线同时接入接口板 ADLC，以实现对 ADLC 的并行处理。为了增强可靠性，PCM 总线和控制总线采用全星形结构。ADLC 为所有模拟和数字接口板的统称。

模块内网络和控制结构如图 2-14-2 所示。

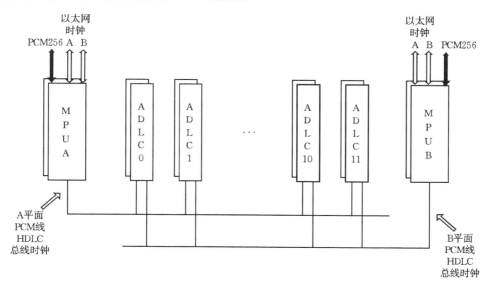

图 2-14-2　模块内网络和控制结构

（3）模块处理机（MPU）结构：模块处理机实现对模块内各接口的控制，以及模块内和模块间的网络交换、信令处理等。每个模块配置两块，并行处理方式。内置 16 K×16 K 大型数字交换网络，256 方会议资源，64 套 64 KH DLC 控制器，个性化语音 32 种，信号音 64 种，并为本模块提供全系统同步的各种时钟和时序；完成模块内和模块间的网络交换、呼叫处理和控制。内置 16 K×16 K 大型数字交换网络的一半时隙用于模块间的网络互联，最终形成分布式的 8 192 网络，另一半用于内部交换和资源接入。

控制模块处理机（MPU）结构如图 2-14-3 所示。

2. 调度主机结构

CTT4000 调度主机采用标准 19 英寸结构，2 m 或 2.2 m 高；所有单板插框采用 19 英寸 7U 结构，所有单板为 6U 高；单板插框分模块框和时钟/以太网框两种，模块框中除 PWR 和 MPU 板外，其他槽位所有接口板均可混插。

3. 单板介绍

（1）MPU 板：模块处理机板，每模块配置两块，并行处理方式。内置 16 K×16 K 大型数字交换网络，256 方会议资源，64 套 DTMF 资源，个性化语音 32 种，信号音 64 种，并为本模块提供全系统同步的各种时钟和时序；完成模块内和模块间的网络交换、呼叫处理和控制。

（2）CLK 板：时钟板，为系统内各模块提供基准同步时钟源，每系统配置两块，时钟源完

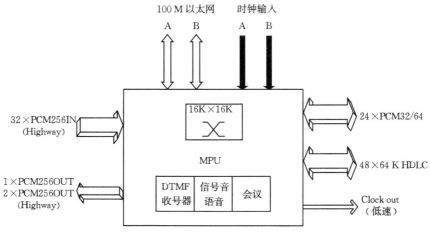

图 2-14-3　模块处理机结构

全同步，并行输出；每块时钟板设计有单独的电源，两块时钟板在物理上完全独立。

（3）ENT 板：100 M 以太网板，每系统配置两块，并行运行；每板提供 24 个 100 M 以太网接口。每块以太网板设计有单独的电源，两块以太网板在物理上完全独立。

（4）PWR 板：电源板，提供模块框系统所需的电源及铃流，每模块框配两块电源板，两板的直流电源工作于并联热供方式，铃流为热备份。

（5）DTU 板：数字中继处理机板，可选热备份，每板两个 A 口，完成系统共线信令、NO.1 信令、调度台接口信令等的处理。

（6）30B＋D 板：PRI 接口板，可选热备份，每板两个 A 口，完成 DSS1 信令的处理。

（7）DDU 板：2 M 触摸屏调度台接口板，每板两个 A 口，完成系统共线信令、NO.1 信令、调度台接口信令等的处理。

（8）DSU 板：数字用户信令处理机板，可选热备份，每板 2/4 个标准 2B＋DU 接口，完成标准 U 口信令及调度台信令处理。

（9）ALC 为接口模块母板，每板提供 8 个接口模块槽位，可插入 8 块接口模块，不同模块可以混插。

本系统提供的接口模块种类如下：

①SLICM——用户接口模块（Z 接口）。

②SLICMQ——下行区间接口模块。

③RCTNM——环路中继接口模块。

④ZCT1M——磁石接口模块。

⑤ZCT2M——上行区间接口模块。

4. 调度台

调度台是调度指挥人员（或车站值班员）进行调度指挥的操作平台。调度员通过调度台上各种按键进行各种调度操作，如应答来话、单呼、组呼、全呼、转移或保持来话、召集会议等。

调度台分触摸屏调度台和键控调度台两种。

触摸屏调度台通过触摸屏显示器界面进行各种操作；键控调度台则直接通过各种特定意义按键进行操作，两功能基本相同。

（1）键控调度台组成

键控调度台有 48 直通键、25 直通键两种规格。触摸屏调度台由触摸屏显示器、调度台主机、通话装置三部分组成。

（2）触摸屏显示器

提供调度指挥人员使用的操作和显示界面。选用国际顶尖的 ELO 品牌，以保障触摸屏调度台的可靠性和稳定性。可根据用户需求选用不同尺寸的显示器，一般采用 15 英寸。

5. 数调系统的典型通信呼叫流程

（1）值班台呼叫共电用户（站场用户）如图 2-14-4 所示。

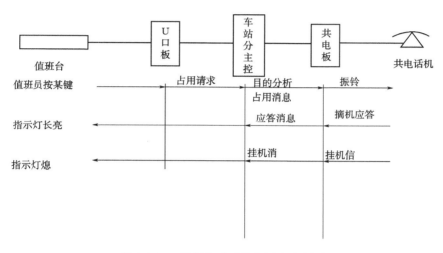

图 2-14-4　值班台呼叫共电用户流程图

（2）调度台呼叫值班台如图 2-14-5 所示。

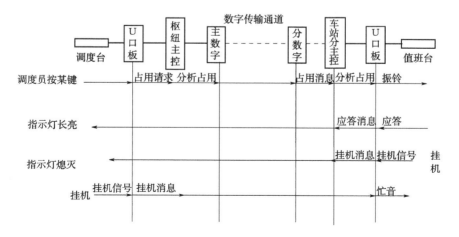

图 2-14-5　调度台呼叫值班台流程图

四、实训仪器仪表使用、实训操作安全注意事项

1. 实训启用数调维护台进行配置数据时，一定要严格按照维护网管操作的步骤进行。
2. 处理故障所使用的数据分析仪、万用表等要按照仪表说明书进行操作。
3. 如果不按照规定操作，损坏仪表要按规定赔偿。

五、实训的组织管理

通信技术_____班；人数：_____。

具体分组如下：

第一组——1、3、5、7…奇数。组长：

第二组——2、4、6、8…偶数。组长：

实训学时安排见表2-14-1。

表 2-14-1 实训学时安排表

实训时间		实训项目	实训单项	实训学时数	需要单独提出的设备要求
星期	节次				
一	1～4	CTT4000 数字调度通信枢纽主系统、车站分系统组网情况及数据配置	数字调度通信枢纽主系统、车站分系统和网络管理、用户设备之间的连接	4	
	5～6			2	
二	1～4	CTT4000 数字调度通信车站分系统及数据配置	CTT4000 数字调度通信车站分系统的车站号、各功能模块的配置、卡接模块之间的连接	4	
	5～6			2	
三	1～4	CTT4000 数字调度通信枢纽主系统及数据配置	CTT4000 数字调度通信枢纽主系统各功能模块的配置、卡接模块之间的连接	4	
	5～6			2	
四	1～4	CTT4000 数字调度通信系统调度台呼叫车站值班台工作原理及通话试验	调度台、值班台（包括备用应急分机的使用方法）	4	
	5～6			2	
五	1～4	值班前台、共电分机常见故障处理考试	值班台、站场用户检查学生实训效果	4	
总　　计				28	

六、实训项目简介、实训步骤指导与注意事项

项目一 CTT4000 网管认识

（1）安装客户端程序

①在 SETUP 目录下选择名称为 DISK1 目录并打开，运行其中的 SETUP. EXE 文件。

②单击"下一步"。用户在安装向导的引导下完成 CTT4000 维护台的安装，具体安装步

骤如下：

　　如果您的计算机第一次安装本系统，此时应当选择"修改"；在选择完安装路经后选择"下一步"。

　　缺省目的文件夹为"C:\Program Files\CSS_Tele\CTT4000LM"，如不需要修改。

　　③单击"下一步"，出现界面如图 2-14-6 所示。

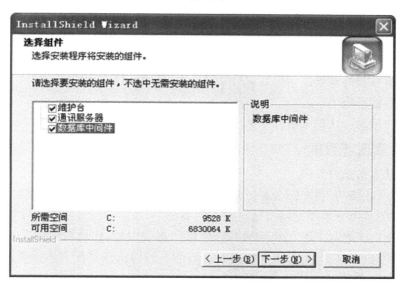

图 2-14-6　安装界面

　　④将其中三个选项都需选中，然后单击"下一步"，程序就将维护台系统软件安装到计算机上了。

　　(2)恢复数据库

　　如果系统数据遭到破坏，就需要在数据库服务器上最新备份的数据。恢复数据库首先退出所有的客户端、通信服务器，如果系统中还有客户端与数据库相连，数据库恢复将失败。具体步骤如下：

　　第 1 步：单击开始→程序→Microsoft SQL Server→企业管理器。

　　第 2 步：单击"控制台根目录"下的 ⊞，逐级往下点开菜单。选中数据库下的 ⊞ 🗄 CTT2000LM。

　　第 3 步：单击鼠标右键，依次选定所有任务、还原数据库(R)…，然后单击还原数据库(R)…。

　　第 4 步：选择 ⊙ 从设备(M)，然后单击 选择设备(E)… 按钮。

　　第 5 步：单击 添加(A)… 按钮。

　　第 6 步：将要还原的备份文件名及路径写入栏内，或单击右侧的按钮从本地磁盘内查找。选择完毕后单击确定。

　　第 7 步：进入还原数据库的"选项"，选中在"现有数据库上强制还原"。将右侧"移至物理文件名"下的路径修改为本地硬盘安装数据库的路径名。此处的地址一定要填写正确，否则数据库无法成功还原数据库。

第8步：安装时会出现下面的还原进度对话框，等对话框自行消失后，还原数据库的工作即全部完成。

（3）启动维护台

在安装有 CTT4000LM 的文件夹中，双击图标运行客户端程序 CttClient.exe，其中，用户账号是系统分配的系统管理员、班组长及操作员的登录账号；登录密码是用户设定的用户密码（默认111）；服务器是指系统的数据库服务器的 IP 地址或计算机名称；服务端口是通信服务器和客户端程序的通信端口，二者之间的数据通信通过该端口标识绑定。用户输入账号、密码及服务器的地址或名称后，单击"登录"按钮进入维护台主窗口。

（4）认识网管系统菜单

单击系统"帮助"，认识系统几个菜单的功能。

项目二　配置环数据

（1）车站基本信息

正如大家所熟知的，各车站分系统是构成调度环的基本要素，因此在添加新环时应首先将其所应包含的各个分系统的基本信息输入到系统中，才能进行环的其他信息的配置。

加入新站时，按键盘上的 Tab 键直到表中将出现空白栏，在此栏中输入相应的车站名，然后选择相应的机框类型（下拉菜单中有显示），即不同的机框将配置不同类型的背板。4K 系统选择的是 4K 机框小。

若配置完车站的安装板后再回过来在此页中删除车站，那么与此站相关的机框数据及单板数据（以后将逐步配置）将会一并删除。

顺便说一下，因为在数据配置过程中，数据具有紧密的相关性，因此在配置完每一步时，必须按保存按钮，以确保配置或修改的数据写入数据库，才能在以后的配置过程中起作用，否则数据库中的数据将不会被更新。

（2）机框数据

所谓机框数据是指各槽位处理机编号、PCM 线的使用和系统的逻辑设备号等系统运行的基本数据。这些数据在设备出厂时已配置完毕，除非特殊情况，一般对该数据不作修改，若有特殊需要，用户必须在厂家专业技术人员的指导下才可进行数据的修改。选择机框数据，单击 4K 机框数据。这里的各模块的机框数据均自动配置完毕，用户不需要进行修改。模块链接仅需要添加模块时需要修改，模块位置用于在维护界面上显示各模块的次序。模块位置用于定义配置各模块在设备状态中显示的位置，同时定义各模块 A、B 两个平面的 IP 地址。

（3）安装板

在此项中用户可根据各站的需要，为在第一步中添加的车站配置相应的板卡。首先用户应选择车站，然后选择模块，根据实际要求进行各种板的配置。

之后，用户还必须选择 DTU 板卡的外时钟使用情况。所谓外时钟使用情况是指该板卡是否从 2 M 提取时钟，完成全系统的时钟同步。外时钟选项包括不用、使用 E8KA（从 2M1 提取外时钟）、使用 E8KB（从 2M2 提取外时钟）和两者都使用这四种情况。

注意：在配置 DTU 板外时钟时，对于主系统（主站）中的 DTU 板，外时钟应选择不使

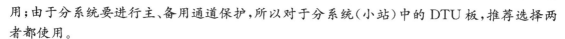

用;由于分系统要进行主、备用通道保护,所以对于分系统(小站)中的 DTU 板,推荐选择两者都使用。

除 MPU 板和 PWR 板安装固定位置外,其他板可以随意配置在任意空槽位中。

保存数据后,可进行下一步定义环。

(4)定义环

该项的主要功能是将以上配好的各个车站分系统根据实际的物理位置添加到环上,初步形成一个环的框架。在窗口的左侧表中列出的是系统中的环的基本信息,如环号、环名(用户可以根据记忆方便来定义名字)等。添加新环的方法与上面提到的添加车站的方法相同。注意:环号一定不能为 0。

当环信息表的指针指向某一个环时,在窗口右侧的表中将出现当前环上所有车站的名称、该站在此环上的位置,以及本站接入到当前环上所用的 DTU 板的槽位号。

用户需要向当前环上添加车站时,只需在"环上位置"一栏中写入该站在环上的位置,然后在车站一栏对应的下拉列表框中选择系统中已添加并配置了 DTU 板的车站,最后在 DTU 板槽位一栏中选择该站 DTU 板的槽位号。对于此项需注意以下几点:

①车站在环上的位置是本站在环上的顺序号,必须是从 0 开始连续的数字,不能重复。

②0 号站代表主站。采用双中心组网方案时,0 号站代表主用中心,255 号站代表备用中心。

③如果一个车站同时接入两个环中,则该站在两个环中所使用的 DTU 槽位号一定不能相同。

④如果需要将某一车站从环上删除,并且已经在以后的步骤中为该站分配了远程调度台或数字共线等,那么应首先将为该站分配的远程调度台或数字共线等删除,否则,该站将不能从环上删除。

至此,一个环的基本框架就搭好了。

(5)配置环

所谓的配置环,就是配置各环 PCM 时隙的使用方式,主要包括数字电话、数字共线、闭塞电话、数字通道、自动电话等。

①数字电话:是指同一个环任意两个站之间的联络电话,占用一个固定的时隙。该时隙为专用时隙,只用于预定义的两个车站间通话时使用。

②数字共线:指某个时隙为共线时隙,占用一个固定的时隙。该时隙为专用时隙,只用于该时隙在环上各站的分机与总机通话时使用。

③闭塞电话:指站间行车电话,包括闭塞上行和闭塞下行。占用两个连续的时隙。实际使用中使用一个时隙,另一个时隙为备用时隙。该时隙为专用时隙,分段用于邻站通话时使用。

④数字通道:指提供站间数据通信业务。占用两个连续的时隙,实际使用中使用一个时隙,另一个时隙为备用时隙。

⑤自动电话:自动电话时隙使用时由主系统动态分配,用于基于 ISDN 号码寻址的呼叫。一般将环中所有空闲时隙配置为自动电话使用方式。

实际上在这里只对各环 PCM 时隙的使用方式进行预分配,各种使用方式的具体数据将在以后的第(6)、(7)、(8)步中配置。因此,此页中的信息一旦改变,则以后的第(6)、(7)、(8)步必须重新再来。

在此页中,首先需选择要进行配置的环名,在窗口右侧的表中将会出现该环上所有的 PCM 使用方式及其所占用的时隙号。初次配置时为空。在表中单击鼠标右键将会弹出快捷菜单,选择菜单中的相应项目,可向环中添加或删除 PCM 时隙的使用方式。对于新添加的 PCM 时隙的使用方式,用户不用选择它对应的时隙号,因为时隙的管理由系统自动完成,用户没有必要再参与管理。

在此步骤中,用户仅需对 PCM 时隙的使用方式的具体描述做出相应的修改。对于描述的内容一般以实际业务来描述,要尽量做到明确标示,以方便以后的数据配置。例如,行调、电调、货调、工务、车务等。

(6)配置电话

在这里将对在第(5)步中的分配给环的数字共线、数字电话两种 PCM 使用方式进行具体配置,使之分配到具体的车站。

配置数字共线:选择某个数字共线业务,然后可在窗口右下方的表中分配在此数字共线上的所有共线分机。在这里,用户必须清楚各个共线业务的实际应用(如具体有几个分机,各分机是由哪个站出去的)。如果要在某一数字共线中添加一个共线分机,就应在其对应的表中增加一条记录,而分机的分机号需要由用户自己分配,同时还要选择获得该分机号的车站。在其中描述一栏用户可对分机进行详细描述,以便于以后的查阅和修改。

对于该操作,有以下几点需要说明:

①一条数字共线最多可配置 64 个共线电话,共线分机号必须是 1~63 之间的一个数,且分机号不能重复,分机号 0 为共线总机。

②一种数字共线在一个车站(分系统)最多可分配 9 个共线分机;若超过 9 个分机,用户可以重新再开一个时隙为这个站单独下分机。

③所有的分机的概念都是对小站(分系统)而言,一般情况下,在主站(主系统)不能分配共线分机。

④对于共线分机的描述推荐采用分机号+站名+共线业务名的方式。

(7)配置远程调度台

如果在第(5)步中为某一环分配了远程调度台,则需在此设置其基本属性。与上面第(6)步一样,应首先选择分配远程调度台的环,在窗口右下方的列表中将列出分配给该环的远程调度台所占用的时隙,然后选择要配置的调度台所占用的时隙,最后设置该调度台的所有站名称(管理端一般为主系统)及放置该调度台的车站名称(连接端)。

(8)生成数据

以上完成了环数据的基本配置,在此主要是将以上为各站配置好的 DTU 端口数据生成为系统可识别的统一的设备号。这里第一次出现了设备号的概念,以后将会经常出现,因此有必要对其进行解释。

交换机的接口按用途一般可分为用户接口和中继接口两大类,按传输方式又分为模拟接口和数字接口,不论该接口的用途和传输方式如何,对于交换机进行交换时只认为这是一种接口,因此就需要对接口进行统一编号,即逻辑设备号。所谓设备号就是指交换机可识别的内部的统一的各种接口的逻辑编号。

在本系统中,设备号由系统统一管理,用户不需要进行干预。如确要进行人工干预,请在厂家指导下进行。

生成完 DTU 数据后环数据配置完毕。此时用户可以利用系统提供的绘图功能在组网图中添加车站、环状态线等图标,随后可以进行具体车站数据的配置。

(9)绘制系统组网图

①进入作图模式,启动辅助制图工具(CAD)

在系统菜单的系统管理一项中选择作图模式一项进入作图模式,此时可以看到系统菜单中的作图一项及相关快捷工具被激活,辅助制图工具已经启动,用户可以在此模式下完成如下的制图任务。

②添加背景位图

系统采用位图图像(BMP 图像)作为背景图,用户可以在系统菜单的作图一项中选择背景位图一项来添加背景图。注意,此时只能采用 BMP 图像;如果不选择背景位图不会影响组网图的绘制,用户可根据需要决定是否需要背景图。

③添加系统组网所涉及的车站

CTT4000 由各个独立的系统组成,每个独立的系统可以不依赖其他系统而单独工作;同时各系统也可以通过某种途径(数字或模拟中继)进行连接组成一个完整的通信系统。因此,各个节点(即车站的分系统)是系统组网不可或缺的必要条件。

在系统菜单的作图一项中选择添加车站即可完成在组网图中添加节点(车站)的任务,具体操作方法如下:

a. 用鼠标左键单击添加车站图标。

b. 在画图区域内的某个位置单击鼠标左键将弹出选择车站的对话框,单击确定按钮选择需要加入的车站。

c. 在作图区域中将出现图标,该图标代表车站。在该图标上按住鼠标左键可以在作图区域内拖动该图标至理想的位置。

④添加环状态线

a. 选择作图中的添加环状态线一项,弹出环状态线属性对话窗口,单击选择按钮,选择所要绘制的状态线的开始车站,然后在环状态线属性对话窗口内单击确定完成选择。

b. 在作图区域内的某一点单击鼠标左键确定该状态线的起始位置;移动鼠标,如果想要绘制折线,则在折点处单击鼠标左键;若想结束该状态线,则在终点处单击鼠标右键,结束该状态线的绘制。

c. 利用鼠标左键选择已绘制好的状态线可以将其拖动到作图区域内的任意位置;用户还可以根据需要拖动状态线的起点、终点或折点改变该状态线的形状。

注意:该状态线仅标识从该线的起始车站到该站所在的环内的下一个站的中继链路的状态,而不论该状态线在什么位置。

⑤保存绘制的组网图进入监控模式,完成组网图的绘制

此时保存的系统的组网图的类型为".map"文件,而不是".bmp"文件。

项目三　配置车站数据

在表示车站的图形上单击鼠标右键,弹出快捷菜单,选择配置车站数据。

(1)安装板

此处主要是系统对 DDU 板、DSU 板、ALC 板及 TNI 板等接口板的端口进行分配。

在这里出现了端口号的概念,它与设备号的区别在于前者是本板内端口的编号,而后者是整个系统内设备的逻辑编号。

下面对每种板的配置中的问题分别加以说明。

①每个 DSU 板(2B+D 接口板)有 2 路端口,每路端口可以连接一个调度台(值班台)或数字终端。生成数据时,系统会自动给 DSU 板的每一路加以描述,其意义为 DSP+模块号+槽位号+端口号,用户可以根据实际需要加以更改。

②每个 ALC 板(模拟接口板)有 8 路端口,每路端口可以任意配置不同的端口类型。用户可根据实际需要在端口类型对应的下拉列表框中选择不同的端口类型。

③每个 TNI 板(音频选号板)包含 4 路,每一路都可以配置为音频总机或音频分机。

注意事项:

①以后配置过程中很多功能的实现都依赖于此处生成的设备号,因此,在配置此处数据时,一定要对每一块接口板都进行数据配置,并检查配置是否有遗漏。

②此窗口中只能添加或删除 MP、PWR、DDU、DSU、ALC、TNI 五种板,对于 DTU 板的添加与删除必须在配置环数据时进行。

(2)区间下行

如果在上一步分配本站 ALC 板端口数据时为 ALC 板分配了区间下行电话,则需要在此为这些区间下行电话分配呼叫的目的设备,4K 系统支持设备号和号码两种寻址方式。具体配置过程如下:

①选择源设备

如果在上一步中为本站配置安装板数据时为本站的 ALC 板分配了的区间下行端口,就可在源设备一栏对应的下拉列表框中选择给出的源设备。

②分配号码

区间下行呼叫的号码可以是 0~9 中的任一数字。

号码 1 系统已经定义了其呼叫对象,用户可直接使用。其中拨 1 呼叫本区间内所有区间电话。

③选择呼叫的目的设备

选择目的设备的方法是在目的设备号一栏所对应的栏中用鼠标左键单击两下,将出现省略号按钮,单击此按钮将出现选择设备对话框,从这个窗口中可以选择目的设备。

注意:对于区间下行电话的同一呼叫号码绝对不能对应两个不同的目的设备。

(3)缩位拨号

此项设置是为了以普通自动电话代替值班台(或调度台),实现通过拨某些特定的简单的号码来呼叫指定的用户的功能,4K 系统支持设备号和号码两种寻址方式。单击选择设备按钮,弹出对话框,在此选择要配置缩位拨号的端口(包括已配置的端口和可配置的端口)。

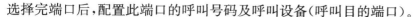

选择完端口后,配置此端口的呼叫号码及呼叫设备(呼叫目的端口)。

注意:此处可选择的端口只能为普通用户接口。此处的号码为一位号码,即只能从0～9,也就是说最多能呼叫 10 个用户;呼叫设备可以为系统中的任意设备。

(4)共线分机

如果在配置环数据过程中将数字共线分机分配给了本站,进行此步时表中将会出现所有分配给本站的共线分机。同配置区间下行电话相似,用户需为这些共线分机指定呼叫的目的设备,不同的是共线电话采用的是立接呼叫方式。所谓立接呼叫方式,是指当用户使用当前端口呼叫时,不用拨号,一摘机立即呼叫指定的端口。

注意:固定连接中的是否是根据实际需要进行配置的,如果是提供通道的数字共线业务,则需要将固定连接配置成"是"。

(5)设备属性

一般情况下,系统中不仅包含区间下行电话、共线分机,而且还包括其他,如闭塞电话(站间行车电话)、以值班台为中心的站场电话业务等,在第(2)、(3)步中指定了区间下行电话、共线分机的源设备、目的设备及其他相关属性,其余业务的相关属性在此步中配置。这一步是分系统正常工作的关键。

单击窗口上的添加按钮,将弹出添加设备属性对话框,在此完成添加新设备属性的配置。

设备属性的源设备号是指呼叫的起始端口的逻辑设备号,可以通过单击与之相对应的选择来选择。

目的设备号是指呼叫的目的端口的逻辑设备号,可以通过单击与之相对应的"选择"按钮来选择。

对于其中出现的呼叫的属性类型的说明如下:

①立接设备号。指源设备呼叫目的设备时采用立接呼叫方式,即不用拨号,直接呼叫。

②专用呼入。指呼叫的目的设备只允许指定的源设备呼入,其他设备呼叫该设备时,听到的是忙音。

③备用设备号。指目的设备作为源设备呼叫的备用设备,当主用目的设备出现故障时,系统自动呼叫备用设备。

为了更加简要地介绍配置的方法,在这里就不一一列举每项业务配置方法,只是将配置过程中需要注意的问题列举如下:

①对于分系统(小站),共线分机已经在第(3)步中配置过了。因此,此步中不能再对数字共线进行配置,即源设备不能从 DTU 板中的数字共线设备中选择(在添加设备属性窗口中单击"选择"按钮),将出现设备选择窗口。

对于主系统,一般情况下系统总机都是由此接出,因此在主系统 DTU 板中的数字共线设备可以配置成立接到 DSP 或 DTP、DDT(DDU)设备,即源设备号可指定为 DTU 板中的数字共线设备,同时以 DSP 设备或 DTP、DDT(DDU)作为系统总机。

②一个 DSP 或 DTP、DDT(DDU)设备最多可对应七种共线业务,即目的设备为某一DSP 或 DTP、DDT(DDU)设备时,与其对应的源设备最多可为七个不同的 DTU 板中的数字共线设备,但是一种共线业务不能立接到几个台子。

③在小站(分系统)中,由于共线设备只有共线分机可以呼入且共线分机已经配置过了,

因此在此步中选择的目的设备决不能为共线设备。

④在此步中,源设备不能从 DSP 或 DTP、DDT(DDU)设备选取。用户配置主站设备时,在设备属性表中看到的源设备对应的 DSP 设备是在配置共线呼到 DSP 或 DTP、DDT(DDU)设备时由系统自动生成的。DSP 或 DTP、DDT(DDU)设备的路由配置是在定义键中进行配置的。

(6)配置系统号码

系统号码的分配相对于系统内的其他数据来说是独立的,只要是系统中存在的端口就一定要分配给号码。该号码与逻辑设备号的区别是:逻辑设备号是系统内识别的用于端口间交换的由系统自主管理的号码;而此处分配的号码是由用户管理的用于识别逻辑设备的号码,即相当于家中的电话号码。

系统内的号码分为两部分:组号和组内号码。因此为某一设备配置号码时,先要指定组号,再指定组内号码,最后指定对应的设备号及号码描述。

一般情况下,号码分配有一个约定俗成的原则:组号为 20 的号码一般分配给 ALC 板端口;组号为 22 的号码分配给 DSP 或 DTPDDT(DDU)板端口;组号为 23~48 的号码一般按时隙号依次分配给数字共线设备;号码 4900 是闭塞上行,4901 是闭塞下行;组号为 51 及以后号码分配给模拟共线设备。另外,远程调度台的管理端必须要为其分配号码,而在放置端则不需为其分配号码。

为减少配置号码过程中的重复工作,系统中提供了批量配置号码的功能。

(7)配置调度台

如果在第(1)步中对端口进行了配置,在此就可以为当前站配置调度台(值班台)。在这里主要是设置调度台(值班台)的相关属性。

用户首先选择连接此调度台(值班台)的端口,然后设置调度台名称、类别等。

CTT4000 系统还提供了将调度台通话时的语音通过模拟端口输出的功能。表中的通道 1 输出设备及通道 2 输出设备两项配置分别指定了两个 B 通道的输出设备。一般情况下,采用 VF24M(二/四线音频)来作为语音输出设备。

注意:对于此项中的 DSP 中继、固定连接和数字通道在正常数据配置中不必进行设置,这几项只有在进行特殊业务配置时需要进行设置。

(8)键定义

按键式调度台(值班台)的按键定义在此项完成,触摸屏调度台的按键配置单独进行说明。调度台(值班台)的每一个键都可以配置相应的呼叫对象,用户可根据具体情况对各个键进行配置。

各项数据具体说明如下:

①键号。指调度台(值班台)上单呼、组呼键区内的键的顺序号,排列顺序为由左至右、由上至下,对于大型操作台键号依次为 1、2…47、48,而对于小型操作台键号依次为 1、2…25。

②键名称。对于此键功能的简单描述。

③全呼。是指当在调度台上按全呼功能键时是否可以呼到本键所对应的呼叫对象。可呼出:顾名思义此项定义的是该键是否可以呼出。

④线路类型。线路类型定义,具体如下:

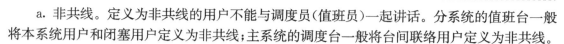

a. 非共线。定义为非共线的用户不能与调度员(值班员)一起讲话。分系统的值班台一般将本系统用户和闭塞用户定义为非共线;主系统的调度台一般将台间联络用户定义为非共线。

b. 模拟。音频调度回线的用户。

c. 数字。一般在调度台侧将调度分机设置为数字。

d. 本地上共线。是指将本地用户作为数字共线用户使用,只有当主系统有本地用户呼叫调度时才需要将线路类型设置为本地上共线。

⑤呼叫号码。定义该键呼叫的用户对应的系统号码。单击两次呼叫号码所对应的栏目,将会出现省略形式的按钮,单击此按钮将弹出选择号码对话框,用户可以从中选择用户对应的系统号码或直接输入。

(9)设置组呼键(适用于按键式操作台)

设置组呼键可以实现按一键同时呼叫多个单键对应的用户。其中的组呼键名与上一步中的键号同样是指调度台(值班台)上组呼、单呼键区的按键顺序号。

项目四 典型数据的配置

(1)怎样增加一种数字共线业务?

第一步:在环数据里的第 5 项配置环中选择环,然后单击右键选定添加数字共线电话时隙,并进行描述。

第二步:在环数据里的第 6 项配置电话中,选中上一步配置的时隙,在右侧的配置数字共线分机中用"↓"键,添加车站,确定该调度业务在哪些站下有分机或该站下有几个分机。

第三步:单击环数据第 10 项生成数据,单击生成,以便生成各站数据。

第四步:在主系统车站数据安装板中定义一个 DSU 或 DDU 端口,用作该调度业务的调度台接口,即加装一个调度前台。

第五步:在主系统车站数据的设备属性栏,将在环数据配置的 DTU 共线设备号立接到上一步配置的 DSU 或 DDU 端口上。

第六步:在主系统和各个分系统数据中的号码中定义一组号码,为该调度业务每个分机定义号码,如果号码组已存在,则无需再次定义。

第七步:在主系统的车站数据里,第 10 项调度台中为该调度业务进行调度台的配置,如有备用电话,将其填入指定位置。

第八步:在主系统的车站数据的键定义和组呼键中为该调度台进行按键的定义(按键式调度台在此配置)。

第九步:在各个分系统数据中的第 4 项共线分机栏,指定该分机号立接哪个设备、是否固定连接等内容。

第十步:给主系统和各有关分系统加载数据。

(2)怎样添加一个站场用户?

第一步:在车站数据安装板项中,为将要接入的站场用户定义相应的接口模块。

第二步:在车站数据设备属性项中,将相应的各接口立接到值班台上。

第三步:在车站数据号码项中,为刚定义的接口模块分配一个号码。

第四步:在车站数据调度台的键定义项中,为刚增加的站场用户分配单呼键。

第五步：通过以上的配置，添加站场用户的工作已经完成，然后加载数据并进行主、备用MP数据的同步。

项目五　中软调度台（值班台）的功能设置

功能设置主要包括：功能键设置、其他设置、机车类型和车次字母设置等。

1. 功能键设置

用户可按需求通过左、右箭头添加、删除功能键。

备注：功能键选择完毕后要单击"应用"才能生效。

2. 其他设置

在其他设置菜单中，可以进行送话和受话音量设置。

3. 机车类型及车次字母设置

单击"拨号盘"弹出菜单，按住机车类型中可预定义的 7 个空格中任意一个 3 s,将弹出可选的所有机车类型，选中后将该机车类型设置入该空格预定义处（系统提供了 7 个可预定义的空格）。车次字母设置方法同机车类型，也提供 7 个预定义空格。

对预定义用户的删除可以长时间按住该键，待弹出是否确认删除的对话框后，单击"确认"。即可删除该预定义用户。

注意事项：

(1)要求学生在实训时，保持安静，不得大声喧哗，认真听指导老师讲解。

(2)做到讲文明、讲礼貌提出问题，耐心等待指导老师回答。

(3)通信机房有交、直流电源，插头、插座上的配电线不能随意移动，确保设备与人身安全。

(4)系统的数据是系统正常运行的最关键的参数，数据主要分为环数据和车站数据，对应各种不同的使用方式，维护台数据的配置方法也不尽相同，它是数调系统网关维护部分的核心。要求学生服从命令，听指挥，正确使用维护终端及严格按标准化操作。

七、考核标准

序号	考核内容	分值比重（%）	评分标准	考试形式
1	组织纪律	10	不旷课、不迟到、不早退，听从老师安排，态度认真。旷课 1 节扣 5 分，迟到、早退 1 次扣 1 分	考勤记录
2	站场用户数据配置、数据加载	20	完成数据配置得 10 分，配置缺或错一项扣 1 分 完成数据加载并成功得 10 分，缺或错一项扣 1 分	根据网管提示资料评分
3	连接电话机试验	10	方法基本正确得 6 分，连接不当扣 2 分，在试验中能说明思路，得 4 分	根据连接情况评分
4	键控型值班台故障处理	30	出现提醒一次扣 2 分，经多次提醒，能够判断出故障点得 15 分	
5	实训报告	30	实训报告中每缺少一项内容扣 5 分	根据报告要求评分

八、实训报告

1. 简述出站场用户的数据配置步骤。
2. 画出站场用户的连接径路图。
3. 写出实训后的收获、感受及提出合理化建议。

课程十五　电路认知与焊接实训

一、实训目的

1. 认识常用的电子元件,掌握复杂电路的分析方法。
2. 掌握焊接技巧。
3. 掌握电子产品的焊接及装配方法。
4. 掌握电子产品整机调试方法。
5. 了解电子产品故障处理方法。

二、实训任务

1. 通过实训学会识别和测试 MF47 型万用表套件中的元件,学习焊接技术。
2. 学会组装与调试万用表整机。
3. 会处理万用表的一般故障。
4. 能够熟练地使用万用表。

三、实训预备知识

1. 电阻的串联和并联的特点和应用。
2. 万用表的原理和使用方法。
3. 色环电阻的识读。

(1)四环电阻的识读。如图 2-15-1 所示,其中有一条色环与别的色环间相距较大且色环较粗,读数时应将其作为定位环放在右边。

图 2-15-1　四环电阻

这四条色环表示的意义:左边第 1 条色环表示第一位有效数字,第 2 个色环表示第 2 位有效数字,第 3 个色环表示乘数,第 4 个色环也就是离开较远并且较粗的色环,表示误差 (表 2-15-1)。由此可知,图中四环颜色分别为红、紫、绿、棕,阻值为 $R=27 \times 10^5=2.7\ \mathrm{M\Omega}$,误差为 $\pm 0.5\%$。

(2)五环电阻的识读。如图 2-15-2 所示,其中有一条与别的色环间相距较大且色环较粗,读数时放在右边。

表 2-15-1　电阻的色环

颜色	第 1 位数字	第 2 位数字	第 3 位数字(4 环电阻无此环)	倍乘数	误差
黑	0	0	0	10^0	
棕	1	1	1	10^1	$\pm 1\%$
红	2	2	2	10^2	$\pm 2\%$
橙	3	3	3	10^3	
黄	4	4	4	10^4	
绿	5	5	5	10^5	$\pm 0.5\%$
蓝	6	6	6		$\pm 0.25\%$
紫	7	7	7		$\pm 0.1\%$
灰	8	8	8		
白	9	9	9		
金				10^{-1}	$\pm 5\%$
银				10^{-2}	$\pm 10\%$

图 2-15-2　五环电阻

从左向右,前三条色环分别表示三位有效数字,第 4 条色环表示乘数,第 5 条表示误差(表 2-15-1)。

如图 2-15-2 中五环颜色分别为蓝、紫、绿、黄、棕,表示 $R = 675 \times 10^4 = 6.75$ MΩ,误差为 $\pm 1\%$。

读色环的小窍门:

(1)表示允许误差的色环比别的色环稍宽,离别的色环稍远。

(2)金色和银色只能是乘数和允许误差,一定放在右边。

(3)本次实习使用的电阻大多数允许误差是 $\pm 1\%$ 的,用棕色色环表示,因此棕色环一般都在最右边。

四、实训仪器仪表使用、实训操作安全注意事项

(一)实训仪器仪表

(1)万用表 MF47 型散件 1 套。

(2)万用表 MF-30 或 MF168 1 块。

(3)工具一套:电烙铁、镊子、尖嘴钳、斜口钳等 1 套。

(4)校准仪器、仪表:标准交、直流电压表、标准直流电流表、标准电阻箱、直流稳压电源、交流调压器、数字式三用表校验仪等。

（二）实训操作安全注意事项

（1）衣冠整洁、大方。

（2）烙铁不能碰到书包、桌面等易燃物。

（3）短时不用请把烙铁拔下，以延长烙铁头的使用寿命，烙铁不好用请及时提出。

（4）不打闹、起哄，不迟到、早退，有活动或有事要事先请假。

（5）保管好材料零件，要求独立完成。

（6）焊接完成后要打分。

（7）为了下面的同学，工具包请别放在地上。

五、实训的组织管理

学生应按照实验指导书的要求，完成指定的实训任务，并定时提交实训报告。实训课分班进行，每个实验班1人一组，并要求独立完成，配备一名实验指导教师及一名理论课教师。实训时间安排见表2-15-2。

表 2-15-2　实训时间安排表

教学时间		实训任务	实训单项名称	实训学时数	现场指导老师
星期	节次				
一	1~4	分析万用表工作原理；讲解焊接方法	项目一：电路的认知方法及焊接方法介绍	4	
	5~6	焊接练习	项目二：焊接练习	2	
二	1~4	清点、识别元器件	项目三：电路中元器件识别、焊接、装配（一）	4	
	5~6	电阻等小器件的焊接、装配	项目三：电路中元器件识别、焊接、装配（二）	2	
三	1~4	电容等中等器件的焊接、装配	项目三：电路中元器件识别、焊接、装配（三）	4	
	5~6	电位器等大器件的焊接、装配及导线连接	项目三：电路中元器件识别、焊接、装配（四）	2	
四	1~4	万用表各挡位校准、故障排除	项目四：电路调试	4	
	5~6			2	
五	1~4	考核	项目五：考核及实训报告的撰写	4	

注：根据学生的实际应适当调整实训进度。

六、实训项目简介、实训步骤指导与注意事项

参见唐志珍主编的《电路分析基础》教材193~200页，具体内容如下：

实训一　清点材料

参考材料配套清单,并注意与材料清单一一对应。

1. 电阻(图 2-15-3)

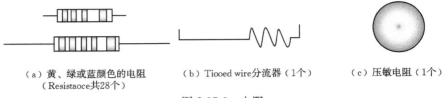

（a）黄、绿或蓝颜色的电阻　　　　（b）Tiooed wire分流器（1个）　　　（c）压敏电阻（1个）
（Resistaoce共28个）

图 2-15-3　电阻

2. 可调电阻(图 2-15-4)

轻轻拧动电位器的黑色旋钮,可以调节电位器的阻值;用十字螺丝刀轻轻拧动可调电阻的橙色旋钮,也可调节可调电阻的阻值。

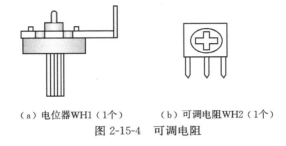

（a）电位器WH1（1个）　　　　（b）可调电阻WH2（1个）

图 2-15-4　可调电阻

3. 二极管、保险丝夹(图 2-15-5)

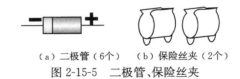

（a）二极管（6个）　　（b）保险丝夹（2个）

图 2-15-5　二极管、保险丝夹

4. 电容(图 2-15-6)

2A103J

（a）电解电容（1个）　　　　（b）涤沦电容（1个）

图 2-15-6　电容

5. 保险丝、连接线、短接线(图 2-15-7)

（a）保险丝管（1个）　　　　（b）连接线（4根）+短接线（1根）

图 2-15-7　保险丝、连接线、短接线

6. 线路板（图 2-15-8）

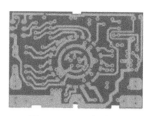

图 2-15-8　线路板

7. 面板＋表头、挡位开关旋钮、电刷旋钮（图 2-15-9）

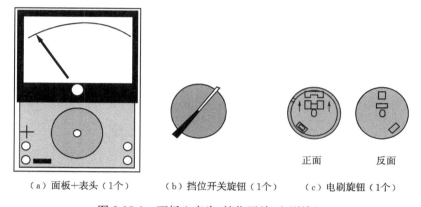

（a）面板＋表头（1个）　　　（b）挡位开关旋钮（1个）　　　（c）电刷旋钮（1个）

图 2-15-9　面板＋表头、挡位开关、电刷旋钮

8. 电位器旋钮、晶体管插座、后盖（图 2-15-10）

（a）电位器旋钮（1个）　　　（b）晶体管插座（1个）　　　（c）后盖（1个）

图 2-15-10　电位器旋钮、晶体管插座、后盖

9. 电池夹、铭牌（图 2-15-11）

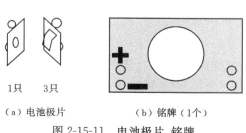

1只　　3只

（a）电池极片　　　　　（b）铭牌（1个）

图 2-15-11　电池极片、铭牌

10. V 形电刷、晶体管插片、输入插管（图 2-15-12）

（a）V形电刷（1个）　（b）晶体管插片（6片）　（c）输入插管（4只）

图 2-15-12　V 形电刷、晶体管插片、输入插管

11. 表棒（图 2-15-13）

图 2-15-13　表棒

实训二　二极管、电容、电阻的认识

1. 二极管的认识（图 2-15-14）

实物相对照，黑色的一头为正极，白色的一头为负极。

图 2-15-14　二极管极性判断

2. 电解电容的认识（图 2-15-15）

注意观察在电解电容侧面有"－"，是负极，如果电解电容上没有标明正负极，也可以根据它引脚的长短来判断，长脚为正极，短脚为负极。

图 2-15-15　电解质电容性判断

3. 色环电阻的认识（图 2-15-1 和图 2-15-2）

根据各电阻的具体色环，查表 2-15-1 进行电阻值的识读。

注意：(1)表示允许误差的色环比别的色环稍宽，离别的色环稍远。

(2)金色和银色只能是乘数和允许误差，一定放在右边。

(3)本次实验所用的电阻大多数允许误差是±1%，用棕色环表示，因此，棕色环一般都在最右边。

实训三　焊接前的准备工作

1. 焊接练习

练习时注意不断总结，把握加热时间、送锡多少，不可在一个点加热时间过长，否则会使线路板的焊盘烫坏。注意应尽量排列整齐，以便前后对比，改进不足。

2. 检查印刷电路板

检查其铜箔线条是否完好、有无断线及短路。

3. 元件引脚的弯制成形（图 2-15-16）

左手用镊子紧靠电阻的本体,夹紧元件的引脚使引脚的弯折处,距离元件的本体 2 mm 以上的间隙。左手夹紧镊子,右手食指将引脚弯成直角。引脚之间的距离,根据线路板孔距而定,二极管、电容可以水平安装,当孔距很小时应垂直安装。

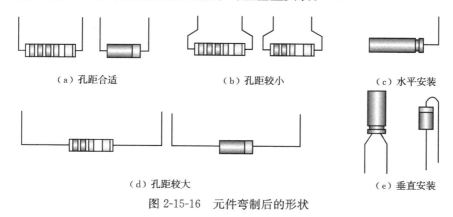

（a）孔距合适　　　　　（b）孔距较小　　　　　（c）水平安装

（d）孔距较大　　　　　（e）垂直安装

图 2-15-16　元件弯制后的形状

实训四　元器件的安装与焊接

注意按照装配图进行装配,每焊接完一部分元器件时,均应检查焊接质量及是否有错焊、漏焊,发现问题及时纠正。这样可保证焊接万用表一次成功而进入下一道工序。

实训五　机械部分的安装与调整

1. 电刷旋钮的安装（图 2-15-17）

将电刷旋钮的电刷安装卡转向朝上,V 形电刷有一个缺口,应该放在左下角,因为线路板的 3 条电刷轨道中间 2 条间隙较小,外侧 2 条间隙较大,与电刷相对应,当缺口在左下角时电刷接触点上面 2 个相距较远,下面 2 个相距较近,一定不能放错。电刷四周都要卡入电刷安装槽内,用手轻轻按,看是否有弹性并能自动复位。

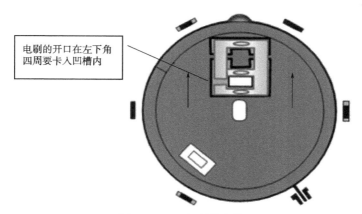

电刷的开口在左下角四周要卡入凹槽内

图 2-15-17　电刷的安装

2. 线路板的安装

电刷安装正确后方可安装线路板。安装线路板前先应检查线路板焊点的质量及高度,特别是在外侧两圈轨道中的焊点,由于电刷要从中通过,安装前一定要检查焊点高度,不能超过 2 mm,直径不能太大,如果焊点太高会影响电刷的正常转动甚至刮断电刷。

线路板用三个固定卡固定在面板背面,将线路板水平放在固定卡上,依次卡入即可。如果要拆下重装,依次轻轻扳动固定卡。注意在安装线路板前先应将表头连接线焊上。

最后是装电池和后盖,装后盖时左手拿面板,稍高,右手拿后盖,稍低,将后盖从向上推入面板,拧上螺丝,注意拧螺丝时用力不可太大或太猛,以免将螺孔拧坏。

实训六　校试万用表

万用表完成电路组装后,必须进行详细检查、校试和调试,使各挡测量的准确度都达到设计的技术要求(注意:组装完成后的万用表,装入电池,转换开关置于欧姆挡,两表棒短接调零,旋动零欧姆调节电位器,能够调零后方可进入校试阶段)。

按照电表校试规程规定,标准电表的准确度等级,至少要求比被校表高两级。

1. 校试方法

以校试直流电压为例,如图 2-15-18 所示,图中 V_0 为 0.5 级标准直流电压表;V_x 为被校准的万用表;U_0 为标准表测得的被测电压值(看作实际值);U_x 为被校表的读数。按图 2-15-18 接线,调节稳压电源的输出电压 U_S,使被校表的指针依次指在标尺的整刻度值图 2-15-19 所示的 A、B、C、D、E 五个位置上,分别记下标准表和被校表的读数 U_0 和 U_x,则在每个刻度值上的绝对误差为 $\Delta U = U_x - U_0$,取绝对误差中的最大值 ΔU_{max},按下式计算。被校万用表电压挡的准确度等级(最大引用误差)K_u

$$\pm K_u \% = \frac{\Delta U_{max}}{U_m} \times 100\%$$

式中　U_m 为被校表的量限。若 $K_u = \pm 5\%$,则被校表电压挡在此量限的准确度等级为 5.0 级。若准确度等级已达到设计的技术要求,则认为合格,若低于设计的指标,必须作重新调整和检查。

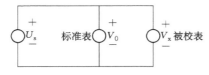
图 2-15-18　直流电压挡校试电路

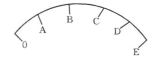
图 2-15-19　标尺

对于直流电流挡、交流电压挡及其各量限的校试,均可按照上述方法进行。

2. 校试步骤

(1)直流电流挡校试

按图 2-15-20 接线,被校表分别置于 50 mA、500 mA 各挡位上,标准表相应放置在直流各量限上,调节可变电阻器 R_P,使标准表的电流读数分别为 20 mA、200 mA,再从被校表读取测量数据,记入附表中。由表中最大引用误差确定准确度等级,若不符合要求,说明环形分流电阻不合格。这时可先调整原理图中的半可调电阻(2.3 kΩ),如果仍不符合要求,可再检查其他分流电阻阻值,直到符合技术指标要求为止。

(2)直流电压挡校试

按图 2-15-20 接线,分别校试 10 V、50 V 直流电压挡。调节直流稳压电源输出电压 U_S,

使标准表的直流电压读数分别为 5 V、20 V，再从被校表读取相应的测量数据，记入附表中。由表中最大引用误差确定准确度等级，若不符合要求，则需检查或更换分压电阻。

(3)交流电压挡校试

按图 2-15-21 接线，被校表放置在交流电压 50 V、250 V 挡位上，标准表也放置在相应的量限上，调节调压器输出电压，使标准表指示分别为 30 V、220 V，从被校表读取测量数据，记入附表中。

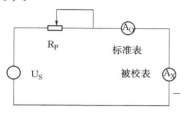
图 2-15-20　直流电流挡校试电路

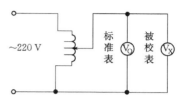
图 2-15-21　交流电压挡校试电路

(4)电阻挡校试

将被校表装上电池，进行零欧姆调节，对各电阻挡都要调节零欧姆点。若调节零欧姆调节旋钮，指针不能指到零欧姆位置上，可能电池已不足，应予以更换或是电位器有故障。

取标准电阻箱的阻值为 5 kΩ、50 Ω，分别测量上述两个电阻值，读取测量数据记入附表中。

经过以上各项检查、调试和校正，若万用表准确度均符合技术指标的要求，则合格可用。若出现不能测量或测量不准确，则说明万用表的焊接装配中存在故障，需要查找故障并对故障进行处理。

实训七　故障及原因分析

(1)短路故障：可能由于焊点过大，焊点带毛刺，导线头的芯线露出太长或焊接时烫破导线绝缘层，装配元、组件时导线过长或安排不紧凑，装入盒后，互相挤碰而造成短路。

(2)断路故障：焊点不牢固，虚焊、脱焊、露线，原组件损坏，转换开关接触不良等。

(3)电流挡测量误差大：可能分流电阻值不准确或互相接错。

(4)电压挡误差大：可能分压电阻值不准确或互相接错。

(5)测量交流高电压挡时，电流指针偏小，可能整流二极管损坏或分压电阻不准确。

(6)用 $R \times 10$ 挡和用 $R \times 1$ k 挡测量同一个电阻时，若表头指针位置接近，可能是该挡的分流电阻未接通。

以上各种故障现象，只要在组装万用表过程中认真细心地按照每个组装工序的要求去做，均可排除。

七、考核标准

序号	考核内容	考核标准	评分标准	考试形式
1	组织纪律	不迟到、不旷课，态度认真	共 10 分 迟到、早退一次扣 0.5 分，旷课一次扣 2 分，玩手机一次扣 1 分	平时表现

序号	考核内容	考核标准	评分标准	考试形式
2	产品质量	无错焊、虚焊,元件放置整齐,引脚弯曲统一,焊点光滑均匀呈圆锥形	共30分 元件不整齐一个扣1分,焊点不光滑一个扣0.5分	根据焊接的电路板进行评分
3	故障分析、处理	能独立使用测试设备判断故障现象,查找出故障的原因,排除故障	共20分 帮助其他同学排除故障可酌情加分,被帮助的酌情减分	过程考核
4	万用表使用	使用万用表按步骤、规范、熟练测量直流电压、电流、交流电压、电阻等	共30分,每项7分,各项优秀者加2分 每项测试中,不规范不按步骤扣3分,读数不熟练每超时一分钟扣2分	实际操作
5	实训报告	实训报告内容完整、充实,版面整齐	共10分 每少一项内容扣1分,版面、字迹不整者酌情	批改实训报告

八、实训报告

(1)写出 MF-47 型万用表的技术数据。

(2)万用表校试记录及计算绝对误差、引用误差、准确度等级。

项目 \ 数据	校试点	标准表读数	被校表读数	绝对误差 $\Delta A = A_X - A_O$	引用误差 $K_m = \dfrac{\Delta A}{A_m}$	准确度等级
直流电流（mA）						
直流电压（V）						
交流电压（V）						
电阻（Ω）						

（3）排除故障小结。

故障名称或现象	分析原因	排除方法

（4）组装万用表的收获体会。

课程十六　电工考证培训

实训一　单相配电盘及照明线路的安装

一、实训目的

1. 熟练掌握单相电度表的读数及安装方法。
2. 熟练掌握照明线路的安装及故障检修方法。
3. 掌握电工布线的工艺要求。

二、实训仪器及设备

1. 万用表一块、电笔一只、电工刀、尖嘴钳、斜口钳、剥线钳、旋具（一字十字）各一把。
2. 单相电度表、单相漏电保护器、单相闸刀开关、熔断器、三眼插座、双联开关、白炽灯泡、灯座、2.5 mm^2 铝芯线、0.3 mm^2 铜芯软线。

三、实训前准备工作

1. 了解单相电度表、单相漏电保护器的作用、结构及工作原理。
2. 了解电工常用工具的使用方法及布线的工艺要求。

四、实训内容及步骤

1. 工作原理

如图 2-16-1 所示，QS1 闭合交流 220 V 电源经过 QS1 由 1、4 端进入单相电度表后由 3、5 端输出，然后进入漏电保护器的入端，再由输出端输出经 FU 熔断器接入电源插座。电源相线经 QS2、QS3、EL 接到零线构成回路，由 QS2、QS3 控制 EL 灯的亮或熄。

2. 实训步骤

（1）按图 2-16-1 所示接线。
（2）线路检查。
（3）通电试验。
（4）故障分析与处理。

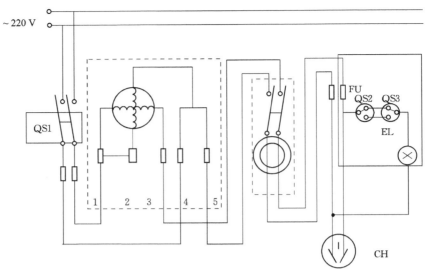

图 2-16-1　单相配电盘及照明线路

五、注意事项

1. 学生在实训中要注意自身安全及设备安全。

2. 学生要遵循实验室制度,严禁违章操作。

3. 妥善保管好工具,节约用料,认真细心地安装,调试。

4. 实训中应保持桌面整洁,实训完毕马上将桌面清理干净。

六、思考题

1. 对照电路图说出电路所使用的电器设备名称、作用、内部结构、工作原理。

2. 单相低压电器设备最高工作电压不得超过多少? 零线与地线有何异同?

3. 在线路安装时,要求进入保险的是相线还是零线? 安装插座时应遵循什么样的规定?

实训二　日光灯电路的安装、电源变压器的判别、瓷瓶的绑法

一、实训目的

1. 掌握日光灯电路的工作原理,学会普通日光灯电路和电子镇流型日光灯电路的安装和故障处理。

2. 掌握电源变压器的判别、瓷瓶的绑法。

二、实训仪器及设备

1. 万用表一块、电笔一只、电工刀、尖嘴钳、斜口钳、剥线钳、旋具(一字十字)各一把。

2. 单相闸刀开关、熔断器、日光灯组件一套、瓷瓶、2.5 mm² 铝芯线、0.3 mm² 铜芯软线。

三、实训前准备工作

1. 了解日光灯电路的组成及工作原理。
2. 了解常用变压器的结构及工作原理。
3. 了解电工室外作业工艺要求。

四、实训内容及步骤

1. 工作原理

如图 2-16-2 所示,普通日光灯电路由灯管、启辉器和镇流器三大部分组成。

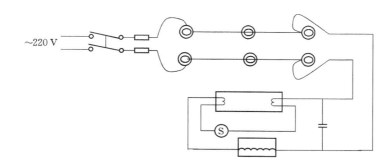

图 2-16-2　普通日光灯电路

日光灯刚接通电源时,电源相线经镇流器、灯管一端的灯丝加在启辉器的一端,电源零线经灯管另一端灯丝加在启辉器的另一端。此时 220 V 交流电压全部加在启辉器的动、静片之间,引起氖泡的氖气辉光放电。放电时产生的热量使动触片受热伸展与静触片接触,灯管内的两组灯丝接通并通过电流,灯丝受热发射电子。动静触片接通后电压降为零,氖气停止放电温度急剧下降,动触片冷却复原与静触片断开分离。动、静触片突然分离的瞬间,在镇流器的两端产生 200～420 V 的自感电动势与电源电压一起叠加在灯管的两端,使灯管内的氩气电离而导通。氩气放电产生的热量又使管内水银蒸发变成水银蒸气。当水银蒸气被电离而导电时,发出大量的紫外线,辐射出来的紫外线激励灯管内壁上的荧光粉,使它发出柔和、近似日光的白色的光线。日光灯一旦工作后,大部分电压加在镇流器两端,只有 60 V 左右的电压加在灯管两端,由于加在启辉器两端电压小于 135 V。启辉器不再放电,此时启辉器就不再起作用了。

镇流器的作用:限流、降压,利用自感产生高压。

启辉器的作用:相当于一个开关。

电容的作用:提高功率因素,使线路上总电流减小,降低线路上的电压损耗。常采用并联连接方式拉在电源两端。

2. 实训步骤

(1)分别按图 2-16-2 和图 2-16-3 绑瓷瓶、接线。

(2)线路检查。

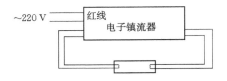

图 2-16-3　电子镇流型日光灯电路

(3)通电试验。

(4)故障分析与处理。

(5)电源变压器判别。

五、注意事项

1. 学生在实训中要注意自身安全及设备安全。

2. 学生要遵循实验室制度,严禁违章操作。

3. 妥善保管好工具,节约用料,认真细心地安装,调试。

4. 实训中应保持桌面整洁,实训完毕马上将桌面清理干净。

六、思考题

1. 对照电路图说出电路所使用的电器设备名称、作用、内部结构、工作原理。

2. 日光灯电路是什么性质的负载? 提高功率因数的意义是什么? 采取什么样的方法?

3. 如何判断变压器的一次侧和二次侧?

实训三　三相配电盘的安装方法

一、实训目的

1. 掌握三相电度表的读数和安装方法。

2. 掌握电流互感器的安装和使用方法。

二、实训仪器及设备

1. 万用表一块、电笔一只、电工刀、尖嘴钳、斜口钳、剥线钳、旋具(一字十字)各一把。

2. 三相电度表、三相闸刀开关、电流互感器、三相漏电断路器、2.5 mm² 铝芯线。

三、实训前准备工作

1. 了解三相电度表的组成及工作原理。

2. 了解常用互感器的结构及工作原理。

3. 了解电工作业综合布线的工艺要求。

四、实训内容及步骤

1. 工作原理

如图 2-16-4 所示,三相电度表的连接方式有直接接入式和间接接式入式两种。本电路采用的是间接接式入方式。两者的区别在于负载电流的大小。当负载电流大于三相电度表的额定电流时,应采用间接接式入方式;当负载电流小于三相电度表的额定电流时,可采用直接接式入方式。三相漏电断路器有三相三线制和三相四线两种。使用三相三线制漏电断路器时必须将三根相线接入到漏电断路器中。该电路由主电路连接和三相电度表的连接两部分组成。主电路连接是由三相电源 U、V、W 三根相线经 QS1 后分别穿过电流互感器然后接入到三相漏电断路器输入端,负载接在三相漏电断路器输出端。

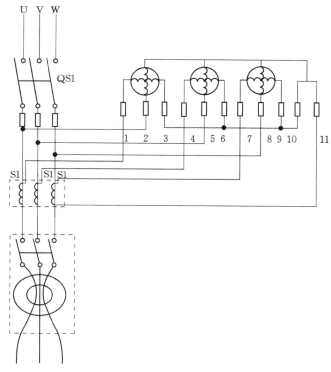

图 2-16-4　三相电度表的安装

三相电度表的连接:三相电度表的 2、5、8 端子分别接在 U、V、W 三相电源上,1 端子接在 U 相电源线所穿过的电流互感器 S1 端子上,4 端子接在 V 相电源线所穿过的电流互感器 S1 端子上,7 端子接在 W 相电源线所穿过的电流互感器 S1 端子上,三个电流互感器的 S2 端子接在一起接到三相电度表的 10 或 11 端子上。

2. 实训步骤

(1)按图 2-16-4 接线。

(2)线路检查。

(3)老师验收。

五、注意事项

1. 学生在实训中要注意自身安全及设备安全。
2. 学生要遵循实验室制度,严禁违章操作。
3. 妥善保管好工具,节约用料,认真细心地安装,调试。
4. 实训中应保持桌面整洁,实训完毕马上将桌面清理干净。

六、思考题

1. 对照电路图说出电路所使用的电器设备名称、作用、内部结构、工作原理。
2. 三相电度表与单相电度表有何异同? 带有电流互感器的三相电表如何计算用电量?
3. 使用电流互感器应注意什么问题?

实训四　三相异步电动机降压启动电路的连接方法

一、实训目的

1. 熟练掌握三相异步电动机降压启动电路的安装及电动机线头线尾的识别方法。
2. 熟练掌握三相异步电动机绝缘电阻的测量方法。

二、实训仪器及设备

1. 万用表一块、电笔一只、电工刀、尖嘴钳、斜口钳、剥线钳、旋具(一字十字)各一把。
2. 三相异步电动机、三相闸刀开关、三相双向闸刀开关、2.5 mm² 铝芯线。

三、实训前准备工作

1. 了解三相异步电动机的结构及工作原理。
2. 了解兆欧表的结构、使用方法及工作原理。

四、实训内容及步骤

1. 工作原理

如图 2-16-5 所示,其工作原理为:QS1 闭合,QS2 置于停止位置时,电机处于停止状态;QS2 置于启动位置时,电动机采用 Y 形连接,电机处于降压启动状态;QS2 置于运转位置时,电动机采用△连接,电机处于全压运转状态。

2. 实训步骤

(1)测量三相异步电动机绝缘电阻。

(2)三相异步电动机线头线尾的识别。

(3)按图 2-16-5 接线。

(4)线路检查。

(5)通电试验。

(6)故障分析与处理。

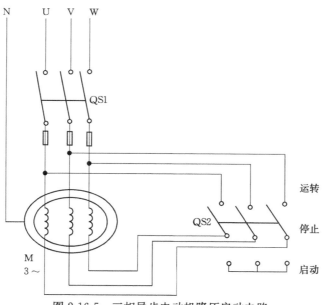

图 2-16-5　三相异步电动机降压启动电路

五、注意事项

1. 学生在实训中要注意自身安全及设备安全。

2. 学生要遵循实验室制度,严禁违章操作。

3. 妥善保管好工具,节约用料,认真细心地安装,调试。

4. 实训中应保持桌面整洁,实训完毕马上将桌面清理干净。

六、思考题

1. 该电路采用了何种降压起动方式? 其目地是什么? 什么样的电动机采用降压起动方式?

2. 电动机的绝缘电阻采用什么仪器检测? 其绝缘电阻为多少才符合要求?

3. 电动机的外壳应采取何种保护连接措施? 应遵循什么原则?

实训五　三相异步电动机接触器连锁正/反转控制电路

一、实训目的

1. 通过对三相异步电动机接触器联锁正/反转控制线路的接线,掌握由电路原理图接成实际操作电路的方法。

2. 掌握三相异步电动机正/反转的原理和方法。

二、实训仪器及设备

1. 万用表一块、电笔一只、电工刀、尖嘴钳、斜口钳、剥线钳、旋具(一字十字)各一把。

2. 三相异步电动机、三相闸刀开关、交流接触器、热继电器、自复式按钮开关、熔断器、2.5 mm² 铝芯线、0.3 mm² 铜芯软线。

三、实训前准备工作

1. 了解三相异步电动机的结构及工作原理。
2. 了解交流接触器、热继电器的结构、作用及工作原理。

四、实训内容及步骤

1. 工作原理

如图 2-16-6 所示，QS1 闭合，按下 SB2，U 相经 FU、FR（95、96 接点）加 KM1 线圈的一端，V 相经 FU、SB1、SB2、KM2 加 KM1 线圈的另一端，KM1 动作，KM1 主接点闭合，U、V、W 三相电源经 QS1、KM1、FR 加在电动机上，使电动机实现正转工作；同时 KM1 辅助常开接点闭合，给 KM1 线圈维持供电通路，从而完成自锁功能；KM1 辅助常闭接点断开，切断了 KM2 线圈的供电通路，实现了当 KM1 线圈动作时 KM2 线圈不能动作从而完成互锁功能。按下 SB1，切断了 KM1 线圈的供电通路，KM1 主接点断开，电动机停止运转。

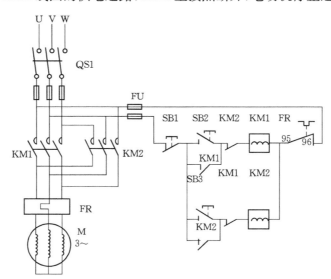

图 2-16-6　三相异步电动机接触器联锁正反转控制线路

QS1 闭合，按下 SB3，U 相经 FU、FR（95、96 接点）加 KM1 线圈的一端，V 相经 FU、SB1、SB3、KM1 加 KM2 线圈的另一端，KM2 动作，KM2 主接点闭合，U、V、W 三相电源经 QS1、KM2、FR 加在电动机上，使电动机实现反转工作；同时 KM2 辅助常开接点闭合，给 KM2 线圈维持供电通路，从而完成自锁功能；KM2 辅助常闭接点断开，切断了 KM2 线圈的供电通路，实现了当 KM2 线圈动作时 KM1 线圈不能动作从而完成互锁功能。

按下 SB1，切断了 KM1 或 KM2 线圈的供电通路，KM1 或 KM2 主接点断开，电动机停止运转。

FR 为热继电器，具有过热保护功能。当电动机电流超过额定电流时，FR（95、96）接点断开，切断了 KM1 或 KM2 线圈的供电通路，KM1 或 KM2 主接点断开，电动机停止运转。

2. 实训步骤

(1)按图 2-16-6 接线。

(2)线路检查。

(3)通电试验。

(4)故障分析与处理。

五、注意事项

1. 学生在实训中要注意自身安全及设备安全。

2. 学生要遵循实验室制度,严禁违章操作。

3. 妥善保管好工具,节约用料,认真细心地安装,调试。

4. 实训中应保持桌面整洁,实训完毕马上将桌面清理干净。

六、思考题

1. 对照电路图说出电路所使用的电器设备名称、作用、内部结构、工作原理。

2. 该电路具有何种功能?

3. 该电路中的电机采用 Y 形连接还是 △ 型连接?其机壳采用保护接地还是保护接零?

实训六　具有过载保护的自锁三相异步电动机单向控制电路

一、实训目的

1. 通过对具有过载保护的自锁三相异步电动机单向控制电路的接线,掌握由电路原理图接成实际操作电路的方法,了解电动机单向控制的应用。

2. 掌握三相异步电动机正反转的原理和方法。

3. 掌握电工布线的工艺要求

二、实训仪器及设备

1. 万用表一块、电笔一只、电工刀、尖嘴钳、斜口钳、剥线钳、旋具(一字、十字)各一把。

2. 三相异步电动机、三相闸刀开关、交流接触器、热继电器、自复式按钮开关、熔断器、2.5 mm² 铝芯线、0.3 mm² 铜芯软线。

三、实训前准备工作

1. 了解三相异步电动机的结构及工作原理。

2. 了解交流接触器、热继电器的结构、作用及工作原理。

四、实训内容及步骤

1. 工作原理

如图 2-16-7 所示,电路启动、停止工作原理如下:

启动原理：按下 SB2 常开触头→ $\left\{\begin{array}{l}\text{主触头 KM 闭合}\\\text{常开辅助触头 KM 闭合}\end{array}\right\}$→电动机启动

停止原理：按下 SB1 常闭触头→ $\left\{\begin{array}{l}\text{主触头 KM 断开}\\\text{常开辅助触头 KM 断开}\end{array}\right\}$→电动机停止

电路保护原理：当流过电动机的电流超过其额定电流时，则串接在主回路中的热继电器的双金属片受热而弯曲，经过一定的时间，使串接在控制回路中的常闭触头分断，切断控制回路电源，使接触器 KM 线圈失电，主触头分断，电动机 M 便脱离电源停转，实现过载保护。

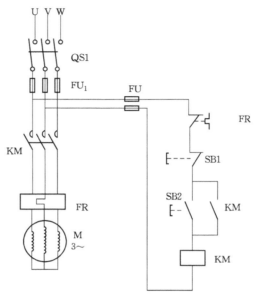

图 2-16-7　具有过载保护的自锁三相异步电动机单向控制电路

2. 实训步骤

(1)按图 2-16-7 接线。

(2)线路检查。

(3)通电试验。

(4)故障分析与处理。

五、注意事项

1. 学生在实训中要注意自身安全及设备安全。

2. 学生要遵循实验室制度，严禁违章操作。

3. 妥善保管好工具，节约用料，认真细心地安装，调试。

4. 实训中应保持桌面整洁，实训完毕马上将桌面清理干净。

六、思考题

1. 对照电路图说出电路所使用的电器设备名称、作用、内部结构、工作原理。

2. 说明控制电路的工作过程及过热保护工作原理。

实训七　触电急救

一、实训目的

1. 掌握触电急救知识和操作方法。
2. 了解 FSR-Ⅲ 模拟人的结构和实施操作方法。

二、实训仪器及设备

心脏复苏模拟人系统。

三、实训前准备工作

1. 在使用模拟人操作抢救时,应该准备 1 瓶 70％ 的酒精(医用乙醇)和脱脂棉,以备消毒。
2. 把模拟人仰卧平放,接通操作记录仪。
3. 打开操作记录仪的电源开关,按训练按钮,此时可任意做呼吸和按压操作。
4. 在练习操作时,吹气量不足记录仪不会计数,按压力度不够或部位不正确,记录仪不会计数或发出"滴、滴"的提示声。

四、实训内容及步骤

1. 让模拟人仰卧,接通记录仪,一手托触电者后颈或在颈后垫上小枕头,使模拟人头部充分后仰,畅通气道。清除口中异物,救护人跪在触电者一侧。
2. 救护人深吸一口气,向触电者口内吹气时,同时捏住鼻翼使其鼻孔关闭,以防止漏气。吹起 2 s,离开触电者的口,松开鼻翼,让其自行呼吸 3 s。
3. 胸外挤压:以中指对准锁骨凹堂,掌心自然对准按压点(心窝)。双手重叠垂直向下挤压 3～4 cm,然后放松,要慢压突放,每分钟挤压 80～100 次。
4. 记录仪操作要求:单人操作,先进行 2 次人工呼吸,并在规定的 60～70 s 内,按压 15 次,呼吸 2 次,依次重复 4 遍,呼吸气量不小于 1 200 ml。模拟人救活后有悦耳的音乐声,眼睛瞳孔会自行缩小,并有颈动脉跳动。

五、注意事项

急救口对口人工呼吸,吹气时应口对口密封,防止漏气,并使头部充分后仰,畅通气道。

六、思考题

1. 急救前应做哪些准备工作?
2. 支持生命的措施有哪些?

七、考核标准

1. 要求学生独立完成各项考核。
2. 各模块所占总成绩的比例如下：

序号	考核内容	考核标准	评分标准	考试形式
1	组织纪律	不迟到、不旷课，听从老师安排，态度认真	共 10 分 迟到、早退一次扣 0.5 分，旷课一次扣 2 分，玩手机一次扣 1 分	平时表现
2	项目考核	能在规定的时间内完成各项目，接线正确、规范、有序、美观	共 80 分，每项 10 分，各项都表现优秀加 10 分 每项考核中，每超时一分钟 1 分；错误接线一根扣 0.5 分；接线美观程度酌情减分；不规范操作扣 5 分	实际操作结合过程考核
3	实训报告	实训报告内容完整、充实，版面整齐	共 10 分 每少一个项目扣 1 分，版面、字迹不整者酌情减分	批改实训报告

3. 总成绩分五个等级：不及格(0～59 分)；及格(60～69)；中(70～79)；良(80～89)；优(90～100)。
4. 旷课超过 1/3 及不交实训报告者记为 0 分或(缺)，不服从老师安排态度恶劣者将取消评定。

八、实训报告(实训结束后的下周一交)

1. 说明每个项目的接线操作过程。
2. 适当的实训总结、心得体会。

课程十七 通信终端组装与维修

一、实训目的

本次实训依据通信专业教学大纲要求，培养学生从事通信技术操作技能，使学生具有在通信终端调试与维修及其相关领域从业的综合职业能力，帮助学生验证、巩固和运用已学电路、低步与高频电子知识。

二、实训任务

本次实训学生须完成以下实训任务：
1. 掌握常见电子元器件的基本识别方法。
2. 学会看懂电路原理图、印制电路图、装配图。
3. 熟悉通信终端产品的工作原理。

4.熟练掌握焊接、装配技术。

5.掌握通信终端产品调试步骤、方法。

6.掌握通信终端产品故障分析、处理。

7.熟练使用通信终端产品。

三、实训预备知识

本实训的先修课程是电路分析基础、电子技术。掌握电路、电子的基础知识,熟悉无线通信中信号发射、接收过程,要求能分析电路图,能识别元器件,了解元器件的功能,正确分析、处理故障。

四、实训仪器仪表使用、实训操作安全注意事项

(一)实训仪器仪表

对讲机散装套件一套(含电路图、元件清单);电烙铁、热风枪、斜口钳、测试仪若干。

(二)实训操作安全注意事项

使用电烙铁时注意安全,避免烫伤、损坏仪器仪表等,注意安全用电。

五、实训的组织管理

时间安排。

实训时间(第一周)		实训任务	实训单项名称	实训学时数	现场指导教师
星期	节次				
一	1～4	项目一:原理讲解	对讲机接收原理讲解	4	
	5～8		对讲机发射原理讲解	2	
二	1～4	项目二:电路分解	画出接收部分的框图及电路	4	
	5～8		画出发射部分的框图及电路	2	
三	1～4	项目三:元器件清点、识别、检测	分发、清点对讲机套件	4	
	5～8		二极管等的测试、判别	2	
四	1～4	项目四:对讲机组装	焊接练习;热风枪使用	4	
	5～8		小等器件焊接	2	
五	1～4		小、中等器件焊接	4	
实训时间(第二周)		实训任务	实训单项名称	实训学时数	现场指导教师
星期	节次				
一	1～4	项目四:对讲机组装	大器件组装	4	
	5～8		芯片等的装配	2	
二	1～4	项目五:常见故障处理	常见故障处理方法、流程	4	
	5～8		利用相关仪器设备分析电路故障	2	

实训时间(第二周)		实训任务	实训单项名称	实训学时数	现场指导教师
星期	节次				
三	1～4	项目六:讲机调试	对讲机接收部分调试	4	
	5～8		对讲机发射部分调试	2	
四	1～4		对讲机综合调试	4	
	5～8	项目七:验收	考核、验收	2	
五	1～4		考核、验收	4	

注:实训过程中应根据学生实际情况适当调整实训进度。

六、实训项目简介、实训步骤指导与注意事项

本次实训分七个项目:

项目一　原理讲解

1. 项目简介

本项目旨在了解无线通信的信号发射、接收过程及原理。

2. 实训步骤指导

根据信号发射、接收模块框图,结合实际电路详细、逐步、逐项分析讲解对讲机的发射、接收原理和过程,以及电路中每一个电子器件的作用。

项目二　电路分解

1. 项目简介

本项目旨在分别画出对讲机接收和发射电路,进一步熟悉工作原理。

2. 实训步骤指导

根据模块框图,依次、逐项画出对讲机接收和发射电路。

(1)画出发射模块电路。

(2)画出接收模块电路。

项目三　元器件清点、识别、检测

1. 项目简介

本项目旨在了解常用电子元器件的识别、检测方法。

2. 实训步骤指导

(1)根据元件清单清点对讲机套件,看是否缺少、错误。

(2)电阻的检测。

①将两表笔(不分正负)分别与电阻的两端引脚相接即可测出实际电阻值。②注意:测试时,特别是在测几十千兆以上阻值的电阻时,手不要触及表笔和电阻的导电部分;被检测的电阻从电路中焊下来,至少要焊开一个头,以免电路中的其他元件对测试产生影响,造成测量误差;色环电阻的阻值虽然能以色环标志来确定,但在使用时最好还是用万用表测试一下其实际阻值。

(3)利用万用表识别二极管的极性及质量。

①极性的判别将万用表置于 $R\times100$ 挡或 $R\times1$ k 挡,两表笔分别接二极管的两个电极,测出一个结果后,对调两表笔,再测出一个结果。两次测量的结果中,有一次测量出的阻值较大(为反向电阻),一次测量出的阻值较小(为正向电阻)。在阻值较小的一次测量中,黑表笔接的是二极管的正极,红表笔接的是二极管的负极。

②单负导电性能的检测及好坏的判断通常,锗材料二极管的正向电阻值为 1 kΩ 左右,反向电阻值为 300 kΩ 左右。硅材料二极管的电阻值为 5 kΩ 左右,反向电阻值为∞(无穷大)。正向电阻越小越好,反向电阻越大越好。正、反向电阻值相差越悬殊,说明二极管的单向导电特性越好。若测得二极管的正、反向电阻值均接近 0 或阻值较小,则说明该二极管内部已击穿短路或漏电损坏。若测得二极管的正、反向电阻值均为无穷大,则说明该二极管已开路损坏。

(4)利用万用表判别三极管的管脚及性能。

①判别基极和管子的类型

选用欧姆挡的 $R\times100$(或 $R\times1$ k)挡,先用红表笔接一个管脚,黑表笔接另一个管脚,可测出两个电阻值,然后再用红表笔接另一个管脚,重复上述步骤,又测得一组电阻值,这样测3 次,其中有一组两个阻值都很小的,对应测得这组值的红表笔接的为基极且管子是 PNP 型的;反之,若用黑表笔接一个管脚,重复上述做法,若测得两个阻值都小,对应黑表笔为基极且管子是 NPN 型的。

②判别集电极

因为三极管发射极和集电极正确连接时 β 大(表针摆动幅度大),反接时 β 就小得多。因此,先假设一个集电极,用欧姆挡连接,(对 NPN 型管,发射极接黑表笔,集电极接红表笔)。测量时,用手捏住基极和假设的集电极,两极不能接触,若指针摆动幅度大,而把两极对调后指针摆动小,则说明假设是正确的,从而确定集电极和发射极。

③电流放大系数 β 的估算

选用欧姆挡的 $R\times100$(或 $R\times1$ k)挡,对 NPN 型管,红表笔接发射极,黑表笔接集电极,测量时,只要比较用手捏住基极和集电极(两极不能接触),和把手放开两种情况小指针摆动的大小,摆动越大,β 值越高。

(5)利用万用表判别电容、电感等元件的优劣。

①固定电容器的检测

a. 检测 10 pF 以下的小电容。因 10 pF 以下的固定电容器容量太小,用万用表进行测量,只能定性的检查其是否有漏电,内部短路或击穿现象。测量时,可选用万用表 $R\times10$ k 挡,用两表笔分别任意接电容的两个引脚,阻值应为无穷大。若测出阻值(指针向右摆动)为零,则说明电容漏电损坏或内部击穿。b. 检测 10 pF～1 μF 固定电容器是否有充电现象,进而判断其好坏。应注意的是:在测试操作时,特别是在测较小容量的电容时,要反复调换被测电容引脚接触 a、b 两点,才能明显地看到万用表指针的摆动。c. 对于 1 μF 以上的固定电容,可用万用表的 $R\times10$ k 挡直接测试电容器有无充电过程及有无内部短路或漏电。

②电解电容器的检测

a. 因为电解电容的容量较一般固定电容大得多,所以,测量时,应针对不同容量选用合适的量程。根据经验,一般情况下,1～47 μF 间的电容,可用 $R\times1$ k 挡测量,大于 47 μF 的

电容可用 $R \times 100$ 挡测量。b. 将万用表红表笔接负极,黑表笔接正极,在刚接触的瞬间,万用表指针即向右偏转较大偏度(对于同一电阻挡,容量越大,摆幅越大),接着逐渐向左回转,直到停在某一位置。此时的阻值便是电解电容的正向漏电阻,此值略大于反向漏电阻。实际使用经验表明,电解电容的漏电阻一般应在几百千兆以上,否则,将不能正常工作。在测试中,若正向、反向均无充电的现象,即表针不动,则说明容量消失或内部断路;如果所测阻值很小或为零,说明电容漏电大或已击穿损坏,不能再使用。c. 对于正、负极标志不明的电解电容器,可利用上述测量漏电阻的方法加以判别,即先任意测一下漏电阻,记住其大小,然后交换表笔再测出一个阻值。两次测量中阻值大的那一次便是正向接法,即黑表笔接的是正极,红表笔接的是负极。

3. 注意事项

注意万用表的挡位、量程的正确使用,避免损坏。

项目四　对讲机组装

1. 项目简介

本项目旨在熟练掌握电路焊接,要求无错焊、虚焊,焊点光滑饱满等。

2. 实训步骤指导

实训中应根据元器件的大小、器件编号及所在位置综合考虑焊接顺序。焊接前必须校对元器件,确认无误后方可加垫焊接。

一般按以下顺序进行:

(1)先焊体积小的器件,如电阻等,焊接电阻时,根据电阻编号依序焊接,要求水平放置的电阻的误差环在右,垂直放置的电阻的误差环在上。

(2)再焊中等体积的器件,如电解电容,注意电容的正、负极。

(3)然后焊大型的器件,如双联电容,注意双联电容的引脚不能焊接在一起即不能短路。

(4)最后进行芯片装配,芯片装配过程中应使用热风枪,应迅速完成,避免长时间焊接,以防芯片因过热烧坏。

3. 注意事项

焊接前注意元件引脚的弯置,避免引脚损坏;焊接过程中注意掌握焊接的时长,时间太长、过热容易烧坏引脚,也可能导致铜箔脱落等,注意焊锡的量要适中,焊点呈锥形为宜;注意尽量避免错焊、虚焊等现象;千万注意安全用电,避免人身伤害及财物、仪器损坏。

项目五　常见故障处理

1. 项目简介

本项目旨在了解对讲机中常见故障分析方法和处理流程。

2. 实训步骤指导

讲解、介绍各类常见故障的分析方法和处理流程。

故障处理流程:(1)检查硬件连接;(2)查看器件有无损坏;(3)从后往前查看信号电路有无断路;(4)更换可疑元件。

如开关接通后电源指示灯不亮,先检查电池是否安装正确,再看开关是否完好,然后检查指示灯焊接是否正确,有没有虚焊。

如无声音,先检查电池是否安装正确,再看开关是否完好,电源是否接通,查看扬声器是否反接、是否损坏(将指针式万用表打到电阻挡,黑表笔接正极,红表笔负极触,若有滋滋声则扬声器正常,否则损坏)。

3. **注意事项**

注意故障排除的顺序,不要随意就对电路重焊或拆卸元件,应先核对、检查,确是元件问题再动手。不要随意焊接、拆卸准备好的有故障的电路板,若要进行,需经老师同意后方可实施。

项目六　对讲机调试

1. **项目简介**

本项目旨在了解对讲机的调试方法、步骤。

2. **实训步骤指导**

参照 TRA-08 调频对讲机调试使用说明书进行,说明书厂家随套件附送。

(1)对讲机接收部分调试

①接通电路,打开电源开关键。

②缓慢转动调谐旋钮,直到能接受到电台信号,注意音适中,不要过大而影响他人。

③转动调谐旋钮到某一电台,若有杂音,可微调双联电容以清除杂音。

④重复上一步,尽量使接收到的每一电台都清晰。

⑤若有故障,先排除故障再调试。

(2)对讲机发射部分调试

①准备两台(其中一台接收,另一台用于发射,两机开始时距离不要太远,5 m 左右)接收清晰的对讲机,接通电路,打开电源开关键。

②发射机按下对讲按钮,对着麦克风说话,注意音适中,不要过大而影响他人。

③接收机缓慢转动调谐旋钮(频率较低,84 MHz 左右)以接收信号,若有杂音,可微调 L8 再微调 L2 然后微调 L1。

④重复,对讲中缓慢增加两机的距离进行调试以测试有效通信距离。

⑤若有故障,先排除故障再调试。

(3)对讲机综合调试

①接收发射互换,进行发射接收调试。

②与更多的其他机互换交叉,重复调试。

3. **注意事项**

注意严格遵照调试使用说明书进行。

项目七　验收

1. **项目简介**

(1)通过看整机产品质量考查学生的焊接技能。

(2)通过对讲机调试、故障处理,考查学生的分析处理问题能力、故障排除能力。

(3)通过对讲机使用考查学生的熟练使用能力。

2. 实训步骤指导

注重过程考核,焊接技能考核在焊接完成后整机后进行,故障处理过程中依据每个学生的具体表现进行评分,对讲机使用考核原则上安排在实训第二周周五上午。

具体考核标准、评分标准见"七、考核标准"。

3. 注意事项

完成本次实训后,应清洁实训室卫生,整理实训所用仪器仪表,物归原位等。

七、考核标准

注重过程考核,焊接技能考核在焊接完整机后进行,具体时间参照学生的进度安排。

序号	考核内容	考核标准	评分标准	考试形式
1	组织纪律	不迟到、不旷课,态度认真	共 10 分 迟到、早退一次扣 0.5 分,旷课一次扣 2 分,玩手机一次扣 1 分	平时表现
2	整机产品质量	无错焊、虚焊,元件放置整齐,引脚弯曲统一,焊点光滑均匀呈圆锥形	共 30 分 元件不整齐一个扣 1 分,焊点不光滑一个扣 0.5 分	根据焊接的电路板进行评分
3	故障分析、处理	能独立使用测试仪器设备判断故障现象,查找出故障的原因,排除故障	共 20 分 帮助其他同学排除故障可酌情加分,被帮助的酌情减分	过程考核
4	对讲机使用	组装完经过调试后各部分电路能正常工作。接收时声音清晰、内容丰富;发射对讲时声音清晰、有效通信距离达到设计要求	共 30 分 接收时若有杂音酌情减分,内容丰富酌情加分,发射对讲时有效通信距离较远酌情加分	实际操作
5	实训报告	实训报告内容完整、充实,版面整齐	共 10 分 每少一项内容扣 1 分,版面、字迹不整者酌情减分	批改实训报告

八、实训报告

详细撰写各项目的内容、要求,重点体现所遇到的问题故障、处理方法及处理结果。

1. 装配的具体过程,结合自身实际说明有什么地方可改进。

2. 详细说明所遇故障,故障处理过程。

3. 实训收获,心得体会,技能、素养方面有何具体提高或进步。

4. 对实训内容、实训设备有何建议。

课程十八 专业技能考证培训——通信线务员

实训一 全塑市内通信电缆的接续

一、实训目的

使学生掌握常用塑料电缆的开剥及接续的方法。

二、实作器材、材料

电缆接线子压接钳、电工刀、卷尺、剪刀、电缆助接铁架、50 对塑料电缆、电缆接线子。

三、方法和步骤

(1)分发给每人两根各 120 cm 长 50 对塑料电缆,电缆的开剥要逐根进行。找到其中一根塑料电缆,用电工刀在距离截面(任选一端截面)43 cm 处横向剥破电缆的塑料外层护套,并将塑料外层护套拉出,露出电缆芯线。

(2)50 对塑料电缆共分成四个电缆色带捆扎,分别为两个蓝白色带和两个橙白色带,其中相同的两个色带分别包含有 12 对和 13 对电缆芯线,合在一起共 25 对芯线,组成一个基本单位。

(3)将各色带中的芯线分别掰向不同方向,以便使相同颜色的芯线不致于混淆在一起,导致接续出错。线对中的芯线是两两相绞在一起的,但是相绞不深,两线比较容易分开,所以分线时一定要注意这一点。

(4)将开剥好的这一根电缆绑在电缆助接铁架上,同时要让开剥出来的芯线伸出助接铁架。

(5)用同一方法开剥另一根电缆,并将其绑在另一电缆助接铁架上,调整两个助接铁架,使它们之间的距离刚好等于 50 对塑料电缆的接续长度 28 cm。

(6)按色谱挑出第一个单位线束,将其他单位线束折回电缆两侧,临时用包带捆扎,以便操作,将第一个单位线束编号线序。

(7)把待接续单位的局方及用户侧的第一对线(四根),或三端(复接、六根)芯线在接续扭线点疏扭 4~5 个花(图 2-18-1),留长 5 cm,对齐剪去多余部分,要求四根导线平直,无弯钩。A 线与 A 线,B 线与 B 线压接。

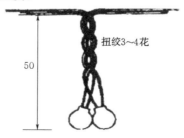

图 2-18-1 电缆扭花(单位:cm)

(8)将芯线插入接线子进线孔内[直接口:两根 A 线(或 B 线)插入二线接线孔内。复接:将三根 A 线(或 B 线)插入三线接线孔内]。必须观察芯线是否插到底。

(9)芯线插好后,将接线子放置在压接钳钳口中,可先用压接钳压一下扣帽,观察接线子扣帽是否平行压入扣身并与壳体齐平,然后再一次压接到底。用力要均匀,扣帽要压实压平,如有异常,可重新压接。

(10)压接后用手轻拉一下芯线,防止压接时芯线没有压牢而跑出。

(11)50 对塑料电缆芯线的接续,按照图 2-18-2 的标称尺寸进行。

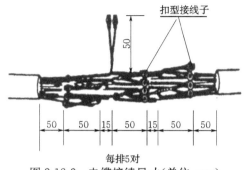

图 2-18-2 电缆接续尺寸(单位:mm)

实训二 电缆故障测试

一、实训目的

使学生掌握常利用兆欧表测试线路绝缘电阻及判断电缆故障性质的方法。

二、实作器材、材料

兆欧表、测试跳线、测试用电缆,兆欧表的使用如下:

1. 准备

利用兆欧表测试线路绝缘电阻,连有保安排或分线箱的应使用不大于 250 V 电压挡位,在电缆上没有连保安设备者,可使用 500 V 电压挡位。本仪器可放在工作台或一般干燥地面上使用,但注意工作时应使表头保持水平位置。

2. 校准

为了使本仪器在较宽温度范围内准确地读数,要求在每次测量前进行校准,首先确定测量电压,然后应将"测量与校准选择开关"打到"校准"按下仪表"开关"键,表头指针逐渐地指向校准线,如果一段时间后(1 min 左右)表针不指校准线,就应通过调整"校准"钮,将表针调到校准(红)线上。

注意此时"L"、"G"、"E"端子上不宜接线,否则会造成校准的错误。

三、方法和步骤

1. 线路绝缘电阻测试

(1)测试芯线间绝缘电阻方法

应用范围:检查芯线绝缘程度和芯线间是否有混线现象,接线方法如图 2-18-3 所示。

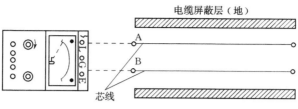

图 2-18-3　绝缘电阻测试

测试读数换算：单位绝缘电阻数值＝电缆芯线测试读数值×电缆长度。

将电缆芯线测试读数值，换算成单位数值，并根据所测电缆型号判断其绝缘电阻是否符合规定标准。

（2）测试芯线对地（电缆屏蔽层）之间的绝缘电阻方法

接线方法如图 2-18-4 所示。

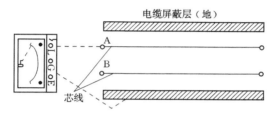

图 2-18-4　对地绝缘的测试

应用范围：检查芯线是否有地气（即碰地）现象及对地之间的绝缘程度。

（3）电缆芯线故障测试

接线方法如图 2-18-5 所示。

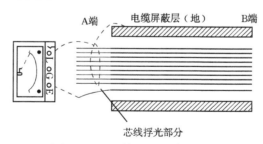

图 2-18-5　电缆芯线故障的测试

方法：按图连接好之后，A 端将芯线连成良好混线和地气状态。B 端以不混线地气为原则呈疏散状态。将兆欧表打开，从混线束中抽一根，测一根，表针指"0"位，则为坏线对。等全部芯线测试完之后，甩掉地线校测，以证明是地气还是混线等，再依故障线对查找。

应用范围：此种方法对于地气、自混、他混和绝缘不良均可测试。

（4）断线测试方法

接线方法如图 2-18-6 所示。

方法：按图连接好之后，A 端以不混线地气为原则，B 端将芯线连成良好混线和地气状态。从 A 端抽一根，测试一根。表针指"0"位，该线为好线；指"∞"，该线为断线。

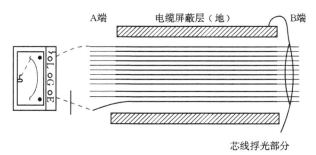

图 2-18-6　电缆断线测试

实训三　光缆开剥及熔接

一、实训目的

使学生了解光纤的熔接技术。

二、实作器材、材料

快速接入光缆若干米、光纤跳线若干条、光纤熔接机、各种光纤工具、热缩管若干、酒精棉等。

三、方法和步骤

1. 原理

利用高压放电的作用,将光纤熔化并互相连接,达到永久的连接效果,而此接续方法,通常得依靠精密的熔接设备。一般光纤的熔点在 1 000 ℃左右。

2. 步骤

(1)在离光缆端头为 70～100 cm 处,用综合开缆刀将光缆的护套割开。

(2)用克丝钳将光缆的加强钢丝剪断后,把护套取出。

(3)用束管刀将光缆的束管(松套管)切断并移出,用干净柔软的纸巾除去光纤上的防潮油膏。

(4)留有光纤相当距离,用光纤剥线钳剥去光纤涂覆层。

(5)用酒精擦拭光纤,用切割刀将光纤切到规范距离(一般为 25 mm 左右)。

(6)光纤一端套上热缩管套,端放光纤放至熔接机的一端待熔接。

(7)将光纤跳线用剪刀从中间剪断,利用光纤跳线剥皮钳将光纤的外表皮剥去,再进行上述的第(4)、(5)、(6)步骤。

(8)按压自动熔接机上的 START 键,熔接机将自动地进行光纤的对准和熔接工作。光纤熔接完,显示屏上将显示熔接点的损耗数值,一切正常的话就进行下一步,否则将重新做光纤接头(从第④步开始)。

(9)将热缩管套移至两光纤的中间,置于加热器中加热收缩。

(10)光纤熔接完后放于接续盒内固定。

四、注意事项

在剥除光缆护套时，应注意不要损伤光缆的束管。光纤熔接过程中，一定要小心仔细。光纤固定于接续盒内时，应注意不要使光纤过度弯曲，以免增加损耗。每根光纤都应做好包括颜色、线序、编号、衰耗等数值的记录。

实训四　OTDR 测试

一、实训目的

主要通过观察被测光纤的后向散射曲线，结合 OTDR 的各项功能，完成光纤损耗、衰减系数、长度等的测量。

二、实作器材、材料

OTDR、测试光缆。

三、OTDR 的使用

1. 光时域反射仪（OTDR）工作原理

光时域反射仪 OTDR(Optical Time Domain Reflectometer)是利用光线在光纤中传输时的瑞利散射所产生的背向散射，而制成的精密的光电一体化仪表，其面板如图 2-18-7 所示。

图 2-18-7　Yokogawa AQ7270 面板

用 OTDR 进行光纤测量可分为三步：参数设置、数据获取和曲线分析。人工设置测量参数包括：

（1）波长选择(λ)

因不同的波长对应不同的光线特性（包括衰减、微弯等），测试波长一般遵循与系统传输通信波长相对应的原则，即系统开放 1 550 波长，则测试波长为 1 550 nm。

（2）脉宽(Pulse Width)

脉宽越长，动态测量范围越大，测量距离更长，但在 OTDR 曲线波形中产生盲区更大；短脉冲注入光平低，但可减小盲区。脉宽周期通常以 ns 来表示。

（3）测量范围(Range)

OTDR 测量范围是指 OTDR 获取数据取样的最大距离，此参数的选择决定了取样分辨率的大小。最佳测量范围为待测光纤长度 1.5～2 倍距离之间。

（4）平均时间

由于后向散射光信号极其微弱，一般采用统计平均的方法来提高信噪比，平均时间越长，信噪比越高。例如，3 min 的获得取将比 1 min 的获得提高 0.8 dB 的动态。但超过 10 min 的获得取时间对信噪比的改善并不大。一般平均时间不超过 3 min。

（5）光纤参数

光纤参数的设置包括折射率 n，后向散射系数 n 及后向散射系数 η 的设置。折射率参数与距离测量有关，后向散射系数则影响反射与回波损耗的测量结果。这两个参数通常由光纤生产厂家给出。

参数设置好后，OTDR 即可发送光脉冲并接收由光纤链路散射和反射回来的光，对光电探测器的输出取样，得到 OTDR 曲线，对曲线进行分析即可了解光纤质量。

2. 经验与技巧

（1）光纤质量的简单判别

正常情况下，OTDR 测试的光线曲线主体（单盘或几盘光缆）斜率基本一致，若某一段斜率较大，则表明此段衰减较大；若曲线主体为不规则形状，斜率起伏较大，弯曲或呈弧状，则表明光纤质量严重劣化，不符合通信要求。

（2）波长的选择和单双向测试

1550 波长测试距离更远，1 550 nm 比 1 310 nm 光纤对弯曲更敏感，1 550 nm 比 1 310 nm 单位长度衰减更小、1 310 nm 比 1 550 nm 测的熔接或连接器损耗更高。在实际的光缆维护工作中，一般对两种波长都进行测试、比较。对于正增益现象和超过距离线路均须进行双向测试分析计算，才能获得良好的测试结论。

（3）接头清洁

光纤活接头接入 OTDR 前，必须认真清洗，包括 OTDR 的输出接头和被测活接头，否则插入损耗太大、测量不可靠、曲线多噪音甚至使测量不能进行，它还可能损坏 OTDR。避免用酒精以外的其他清洗剂或折射率匹配液，因为它们可使光纤连接器内粘合剂溶解。

（4）折射率与散射系数的校正

就光纤长度测量而言，折射系数每 0.01 的偏差会引起 7 m/km 之多的误差，对于较长的光线段，应采用光缆制造商提供的折射率值。

（5）鬼影的识别与处理

在 OTDR 曲线上的尖峰有时是由于离入射端较近且强的反射引起的回音，这种尖峰被称之为鬼影。识别鬼影：曲线上鬼影处未引起明显损耗；沿曲线鬼影与始端的距离是强反射事件与始端距离的倍数，成对称状。消除鬼影：选择短脉冲宽度、在强反射前端（如 OTDR 输出端）中增加衰减。若引起鬼影的事件位于光纤终结，可"打小弯"以衰减反射回始端的光。

（6）正增益现象处理

在 OTDR 曲线上可能会产生正增益现象。正增益是由于在熔接点之后的光纤比熔接点之前的光纤产生更多的后向散光而形成的。事实上，光纤在这一熔接点上是熔接损耗的，常出现在不同模场直径或不同后向散射系数的光纤的熔接过程中，因此，需要在两个方向测量并对结果取平均作为该熔接损耗。在实际的光缆维护中，也可采用≤0.08 dB 即为合格的简单原则。

（7）附加光纤的使用

附加光纤是一段用于连接 OTDR 与待测光纤且长 300～2 000 m 的光纤，其主要作用为：前端盲区处理和终端连接器插入测量。

一般来说，OTDR 与待测光纤间的连接器引起的盲区最大。在光纤实际测量中，在 OTDR 与待测光纤间加接一段过渡光纤，使前端盲区落在过渡光纤内，而待测光纤始端落在 OTDR 曲线的线性稳定区。光纤系统始端连接器插入损耗可通过 OTDR 加一段过渡光纤来测量。如要测量首、尾两端连接器的插入损耗，可在每端都加一过渡光纤，如图 2-18-8 所示。

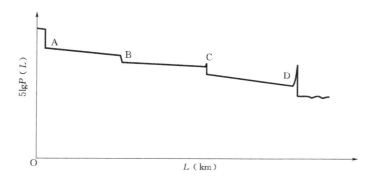

图 2-18-8　OTDR 的典型背向散射特性曲线

OA 段：为盲区，其长度和注入光脉冲宽度成正比。

A～B、B～C、C～D 段：均匀光纤。

B 点：光纤的熔接接头产生的下降台阶。

C 点：光纤的活动连接器接头产生的菲涅尔反射的下降台阶或由光纤裂缝产生的局部菲涅尔反射。

D 点：光纤末端由于光纤与空气之间的折射率差而产生的菲涅尔反射。

（8）有关 OTDR 测试的术语

①事件：引起轨迹从直线偏移的光纤的一段或一个截面。事件可以是反射和非反射事件。

②反射事件：当一些脉冲碰到连接器等能量会被反射，则发生反射事件。反射事件在轨迹中产生一个尖峰信号。

③非反射事件：在光纤中有一些损耗但没有光反射的发生，非反射事件在轨迹上产生一个倾角。

④扫描轨迹：对轨迹的一个全自动分析，定位反射事件和非反射事件和光纤结束点。

⑤盲区：光纤后向散射曲线的始端，由于受近端菲涅尔反射的影响，在一定距离内被掩盖，无法反映曲线的状态。

七、实训报告

实训报告必须包含各个项目的简要步骤和实训的经验总结。

课程十九　专业技能考证培训——通信勘察设计员

一、实训目的

本课程是通信技术专业的主干专业课程。本次实训为专业技能考证培训,主要面向工信部与中望公司合作开展鉴定的通信勘察设计师,其主要任务是:使学生具备通信工程制图和概预算的基本技能,为学生直接从事移通信工程勘察与设计工作打下坚实的基础。

二、实训任务

本次实训的实现任务见表 2-19-1。

表 2-19-1　实训任务表

实训任务	实训单项	知识或技能要求
通信工程勘察设计	CAD 拓展应用与练习	1. 熟悉多段线的编辑和图形熟悉修改 2. 掌握图块的制作与使用 3. 掌握 CAD 图纸中嵌入对象
	通信线路工程勘察与施工图设计	1. 熟悉通信线路工程勘察流程与要求 2. 具备依托 CAD 平台设计并绘制通信线路工程图纸的能力
	传输设备安装工程勘察与施工图设计	1. 熟悉传输设备安装工程勘察流程与要求 2. 具备依托 CAD 平台设计并绘制传输设备安装工程图纸的能力
通信工程概预算	交换设备安装工程概预算编制	1. 掌握交换设备安装工程工程量的统计 2. 能完成整个项目的概预算编制,并填写整套表格
	通信电源设备安装工程概预算编制	1. 掌握通信电源设备安装工程工程量的统计 2. 能完成整个项目的概预算编制,并填写整套表格
	架空光电缆线路工程概预算编制	1. 掌握架空光电缆线路工程工程量的统计 2. 能完成整个项目的概预算编制,并填写整套表格

三、实训预备知识

1. 通信线路与综合布线的基本原理和基础知识。
2. 交换技术与设备的基本原理和基础知识。
3. 传输系统组建与维护的基本原理和基础知识。
4. 其中基站系统的基本原理和基础知识。
5. 通信电源的基本原理和基础知识。
6. 通信工程施工与管理的基本原理和基础知识。

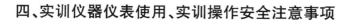

四、实训仪器仪表使用、实训操作安全注意事项

(1)线路工程勘察工具：轮式测距仪，钢尺(100 m)，草图绘制工具等；使用轮式测距仪和钢尺(100 m)进行距离测量时，注意对其保护，使用完毕后及时清理干净。

(2)设备工程勘察工具：激光测距仪，电流钳表，草图绘制工具等；使用激光测距仪时，不要用眼睛直视其激光输出端口，以免造成人身伤害。

(3)制图及概预算编制：计算机，CAD 制图平台，Office；使用计算机制图时，注意调整 CAD 软件的自动保存时间，以防电源中断影响工作。

五、实训的组织管理

1. 实训分组安排：工程勘察时每组 6~8 人，其余项目个人独立完成。

2. 时间安排见表 2-19-2。

表 2-19-2　实训进度安排表

教学时间		实训单项名称 (或任务名称)	具体内容(知识点)	学时数	备注
星期	节次				
一	1~4	CAD 拓展应用与练习		4	
	5~8	通信线路工程勘察与施工图设计		4	
二	1~4	传输设备安装工程勘察与施工图设计		4	
	5~8	交换设备安装工程概预算编制		4	
三	1~4	通信电源设备安装工程概预算编制		4	
四	1~4	架空光电缆线路工程概预算编制		4	
五	1~2	模拟考试		2	
	3~4	模拟考试讲评		2	

六、实训项目简介、实训步骤指导与注意事项

项目一　拓展应用与练习

1. 项目简介

本次任务的实施分成两个环节，第一个环节进行基本操作的练习；第二环节按照要求完成指定图形的绘制，如图 2-19-1 所示。

2. 实训步骤指导(计算机类课程可以用流程图代替)

(1)按尺寸要求绘制中央的三角形。

(2)参考"综合应用案例"，分别绘制钢管堆 A、B 和 C。

(3)使用对齐命令将三个钢管堆对齐至三角形的三条边。

(4)按图示要求进行尺寸标注。

(5)在 Excel 中制作右下角的表格，然后采用"选择性粘贴"的方式插入 CAD 图纸中。

(6)在 CAD 图纸中修改表格线条。

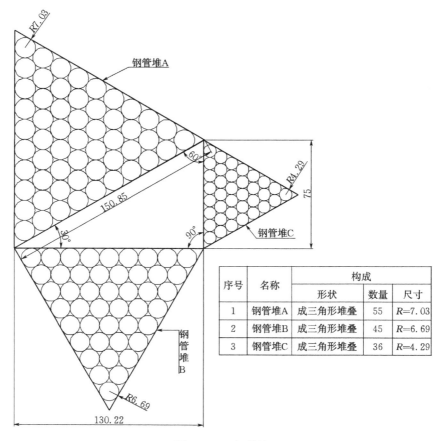

图 2-19-1 钢管堆

序号	名称	构成		
		形状	数量	尺寸
1	钢管堆A	成三角形堆叠	55	R=7.03
2	钢管堆B	成三角形堆叠	45	R=6.69
3	钢管堆C	成三角形堆叠	36	R=4.29

3. 注意事项

养成"左手键盘,右手鼠标"的操作习惯。

项目二 通信线路工程勘察与施工图设计

1. 项目简介

(1)任务背景

设计指定区间主干光缆线路工程的施工图,均采用 48 芯光缆,线路起点均设在会展中心的一楼机房。本次任务执行时划分成六个小组,各小组的线路终点分别为党校、一职校、二职校、城职院、铁职院和鹿山学院的图书馆机房。

(2)工作内容和时间安排

【1学时】熟悉工具仪表的操作使用,熟悉通信线路工程勘察设计流程和规范要求。

【1学时】完成区间线路工程的勘查,绘制草图,填写勘查报告"参考教材格式"。

【2学时】完成整套施工图纸的设计[敷设方式的选择顺序:管道→架空(含墙壁光缆)→直埋]。

(3)作品提交内容与要求

①草图;②勘察报告;③成套施工图纸;④考核标准与评分表(小组自行填写组别信息、记录执行情况)。

2. **实训步骤指导**(计算机类课程可以用流程图代替)

(1)勘察准备

①知识积累:掌握通信线路工程项目的敷设方式和规范要求;理解通信线路工程勘察的程序和流程;掌握仪器仪表的操作使用方法。

②资料准备:勘察区间的地图、现有管道和杆路图纸。

③工具准备:标杆、轮式测距仪、钢尺(100 m)、卷尺(20 m)、信号旗,绘图板、铅笔、A4 纸。

④前期组织:小组召开会议,确定勘察计划,其中人员分工可参考如下配备:

大旗组(1~2 人);测距组(2~3 人);测绘组(2~3 人);协调联系组(1 人)。可视具体情况适当增减人员配置。

(2)实地勘察

①各分组的工作内容

a. 大旗组:负责确定光缆敷设的具体位置。

b. 测距组:配合大旗组用花杆定线定位,量距离,钉标桩、登记累计距离,登记工程量和对障碍物的处理方法。确定 S 弯预留量。

c. 测绘组:现状测绘图纸,经整理后作为施工图纸绘制的原始依据。

d. 协调联系组:负责整个项目组的协同作业。

②技术细节

a. 敷设方式的选择顺序:管道→架空(含墙壁光缆)→直埋,即在确定光缆路由时,首选管道,然后是架空,前面两者都没有时才选择直埋。

b. 管道的识别:管道通常有给排水管道、强电管道和弱电管道,光电缆要求走弱电管道;在没有管道施工图纸时,井盖标注有某某运营商的均是弱电管道。

c. 注意各环节的安全防护,特别是在跨越公路等交通要道时。

(3)施工图绘制

①整理勘察记录与草图,形成勘察报告。

②再次研讨、论证、确认工程方案,绘制施工图。

③小组归纳总结,按要求提交各环节资料。

3. **注意事项**

"安全第一、预防为主","左手键盘、右手鼠标","团队一体、协同作业"。

项目三　传输设备安装工程勘察与施工图设计

1. **项目简介**

(1)任务背景

设计指定机房传输安装工程的施工图;均假设各机房无传输设备,在机房中新增传输设备负责本机房通信设备之间的互联并且要求配备不低于 155 Mbit/s 的上联端口;上联端口配置至机房 ODF 即可。本次任务执行时划分成六个小组,各小组选定的机房分别为学校

C5 实训楼的交换技术实训室、传输技术实训室、GSM-R 实训室、TD-SCDMA 实训室、华为网院和思科网院。

（2）工作内容和时间安排

【1 学时】熟悉工具仪表的操作使用，熟悉传输设备安装工程勘察设计流程和规范。

【1 学时】完成指定机房的勘查，绘制草图，填写勘查报告"参考教材格式"。

【2 学时】完成整套施工图纸的设计。

（3）作品提交内容与要求

①草图；②勘察报告；③成套施工图纸；④考核标准与评分表（小组自行填写组别信息、记录执行情况）。

2. 实训步骤指导（计算机类课程可以用流程图代替）

（1）勘察准备

①知识积累：掌握传输设备安装工程勘察和设计的规范要求，理解传输设备安装工程勘察的程序和流程，掌握仪器仪表的操作使用方法。

②资料准备：机房原有设备布置图、走线架和线缆布放图。

③工具准备：激光测距仪、电流钳表，绘图板、铅笔、A4 纸。

④前期组织：小组召开会议，确定勘察计划，其中人员分工可参考如下配备：

容量规划组组（2～3 人）；机房布局勘察组（1～2 人）；线缆组（1～2 人）；协调联系组（1 人）。可视具体情况适当增减人员配置。

（2）实地勘察

①各分组的工作内容

a. 容量规划组：负责调查机房现有设备对传输速率的需求，进而确定传输设备容量和型号及配套配线架的容量和型号。

b. 机房布局组：调查了解机房现有设备情况，绘制机房设备平面布置草图，并配合容量规划组确定新增设备的安装位置。

c. 线缆组：调查了解机房现有线缆和走线架情况，绘制相应图纸，并配合前述两组，完成新增走线架和线缆的布放计划。

d. 协调联系组：负责整个项目组的协同作业。

②技术细节

a. 传输系统属于通信网络的"大动脉"，组网规划时适当考虑"网络自愈"。

b. 勘察过程中不能对现有在运行设备造成影响。

c. 注意各环节的安全防护，特别是勘察设备的触电防护。

（3）施工图绘制

①整理勘察记录与草图，形成勘察报告。

②再次研讨、论证、确认工程方案，绘制施工图。

③小组归纳总结，按要求提交各环节资料。

3. 注意事项

"安全第一、预防为主"，"左手键盘、右手鼠标"，"团队一体、协同作业"。

项目四 交换设备安装工程概预算编制

1. 项目简介

某项目背景如下,编制其概预算,形成设计文件并输出。

××市话端局交换设备安装单项工程

一、已知条件

(一)本工程为××市话端局安装 2 万门用户的程控交换设备。本设计为交换设备安装单项工程一阶段设计。

(二)施工企业距施工现场 100 km。

(三)施工用水电蒸汽费 1 000 元。

(四)工程前期投资估算额为 800 万元。

(五)勘察设计费按合同计算为 120 000.00 元。

(六)建设工程监理费按 120 000 元计取。

(七)本工程设计新增定员 3 人,生产准备费指标为 1 200 元/人。

(八)采购代理服务费:设备按原价 0.8% 计取,主要材料按原价 0.5% 计取。

(九)需要安装的设备运输距离按 1 700 km 计取,不需要安装的设备运输距离按 500 km 计取,主要材料运输距离按 100 km 计取。

(十)设备价格见表 2-19-3;主要材料价格见表 2-19-4。

表 2-19-3　设备购置价格表

序号	名　　称	规格型号	单位	单价(元)
1	交换设备硬件＋		套	5 600 000.00
2	交换设备软件		套	700 000.00
3	数字分配架	2 200×600×600	架	15 000.00
4	光纤分配架	2 200×600×600	架	18 000.00
5	总配线架	JP×234 型 6 000 回线	架	9 000.00
6	维护终端		台	8 000.00
7	打印机		台	2 000.00
8	告警设备	含告警电缆	盘	1 000.00
9	滑梯		架	1 200.00
10	终端工作台椅	(不需要安装的设备)	套	2 500.00
11	维护、测试用工具	(不需要安装的设备)	套	3 000.00

表 2-19-4　主要材料价格表

序号	名　　称	规格型号	单位	单价(元)
1	局用音频电缆	32 芯	m	10.00
2	局用音频电缆	128 芯	m	15.00
3	SYV 类射频同轴电缆	75-2-1×8	m	20.00

序号	名 称	规格型号	单位	单价(元)
4	软光纤	SC/PC-FC/PC(25 m)	条	350.00
5	数据电缆(网线)	UPT-5 双绞线	m	8.00
6	加固角钢夹板组		组	50.00
7	槽钢	43×80×43×5	kg	100.00
8	信号灯座		套	5.00
9	红色信号灯		套	10.00
10	滑梯支铁		套	200.00
11	电缆走线架	600	mm	300.00

(十一)本工程不计取"已完工程及设备保护费"、"建设用地及综合赔补费"、"可行性研究费"、"研究试验费"、"环境影响评价费"、"劳动安全卫生评价费"、"工程质量监督费"、"工程定额测定费"、"工程保险费"、"工程招标代理费"、"建设期利息"。

二、设计图纸及说明

(一)××端局交换系统配置示意图如图 2-19-2 所示。图 2-19-2 显示,本工程包括交换设备、设备间缆线的连接、交换侧的 DDF 和 ODF、操作维护终端、打印机及告警设备等。根据系统需要,配置中继电路为 100 个 El 电口和 2 个 STM-1 光口。

(二)××端局交换机房设备平面布置图如图 2-19-3 所示。

(1)交换机房共配备交换设备 7 台机架。

(2)交换机房配备数字分配架(DDF)2 台、光分配架(ODF)1 台、维护终端 1 台、打印机 1 台、告警盘 1 台。

(3)测量室共配备 6 000 回线总配线架(MDF)4 架及滑梯 2 架。

(三)××端局交换机房走线架及走线路由布置图如图 2-19-4 所示。本工程机房为上走线方式,包括中继电缆、软光纤、用户电缆、数据电缆等,共安装走线架 28.8 m,宽度为 600 mm,距地面高度为 2.4 m。

(四)缆线布放计划表如图 2-19-5 所示。由图 2-19-5 和缆线布放计划表可知:交换机至光分配架的软光纤、交换机至数字分配架的中继电缆、交换机至总配线架的用户电缆、交换机至维护终端的网线等各路由长度均为平均布放长度,不作为下料用量,施工时应考虑实际用量和损耗量。

(五)DDF、ODF 的跳线配置由传输专业负责。

(六)交换机的电源线及接地线由设备厂家负责提供并布放。

2. 实训步骤指导(计算机类课程可以用流程图代替)

(1)工程量统计

①设备机柜、机箱安装的工程量

a. 安装程控电话交换设备:7 架。

b. 安装数字分配架:2 台。

c. 安装光分配架:1 台。

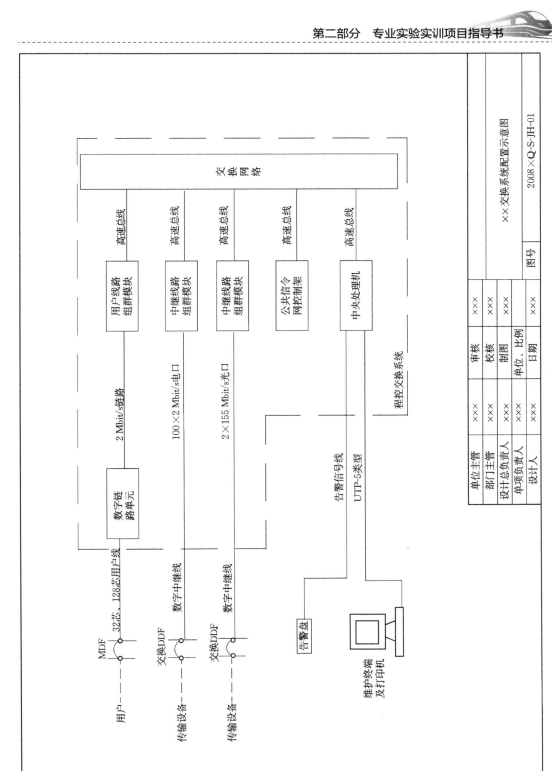

图2-19-2 ××端局交换系统配置示意图

单位主管	×××	审核	×××		××交换系统配置示意图
部门主管	×××	校核	×××		
设计总负责人	×××	制图	×××	单位、比例	
单项负责人	×××	单位、比例		图号	2008×Q-S-JH-01
设计人	×××	日期	×××		

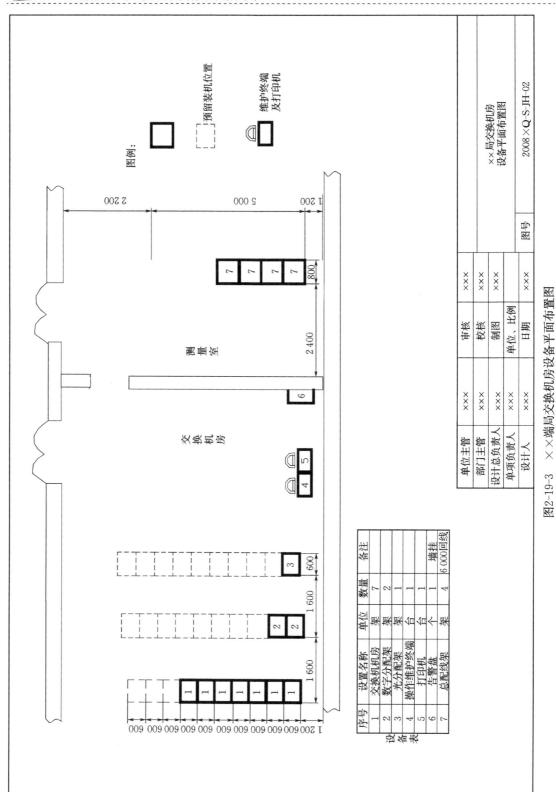

图2-19-3 ××端局交换机房设备平面布置图

序号	设置名称	单位	数量	备注
1	交换机机房	架	7	
2	数字分配架	架	2	
3	光分配架	架	1	
4	操作维护终端	台	1	
5	打印机	台	1	
6	告警盘	个	1	墙挂
7	总配线架	架	4	6 000回线

单位主管	×××	审核	×××
部门主管	×××	校核	×××
设计总负责人	×××	制图	×××
单项负责人	×××	单位、比例	
设计人	×××	日期	×××

××局交换机房
设备平面布置图

图号 2008×Q-S-JH-02

图例：
预留装机位置
维护终端及打印机

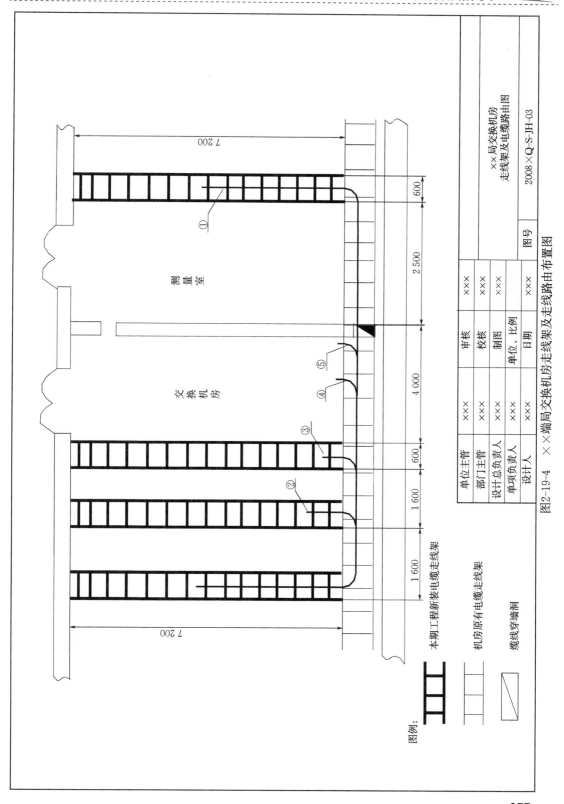

图2-19-4 ××端局交换机房走线架及走电缆路由布置图

×× 局交换设备安装工程缆线布放计划表

缆线编号	缆线路由		缆线名称	规格型号	敷设方式	布放条数（条）	平均长度（m）	总长度（m）	备注
	由	到							
①	交换设备用户模块	总配线架MDF	局用音频电缆	32芯	走线架	250	35	8 400	
②	交换中继模块	数字分配架DDF	局用音频电缆	128芯	走线架	250	35	148 400	
③	交换设备中继模块	光分配架ODF	射频同轴电缆	SYV-75-2-1*8	走线架	25	20	500	8芯/条
④	交换设备	维护终端	双头尾纤	SC/PC-FC/PC	走线架	4	22	88	
⑤	交换设备	告警盘	数据电缆	UPT-5类线	走线架	1	26	26	
			告警信号电缆	12芯	走线架	1	26	26	厂家提供成端产品

单位主管	×××	审核	×××	线缆布放计划表
部门主管	×××	校核	×××	
设计总负责人	×××	制图	×××	
单项负责人	×××	单位、比例		图号 2008×Q-S-JH-04
设计人	×××	日期	×××	

图2-19-5 缆线布放计划表

d. 安装告警设备:1 台。

e. 安装维护终端:1 台。

f. 安装打印机:1 台。

g. 安装落地式总配线架(6 000 回线以下):4 架。

②安装附属设施的工程量

a. 安装滑梯:2 架。

b. 安装电缆走线架:28.8 m。

解读与解析:

当图纸说明中没有统计出走线架工程量时,也可根据图纸自行统计;本项目中,由图 2-18-11 可知,需要新建 4 列走线架,每列长 7 200 mm,因此总长度=4×7 200 mm=28.8 m。

③设备线路布放的工程量

a. 放绑设备电缆

(a)放绑局用音频电缆:87.5+87.5=175(百米条)。其中:32 芯音频电缆 35 m×250 条÷100=87.5(百米条);128 芯音频电缆 35 m×250 条÷100=87.5 条(百米条)。

(b)放绑 SYV 类同轴电缆:20 米×25 条÷100=5(百米条)。

(c)放绑数据电缆(10 芯以下):26 m×1 条÷100=0.26(百米条)。用于交换设备至维护终端,UTP5 类线,即网线。

(d)布放告警信号电缆:26 m×1 条÷100=0.26(百米条)。由于告警电缆由厂家配送并制作成端,因此仅需计算放绑工程量;套用定额时,既可以当作局用音频电缆(24 芯以下),也可以当作数据电缆(10 芯以上)。

b. 编扎、焊(绕、卡)接设备电缆

(a)编扎、焊接局用音频电缆(32 芯):250(条)。

(b)编扎、焊接局用音频电缆(128 芯):250(条)。

(c)编扎、焊接 SYV 类同轴电缆:8 芯×25 条=200(芯条)。

(d)编扎、焊接数据电缆(10 芯以下):1(条)。

c. 放绑软光纤(15 m 以上):4(条)。

解读与解析:

布放设备电缆划分成两个环节,即放绑设备电缆和编扎、焊(绕、卡)接设备电缆。

(a)查询定额不难发现,放绑设备电缆按"百米条"计量,不是单纯的条数;并且芯数的区分较粗略,主要是因为该环节的工作内容定义为取料、搬运、测试、量裁、布放、编绑、整理等;因此该环节中当芯数差别较小时,工程量几乎没有差别。

(b)在编扎、焊(绕、卡)接设备电缆环节,直接采用"条"甚至"芯条"做计量单位,主要是因为该环节的工作内容定义为刮头、做头、分线、编扎、对线、焊(绕、卡)线、二次对线、整理等;也就是接头的制作,所以工程量的区分更加细腻。

(c)与设备配套的线缆(厂家提供)和软光纤或尾纤,出厂时已经做好接头,只需要放绑,因此只需要计算第一个环节的工作量。

④系统调测的工程量

a. 市话交换设备硬件调测

(a)用户线(千门):20 000 门÷1 000＝20(千门)。

(b)2 Mbit/s 中继线(系统):100(系统)。

(c)155 Mbit/s 中继线(系统):2(系统)。

b. 市话交换设备软件调测

(a)用户线(千门):20 000 门÷1 000＝20(千门)。

(b)2 Mbit/s 中继线(系统):100(系统)。

(c)155 Mbit/s 中继线(系统):2(系统)。

c. 调测告警设备(台):1(台)。

(2)主材用量统计

主材用量见表 2-19-5 所示。

表 2-19-5　主材用量表

序号	项目名称	主材规格型号	单位	数量
1	安装数字分配架、光分配架	加固角钢夹板组	组	(2+1)×2.02＝6.06
2	安装总配线架(6 000 回线)	槽钢 43×80×43×5	kg	4×32.64＝130.56
3		信号灯座	套	4×10＝40
4		红色信号灯	套	4×10＝40
5	安装滑梯	滑梯支铁	套	2×2.02＝4.04
6	安装电缆走线架	走线架宽 600 mm	m	1.01×28.8＝29.09
7	放绑局用音频电缆	用户电缆 32 芯	m	87.5×102＝8 925
8		用户电缆 128 芯	m	87.5×102＝8 925
9	放绑 SYV 类射频同轴电缆	SYV-75-2-1×8	m	5×102＝510
10	放绑软光纤	软光纤 SC/PC-FC/PC	条	4×1＝4
11	放绑数据电缆	UPT-5 双绞线	m	0.26×102＝26.52

(3)编制顺序(表格填写顺序)如图 2-19-6 所示。

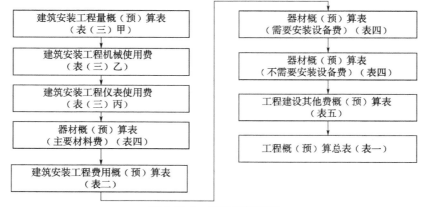

图 2-19-6　表格填写顺序

(4)概预算文件的组成:概预算整套表格。

项目五　通信电源设备安装工程概预算编制

1. 项目简介

某项目背景如下,编制其概预算,形成设计文件并输出。

××站电源设备安装工程初步设计概算

一、已知条件

(一)本工程系新建××站电源设备安装工程初步设计。

(二)施工企业距施工现场 10 km。

(三)施工用水电蒸汽费 1 000 元。

(四)勘察设计费给定为 18 000 元。

(五)建设工程监理费按 10 000 元计取。

(六)工程投资估算总额度为 40 万元。

(七)设备运输距离为 1 500 km。

(八)设备采购代理服务费按设备原价的 0.6% 计算。

(九)设备价格见表 2-19-6;主要材料价格见表 2-19-7。

表 2-19-6　电源设备价格表

序号	设备名称	规格容量	单位	单价(元)
1	过压保护装置	DSOPI60-380	台	7 000.00
2	全组合开关电源架	PS48600-2/50-300A	架	78 000.00
3	阀控式蓄电池组	U×L1100-48V/1 000 A·h	组	106 000.00
4	墙挂式交流配电箱	380 V/100 A	台	8 000.00

表 2-19-7　主要材料价格表

序号	名称	规格型号	单位	单价(元)
1	电力电缆	RVVZ-3×35+1×16	m	95.00
2	电力电缆	RVVZ-1×50	m	40.00
3	电力电缆	RVVZ-1×95	m	70.00
4	电力电缆	RVVZ-1×35	m	25.00
5	铜接线端子	各种规格	个	10.00
6	地线排	—	块	120.00
7	电缆走线架	宽 400 mm	m	200.00
8	其他材料	—	套	500.00

(十)本预算内不计取"已完工程及设备保护费"、"建设用地及综合赔补费"、"可行性研究费"、"研究试验费"、"环境影响评价费"、"劳动安全卫生评价费"、"工程质量监督费"、"工程定额测定费"、"工程保险费"、"工程招标代理费"、"生产准备及开办费"、"建设期利息"。

二、设计图纸及说明

(一)电源设备平面布置及电缆路由示意如图 2-19-7 所示。

(二)交直流供电系统及地线系统如图 2-19-8 所示。

(三)缆线明细表见表 2-19-8。

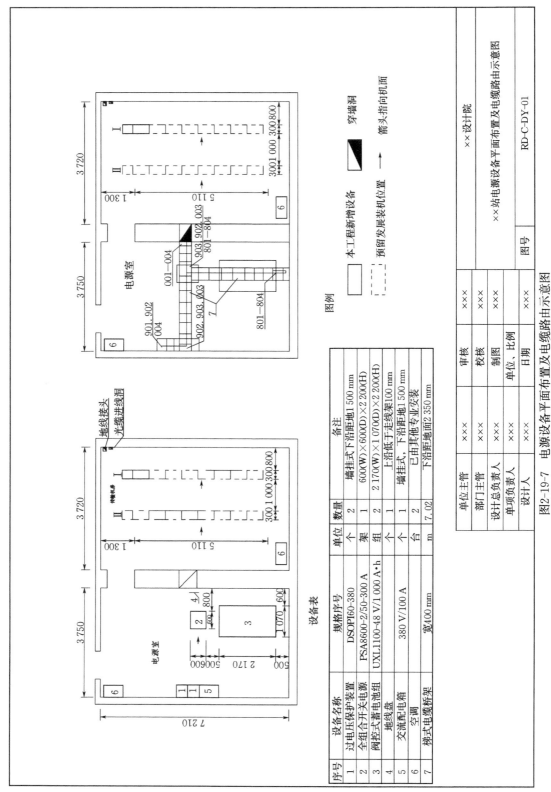

图2-19-7 电源设备平面布置及电缆路由示意图

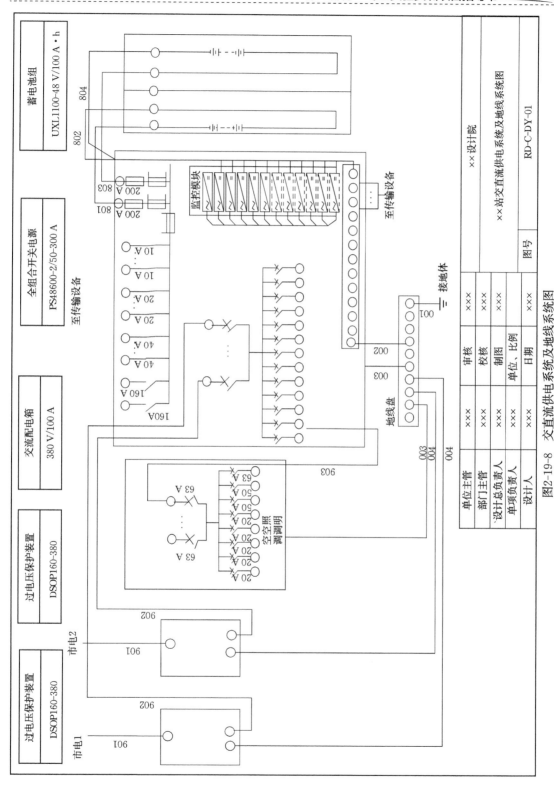

图2-19-8　交直流供电系统及地线系统图

表 2-19-8　缆线明细表

缆线编号	缆线路由		设计电压(V)	设计电流(A)	敷设方式	选用缆线			备注
	由	到				规格型号	载流量(A)	条数×长度(m)	
901	市电	过电压保护装置	380	57		RVVZ-3×35＋1×16	137		由建设单位负责
902	过电压保护装置	全组合开关电源	380	57	走线架	RVVZ-3×35＋1×16	137	2×10	
903	全组合开关电源	交流配电箱	380	57	走线架	RVVZ-3×35＋1×16	137	1×10	
801	蓄电池组(1)"－"	全组合开关电源"－"	48	30	走线架	RVVZ-1×50	283	1×10	
802	蓄电池组(1)"＋"	全组合开关电源"＋"	48	30	走线架	RVVZ-1×50	283	1×10	
803	蓄电池组(2)"－"	全组合开关电源"－"	48	30	走线架	RVVZ-1×50	283	1×10	
804	蓄电池组(2)"＋"	全组合开关电源"＋"	48	30	走线架	RVVZ-1×50	283	1×10	
001	接地体	地线盘			走线架	RVVZ-1×95		1×10	
002	地线盘	开关电源正极排			走线架	RVVZ-1×95		1×5	
003	地线盘	电源设备机壳保护地			走线架	RVVZ-1×35		2×5	
004	地线盘	过电压保护装置			走线架	RVVZ-1×35		2×8	

说明：至传输设备的所有缆线由传输专业负责,本专业仅在全组合开关电源上预留相应的出线端子。

单位主管	×××	审核	××	××设计院
部门主管	×××	校核	××	
总负责人	×××	制图	××	缆线明细表
单项负责人	×××	单位、比例		
设计人	×××	日期		图号

（四）图纸说明

1. 交流供电系统

本站由两路市电、全组合开关电源、过电压保护装置组成。运行方式为主、备用市电电源自动倒换。

2. 直流供电系统

由开关电源和阀控式蓄电池组组成。全浮充供电方式，开关电源架上的整流模块与两组蓄电池并联浮充供电。电池组需安装在抗震架上，按双层单列叠放。

3. 接地系统

采用联合接地方式，按单点接地原理设计。

4. 过电压保护

采用不小于 60 V·A 过电压保护装置；开关电源架交流输入端带有过压保护装置，在直流配电单元输出端带有浪涌抑制器。

5. 电缆布线方式

电源设备之间的电缆采用上走线方式，室内新装水平电缆走线架安装位于距地面高度 2 350 mm 处。电缆走线架宽 400 mm，走线架相交处做水平连接、终端处与墙加固。

6. 机房内空调设备

已列入其他专业安装项目。其余未说明的设备均不考虑。

2. 实训步骤指导（计算机类课程可以用流程图代替）

（1）资料收集和准备阶段

①在教师的指导下，熟悉任务书中的项目背景和任务要求。

②自行查阅相关专业书籍和资料，重点是通信电源方面的专业资料，包括电源系统的组成、相应设备的结构等；各种电力电缆的结构、应用等。

③熟悉相应定额的查找和套用，特别注意相应章节说明。

④分类统计工程量，并同时记录机械、仪表使用量和主材消耗量。

（2）概预算文件的组成

依据各已知条件，按三四二五一的顺序填写各概预算表格。

（3）工程量统计

①设备机柜、机箱安装的工程量

a. 阀控式蓄电池组

（a）安装蓄电池抗震架，双层单列：2.17 m（根据图纸标注尺寸）。

（b）安装 48 V/1 000 A·h 阀控式蓄电池组：2 组。

（c）蓄电池补充电：2 组。

（d）蓄电池容量试验：2 组。

b. 全组合开关电源架

（a）安装组合开关电源 300 A 以下：1 架。

（b）开关电源系统调测：1 系统。

（c）设备线路布放的工程量。布放电力电缆（换算成与预算定额项目一致的计量单位）：

ⓐ902～903 号线。电力电缆 35 mm² 以下（3＋1 芯）：(20＋10)÷10＝3（十米条）。

解读与解析：定额项目中的"mm²"指电力电缆单芯相线截面积；对于 2 芯电力电缆的布

放,按单芯相应工日数乘以1.5系数。对于3芯及3+1芯电力电缆的布放,按单芯相应工日数乘以2;对于5芯电力电缆的布放,按单芯相应工日数乘以2.5。如定额条目TSD4-020,室内布放电力电缆35 mm² 以下,单芯时技工的单位定额值(工日)为0.5;若布放的是同尺寸的2芯电力电缆,则技工的单位定额值(工日)为0.5×1.5=0.75,3芯或3+1芯时为0.5×2=1,5芯时为0.5×2.5=1.25。填表时在表三甲的列Ⅵ中填入经系数调整后的技工工日即可。

ⓑ801~804号线。电力电缆50 mm² 以下(单芯):4×10÷10=4(十米条)。

ⓒ001~002号线。电力电缆95 mm² 以下(单芯):(10+5)÷10=1.5(十米条)。

ⓓ003~004号线。电力电缆35 mm² 以下(单芯):(10+16)÷10=2.6(十米条)。

安装附属设施的工程量:安装过压保护装置2套;安装墙挂式交流配电箱1台;安装室内接地排1个。

安装室内梯式电缆桥架:3 750+500+2 170+500+100=7 020 mm=7.02 m。

系统调测的工程量:配电系统自动性能调测(1个系统)。

(4)主材用量统计

经统计,主要材料用量见表2-19-9。

表2-19-9　主要材料用量表

序号	名称	规格型号	单位	数量
1	电力电缆	RVVZ-3×35+1×16	m	3×10.15=30.45
2	电力电缆	RVVZ-1×50	m	4×10.15=40.60
3	电力电缆	RVVZ-1×95	m	1.5×10.15=15.23
4	电力电缆	RVVZ-1×35	m	2.6×10.15=26.39
5	铜接线端子	16 mm²	个	3×2.03=6.09
6	铜接线端子	35 mm²	个	(3×3+4)×2.03=26.39
7	铜接线端子	50 mm²	个	4×2.03=8.12
8	铜接线端子	95 mm²	个	2×2.03=4.06
9	电缆桥架	400 mm	m	7.02×1.01=7.09
10	地线排		个	1.00
11	其他材料(含电池架用料等)		套	1.00

说明:接线端子的统计与电力电缆长度无关,即每条不论长短均需要2.03个。

项目六　架空光电缆线路工程概预算编制

1. 项目简介

某项目背景如下,编制其概预算,形成设计文件并输出。

××局架空光缆线路单项工程一阶段施工图设计预算

一、已知条件

(一)本工程设计为××局架空光缆线路单项工程一阶段施工图设计。

(二)本工程施工企业驻地距施工现场100 km;工程所在地为非特殊地区,并且施工不受干扰。

(三)设计图纸及说明:

1.××局市话光缆线路工程杆路图如图2-19-9所示。

2.××局市话光缆线路工程光缆施工图如图2-19-10所示。

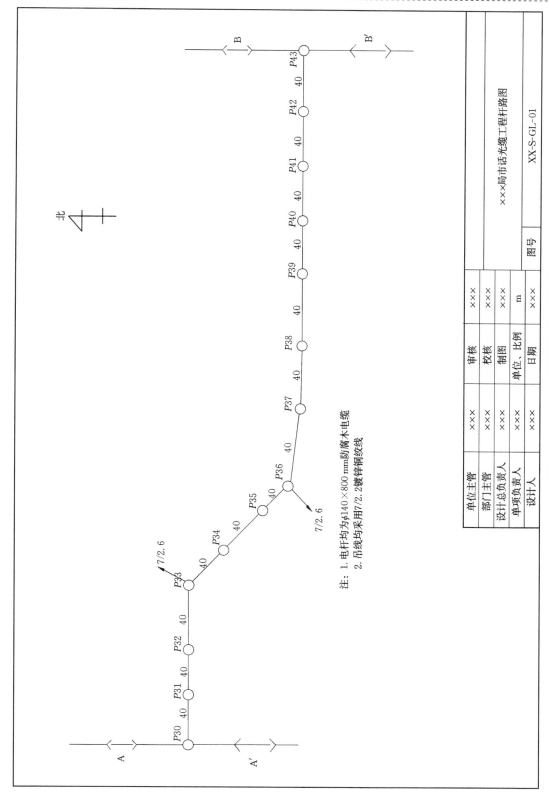

图2-19-9　××局市话光缆线路工程杆路图

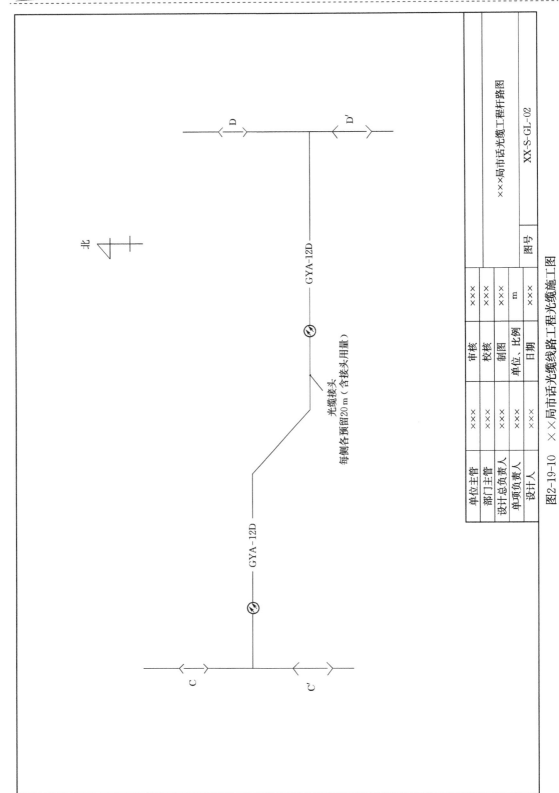

图2-19-10 ××局市话光缆线路工程光缆施工图

单位主管	×××	审核	×××
部门主管	×××	校核	×××
设计总负责人	×××	制图	×××
单项负责人	×××	单位、比例	m
设计人	×××	日期	×××

×××局市话光缆工程杆路图

图号 XX-S-GL-02

GYA-12D

GYA-12D

光缆接头
每侧各预留20 m（含接头用量）

北

3. 图纸说明

(1)工程在市区内施工;土质为综合土;电杆为 8.0 m 高防腐木电杆,不需要安装横木。

(2)拉线采用夹板法,装设 7/2.6 单股拉线;横木拉线地锚采用 7/2.6 单条单下方式,横木为 1 200 mm×180 mm。

(3)架设吊线时需要安装吊线担;吊线用 U 形卡子做终结。

(4)架空吊线程式为 7/2.2;吊线的垂度增长长度可以忽略不计;吊线无接头;吊线两端终结增长余留共 3.0 m。

(5)架空光缆自然弯曲系数按 0.5% 取定,不需要安装光缆标志牌,光缆单盘测试按单窗口取定,不进行偏振模色散测试。

(6)本工程所在中继段长 40 km,中继段光缆测试按双窗口取定,不进行偏振模色散测试。

(四)本工程勘察设计费为 3 000 元,建设单位管理费为 1 000 元。

(五)本工程预算内不计列"施工生产用水电蒸汽费"、"已完工程及设备保护费"、"运土费"、"工程排污费"、"建设用地及综合赔补费"、"可行性研究费"、"研究试验费"、"环境影响评价费"、"劳动安全卫生评价费"、"建设工程监理费"、"工程质量监督费"、"工程定额测定费"、"工程保险费"、"工程招标代理费"、"生产准备及开办费"、"建设期利息"。

(六)主材运距:光缆、木材及木制品、塑料及塑料制品为 500 km;其他为 800 km。其单价见表 2-19-10。

表 2-19-10　主材单价表

序号	名称	规格程式	单位	单价(元)	序号	名称	规格程式	单位	单价(元)
1	光缆接续器材		套	500.00	11	镀锌钢绞线	7/2.6	kg	6.00
2	架空光缆		m	50.00	12	镀锌铁线	φ1.5	kg	6.15
3	横木		根	50.00	13	镀锌铁线	φ3.0	kg	4.80
4	木电杆		根	300.00	14	镀锌铁线	φ4.0	kg	4.80
5	U 形卡子		个	1.00	15	拉线衬环		个	1.95
6	电缆挂钩		只	0.30	16	三眼单槽夹板		副	3.00
7	吊线担		根	5.00	17	三眼双槽夹板		块	3.50
8	镀锌穿钉	180~260 mm	副	2.00	18	条形护杆板		块	1.00
9	镀锌穿钉	长 100	副	0.70	19	瓦形护杆板		块	4.15
10	镀锌钢绞线	7/2.2	kg	6.00	20	保护软管		m	1.00

2. 实训步骤指导(计算机类课程可以用流程图代替)

(1)资料收集和准备阶段

①在教师的指导下,熟悉任务书中的项目背景和任务要求。

②自行查阅相关专业书籍和资料,重点是架空光缆线路工程方面的专业资料,包括架空光缆线路的结构、工程实施的程序流程等。

③熟悉相应定额的查找和套用,特别注意相应章节说明。

④分类统计工程量,并同时记录机械、仪表使用量和主材消耗量。

(2)概预算文件的组成

依据各已知条件,按三四二五一的顺序填写各概预算表格。

（3）工程量统计

下面以本任务的项目为背景，介绍架空线路工程工程量的计算。

①架空光(电)缆工程施工测量：40 m×13＝520 m＝5.2(百米)。

②立 8.5 m 以下木电杆(综合土)：14(根)。

③木杆夹板法装 7/2.6 单股拉线(综合土)：P_{33} 和 P_{36} 电杆处各设一条，共计 2(条)。

④制作横木拉线地锚(7/2.6 单条单下)：2(个)。

⑤木电杆架设 7/2.2 吊线：40 m×13×＋3＝523 m＝0.523(千米条)，3 m 为吊线终结预留。

⑥架设架空光缆(丘陵、城区、水田，12 芯以下)：40 m×13×(1＋0.5%)＋20 m×2＝562.6 m＝0.563(千米条)。

解读与解析：

光(电)缆用量的统计在直线距离的基础上，还需要折算自然弯曲系数，但是预留部分通常只记取实际留长，而无需计算自然弯曲所增加的长度。

⑦光缆接续(12 芯以下)：1(头)。

⑧40 km 以下中继段光缆测试：1(中继段)。

（4）主材用量统计

经统计，主要材料用量见表 2-19-11。

表 2-19-11　主要材料用量表

主材名称	规格型号	单位	主材用量
木电杆	梢径 14～20 cm	根	1.01×14＝14.14
镀锌钢绞线	7/2.6	kg	4.41×2＋1.27×2＝11.36
瓦形护杆板		块	2.02×2＋8.08×0.523＝8.27
条形护杆板		块	4.04×2＋2.02×2＋12.12×0.523＝18.46
镀锌铁线	01.5	kg	0.04×2＋0.1×0.523＋0.61×0.563＝0.48
镀锌铁线	03.0	kg	0.55×2＋0.35×2＋1×0.523＝2.32
镀锌铁线	04.0	kg	0.22×2＋0.45×2＋2×0.523＝2.39
三眼双槽夹板		副	2.02×2＝4.04
拉线衬环		个	1.01×2＋1.01×2＋6.06×0.523＝7.21
横木		根	1.01×2＝2.02
镀锌钢绞线	7/2.2	kg	221.27×0.523＝115.72
吊线担		根	25.25×0.523＝13.21
镀锌穿钉	长 100 mm	副	1.01×0.523＝0.53
镀锌穿钉	长 180～260 mm	副	25.25×0.523＝13.21
三眼单槽夹板		副	28.28×0.523＝14.79
U 形卡子		个	12.12×0.523＝6.34
架空光缆		m	1 007×0.563＝566.94
电缆挂钩		只	2 060×0.563＝1159.78
保护软管		m	25×0.563＝14.08
光缆接续器材		套	1.01×1＝1.01

七、考核标准

实训考核成绩由六个项目构成,其考核标准分别见表 2-19-12～表 2-19-17;实训总成绩中六个项目各占 15%,实训报告撰写占 10%。

表 2-19-12　CAD 拓展应用与练习

项目名称				拓展应用与练习		实施日期	
执行方式		个人独立完成	执行成员	班级		组别	
考核标准	类别	序号	考核分项	考核标准	分值	考核记录（分值）	
	职业技能	1	综合应用练习	随堂考察:练习过程中的认真程度和态度 随机抽查:随机抽取学生和问题进行回答或操作演示	20		
		2	指定图形绘制	查看作品:绘制出的图形是否规范、标准与原图的相似度	60		
	职业素养	3	职业素养	随堂考察:绘制图形前,充分观察和分析图形,尽量利用图形编辑命令绘制;练习过程中协作互助	20		
总　分							

表 2-19-13　通信线路工程勘察与施工图设计

项目名称				通信线路工程勘察与施工图设计		实施日期	
执行方式		小组合作完成	执行成员	班级		组别	
考核标准	类别	序号	考核分项	考核标准	分值	考核记录（分值）	
	职业技能	1	执行过程考核	工具、仪器仪表的操作是否准确规范,是否注意对其保养和爱护 任务执行过程中协同作业情况	20		
		2	草图	内容详实程度和图纸规范程度	15		
		3	勘察报告	内容详实程度和图纸规范程度	15		
		4	施工图纸	内容的完整性、图形符号的规范性、技术细节的准确性	40		
	职业素养	5	职业素养	无违反劳动纪律和不服从指挥的情况	10		
总　分							
执行情况记录	填写要求: 包括执行人员分工情况、任务完成流程情况、任务执行过程中所遇到的问题及处理情况						

表 2-19-14　传输设备安装工程勘察与施工图设计

项目名称			传输设备安装工程勘察与施工图设计			实施日期	
执行方式		小组合作完成	执行成员	班级		组别	
考核标准	类别	序号	考核分项	考核标准	分值	考核记录（分值）	
	职业技能	1	执行过程考核	工具、仪器仪表的操作是否准确规范，是否注意对其保养和爱护　任务执行过程中协同作业情况	20		
		2	草图	内容详实程度和图纸规范程度	15		
		3	勘察报告	内容详实程度和图纸规范程度	15		
		4	施工图纸	内容的完整性、图形符号的规范性、技术细节的准确性	40		
	职业素养	5	职业素养	无违反劳动纪律和不服从指挥的情况	10		
				总　分			
执行情况记录	填写要求：包括执行人员分工情况、任务完成流程情况、任务执行过程中所遇到的问题及处理情况						

表 2-19-15　交换设备安装工程概预算编制

项目名称			交换设备安装工程概预算编制			实施日期	
执行方式		个人独立完成	执行成员	班级		组别	
考核标准	类别	序号	考核分项	考核标准	分值	考核记录（分值）	
	职业技能	1	表一	(1)计算方法和结果的准确性　(2)表格填写的规范性	10		
		2	表二	(1)计算方法和结果的准确性　(2)表格填写的规范性	15		
		3	表三	(1)计算方法和结果的准确性　(2)表格填写的规范性	30		
		4	表四	(1)计算方法和结果的准确性　(2)表格填写的规范性	25		
		5	表五	(1)计算方法和结果的准确性　(2)表格填写的规范性	10		
	职业素养	6	职业素养	随堂考察：规范、严谨求实的工作作风；任务实施过程中协作互助	10		
				总　分			

表 2-19-16 通信电源设备安装工程概预算编制

项目名称		通信电源设备安装工程概预算编制			实施日期	
执行方式		个人独立完成	执行成员	班级	组别	
考核标准	类别	序号	考核分项	考核标准	分值	考核记录（分值）
	职业技能	1	表一	(1)计算方法和结果的准确性 (2)表格填写的规范性	10	
		2	表二	(1)计算方法和结果的准确性 (2)表格填写的规范性	15	
		3	表三	(1)计算方法和结果的准确性 (2)表格填写的规范性	30	
		4	表四	(1)计算方法和结果的准确性 (2)表格填写的规范性	25	
		5	表五	(1)计算方法和结果的准确性 (2)表格填写的规范性	10	
	职业素养	6	职业素养	随堂考察：规范、严谨求实的工作作风；任务实施过程中协作互助	10	
总　分						

表 2-19-17 架空光电缆线路工程概预算编制

项目名称		架空光电缆线路工程概预算编制			实施日期	
执行方式		个人独立完成	执行成员	班级	组别	
考核标准	类别	序号	考核分项	考核标准	分值	考核记录（分值）
	职业技能	1	表一	(1)计算方法和结果的准确性 (2)表格填写的规范性	10	
		2	表二	(1)计算方法和结果的准确性 (2)表格填写的规范性	15	
		3	表三	(1)计算方法和结果的准确性 (2)表格填写的规范性	30	
		4	表四	(1)计算方法和结果的准确性 (2)表格填写的规范性	25	
		5	表五	(1)计算方法和结果的准确性 (2)表格填写的规范性	10	
	职业素养	6	职业素养	随堂考察：规范、严谨求实的工作作风；任务实施过程中协作互助	10	
总　分						

八、实训报告

详细撰写各项目的内容、要求,重点体现任务执行过程中所遇到的问题、处理方法及处理结果。

九、附件

1.《中望 CAD 教程》。

2.《通信建设工程概预算定额》。

3.《通信线路与综合布线》、《现代交换技术》、《数字传输系统》、《铁路移动通信系统》、《通信电源系统》及《通信工程施工与管理》等教材。

课程二十 列车无线调度通信系统

一、实训目的

列车无线调度通信实训是列车无线调度通信系统课程后的课程实训,旨在培养和训练学生利用所学专业知识的应用能力和实际操作技能,通过实训掌握车载设备 CIR 的设置、操作;熟悉 CMS-50 无线通信综合测试仪及 GSM-R 测试仪等的操作使用;掌握 CIR 各项电性能指标的测试方法和 CIR 数据分析;学习 CIR 设备的基本故障排查定位和处理,为适应工作岗位奠定坚实的基础。

二、实训任务

(1)CIR 的连接。

(2)CIR 设置。

(3)CIR 库检项目。

(4)发射机电性能指标测试。

(5)接收机电性能指标测试。

(6)数据/语音单元测试。

(7)数据分析。

三、实训预备知识

(1)CIR 的设备组成和连接。

(2)MMI 的使用。

(3)无线列车通信设备的维护规程。

(4)450 MHz 通用台和 CIR 的使用技术规程。

四、实训仪器仪表使用、实训操作安全注意事项

(一)实训仪器仪表

(1)CIR 主机、MMI、天线及馈缆、送(受)话器及扬声器各 6 套。

（2）CMS50 测试仪一套。

（3）450 MHz 通用台一套。

（4）库检台一套（含工控机一套,配套软件,库检组件）。

（5）计算机 10 台（已安装 CIR 记录分析软件）。

（二）实训操作安全注意事项

在操作和使用各种设备、工具和仪器仪表时,请严格按照《使用说明书》和指导老师的要求进行操作和使用。

五、实训的组织管理

实训过程根据学生人数的多少来进行分组,一般来说,每组的人数不宜超过 10 人,每个班级按单双号分批后,再分为 3 组交叉进行,既能让每个学生充分使用工具仪器设备,也能保证较好的实训效果。本次实训选做其中 4 个项目。

教学时间		实训项目	具体内容（知识点）	学时
星期	节次			
一	1～4	CIR 的连接	根据实训指导书附图实现设备的连接	4
	5～8	CIR 频点手工设置、机车号、车次号设置	参照教材第六章	4
二	1～4	CIR 遥测和上车检测项目	教师示范	4
	5～8	CMS50 测试仪的使用（一）发射机电性能指标测试	参照教材第九章	4
三	1～4	CMS50 测试仪的使用（二）接收机电性能指标测试	参照教材第九章	4
四	1～4	语音/数据单元测试	教师讲解	4
五	1～4	记录分析	教师讲解	4

六、实训项目简介、实训步骤指导与注意事项

项目一　设备连接（图 2-20-1）

图 2-20-1　CIR 设备连接示意图

1. 线缆连接

110 V 电源引入线接入主机 B 单元的"110 V 入"插座和机车 110 V 直流电源（机车端需经过开关及保险）。

110 V 电源转接线接主机 B 单元"110 V 出"和主控单元"110 V 入"。

控制电缆接主机 B 单元的"终端 A"插座和 MMI 操作终端的"主机"插座。

转接电缆接主机 B 单元的"转接"插座和主机 A 单元的"主控"机盘面板上的"转接"插座。

天线馈线接 900 MHz 天线和主机 A 单元的"GSM-R 语音"单元、"GSM-R 数据"单元面板上的"TX/RX"插座。

天线馈线接 GPS 天线和主机"GPS"单元面板上的"天线"插座。

天线馈线接 450 M 天线和主机 B 单元的"450 M 天线"插座（内置 450 MHz 机车台）。

控制电缆接 450 MHz 机车台"控制盒"插座和 CIR 主机"450 MHz 电台"插座（外置 450 MHz 机车台）。

450 MHz 机车台-CIR 主机 TDCS 电缆接 450 MHz 机车台"TDCS"插座和 CIR 主机"450 MHz TDCS"插座（外置 450 MHz 机车台）。

天线馈线将接 800 M 天线和主机 B 单元的"800 M 天线"插座（内置 800 MHz 机车台）。

打印终端连接电缆接打印终端"显示器"插座和 MMI 操作终端的"打印"插座。

送（受）话器接至 MMI 操作终端的"送（受）话器"插座。

外接扬声器接至 MMI 操作终端的"扬声器"接口（内置扬声器时不接）。

线缆连接如图 2-20-2 所示。

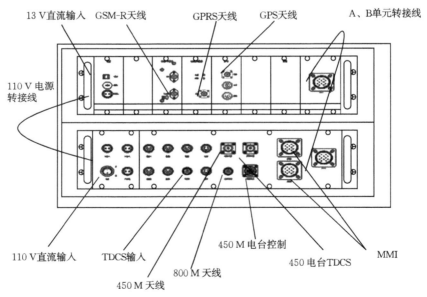

图 2-20-2　线缆连接示意图

2. 注意事项

设备连接时，先关闭设备开关电源。禁止带电插拔线缆。

项目二　CIR 设置

1. 开机过程

打开主机电源开关,B 子架电源指示灯亮(红色)。MMI 进入启动界面,之后提示与主机通信握手成功,进入守候工作界面,如图 2-20-3 所示。

如果 CIR 处于 GSM-R 工作模式,CIR 向 GSM-R 网络进行调度通信模块和数据模块的注册并语音和文字提示注册成功或失败。之后,CIR 进入守候状态。

开机后,两个操作显示终端均为副控状态。按下任一操作显示终端上的"主控"按键 3 s,则此操作显示终端为主操作端,可进行操作,另一个操作显示终端只可同步显示,除复位、切换主控、呼叫主控、调节音量外不能进行其他任何操作。若主机只接单操作终端时,开机后该操作终端自动进入主控状态,无需进行按键操作。

注:主控状态时下面 8 个功能按键有相应的文字显示,并可以进行操作。

2. 工作模式切换

(1)自动切换

通过在操作显示终端的设置界面内的运行区段中选择自动模式(GPS)来确定 CIR 工作在自动切换模式下。

在自动切换模式下,CIR 将根据 GPS 信息自动切换工作模式(GSM-R 工作模式或 450 MHz 工作模式)或在 450 MHz 工作模式下自动切换 450 MHz 工作频点,工作模式切换时,操作终端会有相应的语音提示。

(2)手动切换

在主界面按下"设置"按键,进入设置界面,选择"区段选择"按键并确认,进入工作线路手动选择界面。屏幕上会列出所有的路局,选择路局,进入工作线路选择界面(包括 GSM-R 线路和 450 MHz 线路)。通过"▲"和"▼"键选中线路后,按下"确定"键,即可转到相应的工作线路。

选择相应的工作模式或线路后,按"确认/签收"键,进入选择的工作模式;按"退出",返回设置界面,如图 2-20-4 至图 2-20-6 所示。

注:选择工作频率时,避开 457.700 MHz、457.825 MHz 频点,最好是选择 457.925 MHz (测试频点)。

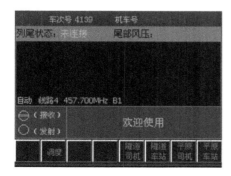

图 2-20-3　守候工作界面

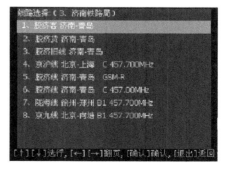

图 2-20-4　运行区段设置界面

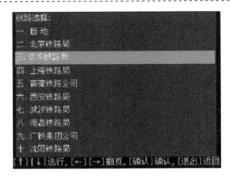

图 2-20-5　选择运行区段

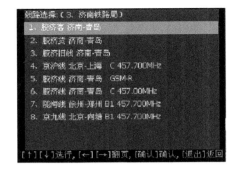

图 2-20-6　选择线路及工作模式

3. GSM-R 工作模式

（1）守候状态

在守候状态下的主界面的设备状态显示区显示当前的机车号、车次号，左上角为音量指示，右上角为 GSM-R 调度通信模块的信号强度。

（2）注册/注销

①自动注册/注销

开机时，主机自动向网络注册机车功能号，并语音和文字提示注册结果。注册成功时，在设备状态显示区显示当前注册的机车号。当 CIR 通过机车运行安全监控记录装置获得的机车号与存储的不一致时，MMI 上显示的机车号变为红字闪烁，并发出"注意机车号"的提示音。

②手动注册/注销

CIR 在 GSM-R 线路的守候状态下，按"设置"按键，进入设置界面后选择"车次号设置、注册（或注销）"并按下"确认"，进入手动注册/注销界面。

（3）呼叫

①主呼

a. 单键呼叫。在守候状态下摘机，根据需要呼叫的对象按下屏幕相应的按键，在屏幕下方的通话状态显示区显示"正在呼叫×××"。接通时显示"↗×××"，通话完毕时，挂机，则显示"通话结束"。进行组呼通话时需要按下手柄上的 PTT 键抢占上行信道，界面显示当前状态（可以讲话，不能讲话等），听到提示音后方可讲话。

b. 拨号呼叫。司机也可以在守候状态下直接按下数字（字母）键输入对方的 MSISDN（ISDN）或功能号码后，按"呼叫"按键发起呼叫。此时，按"挂断"按键或直接挂机可结束通话。

②被呼

GSM-R 状态下被呼时，在通话状态显示区显示"×××呼入"并有振铃提示。

在守候状态下摘机无任何操作 2 min 时，操作显示终端会发出挂机提示音，提示司机挂机。

优先级为二级或二级以上的呼叫自动接听，并且二级或二级以上的组呼不能强制退出。守候状态下，三级组呼也可以进行自动接听。

③呼叫保持

当有多个呼叫存在时,CIR会自动进行呼叫保持。

当前的呼叫按优先级进行排序(0优先级最高),同优先级时按时序进行排序。通话状态显示区的第一行显示当前通话的状态,第二行显示正在保持的呼叫,用序号1、2…来区分。

正在进行低优先级的呼叫时,若有高优先级的呼叫进入,高优先级的呼叫自动切断低优先级的呼叫,将低优先级的呼叫置于保持状态,通话完毕时再自动转入低优先级的呼叫。同优先级的呼叫之间可以先通过屏幕的上下键选择,然后按"切换"键进行切换。

a. 当正在进行个呼,需要切换到组呼时,个呼不能保持,将被挂断。

b. 当正在进行优先级为二级或二级以上的呼叫时,三级或三级以下保持的呼叫不进行显示。

c. 当优先级为0级的紧急呼叫结束或根据网络要求对高优先级呼叫结束需要确认时,CIR自动发起向网络的AC确认,并语音和文字提示AC确认的结果。

在发送车次号信息和接收调度命令时,不影响通话。

(4)重拨

在GSM-R线路下,按主界面的"呼叫"按键,屏幕上显示的是司机最新拨打的号码,能够方便快捷地进行重拨。按"回格"键可修改或重新输入号码进行呼叫。

(5)通信录

按主界面的"设置"键,进入设置界面。通过上下选择"查询通信录"并按"确认"键,即可进入通信录查询界面。

通信录中的号码及号码对应的身份是由维护人员预先存储好的,通过"上翻"和"下翻"键选中号码,摘机按"呼叫"键可进行相应的呼叫。

4.450 MHz工作模式

(1)车次号设置

CIR工作在450 MHz线路时,CIR主机可通过机车运行安全监控记录装置获取当前的车次号信息,也可进行车次号的手动设置。按"设置"按键,进入设置界面后,选择"车次号设置、注册"按键并按下"确认"按键,屏幕下方显示"请输入车次号",通过数字/字母键输入要求的车次号信息。

机车号设置:

机车代码:和谐号为237;DF_{4D}为141;DF_{4B}为105;DF_{11G}为158;SS_3为206。

机车号码共5位,号码不足在前补0,如"123"变为"00123"。

完整的机车号码设置,如和谐号的123,则为"23700123"。

(2)调度通信

司机摘机并分别按下屏幕的"调度"、"隧道司机"、"隧道车站"、"平原司机"、"平原车站"键进行相应的呼叫,通话完毕后挂机。

被呼时,7 s内可听到对方的话音,若此时未摘机,则通话将被自动挂断。

5.设置

按下"设置"键,即可进入设置界面,设置界面分为两部分,一部分是司机可以进行操作的,一部分是需要维护人员来修改的。

司机可以操作的是扬声器和耳机的音量调整、查询通信录、运行区段的手动选择、车次号注册/注销、本务机/补机的设置、状态查询等。

在设置界面中,音量调整分为扬声器和耳机两种音量调整。挂机时,选择"扬声器音量调整"并确认,通过"←""→"按键可调节扬声器的音量;摘机时,选择"听筒音量调整"并确认,通过"←""→"按键可调节听筒的音量。

在设置界面中,选择"本务机(或补机)"并确认,即可进行本补机的切换。在补机状态下,收到调度命令时不向地面发送自动确认和手动签收信息。

在设置界面中,选择"状态查询"并确认,即进入状态查询界面。在该界面中可显示当前状态下,GSM-R 语音、GSM-R 数据、GPS、450 MHz 高端及 450 MHz 低端等单元的登录情况和信号强度。

为了防止误操作,维护人员调整的参数需要输入密码才能进入。按下设置界面中的"维护界面"键并确认,提示请输入密码,输入正确的密码后,进入维护界面。

维护界面中的设置内容包括:综合信息、车次号、机车号、IP 地址、库检配置、测试(450 M)、调试(450 M)、杂项设置、维护密码、单键配置、ID 配置、网络选择、数据设置、铃声设置、设置时间、其他配置及 MMI 版本信息查询等。

6. 双 MMI 直接通话

为了方便机车司机的主控端和副控端之间联系,设备增加双 MMI 直接通话功能。

摘机后长按"呼叫"键 3 s,在通话界面显示区显示"正在呼叫主(副)MMI",另一方显示"主(副)MMI 呼入"并可听到振铃;摘机后,双方即可进行通话。通话完毕后,挂机退出通话界面。

项目三 CIR 遥测和上车检测

1. 用户管理维护

单击主界面中的"用户管理"可以进行用户的添加和删除,如图 2-20-7 所示。进入该界面后选择密码修改可以对当前登入用户进行密码修改。

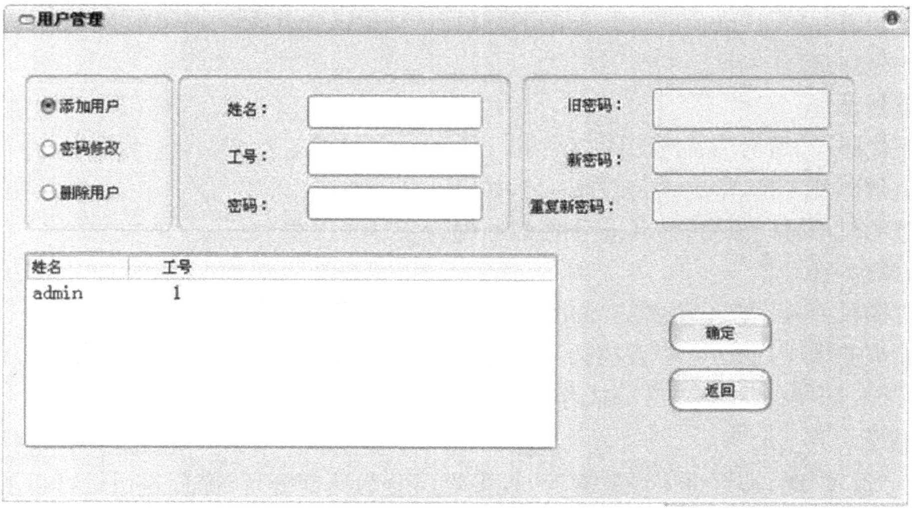

图 2-20-7 用户管理界面

单击主界面中"维护"按钮可以进行机车类型、所属工区、库检地点、检测单位、库检账号、450 M 频组设置等系统信息的添加、删除,如图 2-20-8 所示。其中库检账号指的是库检台所分配的机车号。

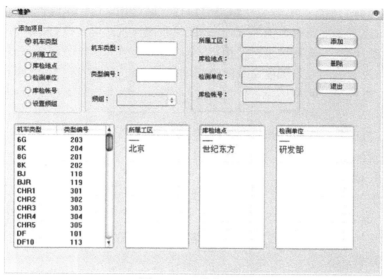

图 2-20-8　维护界面

2. 遥测

地面遥测前首先需设置机车号、IP 地址、450 M 电台 ID 号、生产厂家、车载台类型及型号、所属工区、工作频率、库检地点、检测单位等机车配置信息。按"设置"按钮,在弹出的设置对话框(图 2-20-9)中可进行机车配置信息的添加、修改和删除。

图 2-20-9　添加设置

机车各信息作用如下：

机车号：遥测、记录保存、记录查找时使用。

IP 地址：遥测 GSM-R 机车电台时使用。

450 M 电台 ID：遥测 450 M 通用机车电台模块时使用。

生产厂家：该机车配备电台的厂家，查找记录和统计机车电台良好率时使用。

车载台类型及型号：查找记录时使用。

默认通道：设置遥测或发调度命令时选择的通道。

所属工区：查找记录时使用。

工作频率：450 M 遥测时使用。

库检地点：打印某台机车检测结果时使用。

检测单位：打印某台机车检测结果时使用。

(1)GSM-R 地面遥测

在主界面中"机车号"输入框中输入机车号后回车，对应机车号的 IP 会自动添加在机车台 IP 一栏中。继续回车则 GPRS 遥测开始，主界面发送显示列有 GPRS 遥测提示信息，机车电台处于 450 M 状态也可返回结果，遥测结束后库检结果将自动保存到在计算机中，通过查询可以进行查看。

(2)450 M 地面遥测

在主界面中"机车号"输入框中输入机车号后回车后对应机车号的 450 M 厂家和 450 M ID 自动填充到相应的栏中。继续回车则 450 M 遥测开始，主界面发送显示列有 450 M 遥测提示信息，机车电台处于 GSM-R 状态也可返回结果遥测结束后库检结果将自动保存到在计算机中，通过信息查询可以进行查看。

如果在 6 s 内未收到被测机车电台的确认信息，则重新发送启动库检命令，若发送三次都没有收到确认信息，则标记"检测失败"，并保存该记录。

收到被测机车电台的确认信息，如果在 60 s 内收到自检结果，则标记"地面遥测"，并保存该记录。

GSM-R、450 M 检测结果返回后自动弹出图 2-20-10 的对话框，选项后打绿钩表示该模块正常，打红叉则表示故障，单击"上一条"、"下一条"可以查看前一次和后一次的检测结果，单击"打印"即可打印出检测结果。

3. 上车自检

(1)自检

操作被测 CIR 的 MMI，按"设置"键进入设置界面，选择"出入库检测"选项，并按下"确认"键，CIR 进入出入库检测界面，如图 2-20-11 所示。

选择"自检"项，进入自检状态，MMI 上界面显示："请输入或选择库检设备 IP 地址"(图 2-20-11)。输入或选择后，按"确认"键，MMI 显示"正在进行自检…"，自检完成显示自检结果并发送到地面库检设备保存。

(2)GPRS 数据检测

选择"GPRS 数据"选项，按"确认"键，CIR 向地面库检设备请求发送"GPRS 数据检测"信息，并在该界面显示"已发送请求信息……"

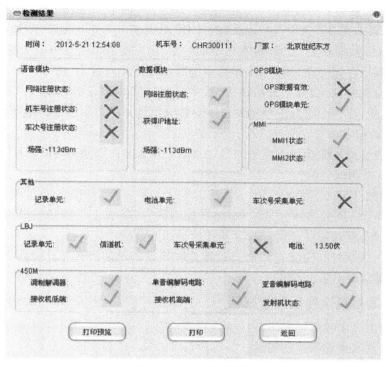

图 2-20-10　遥测结果

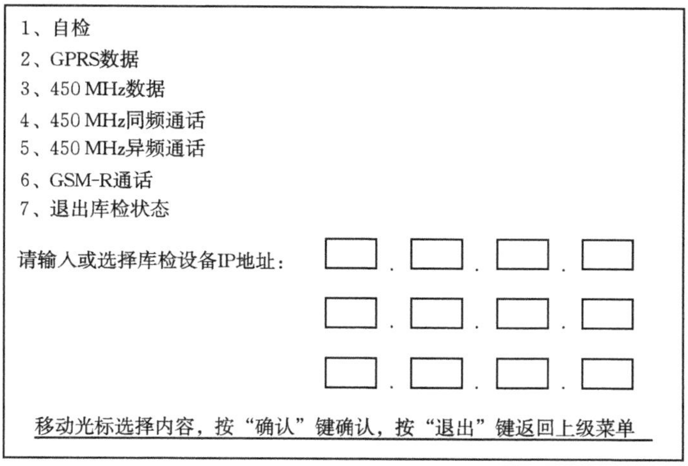

```
1、自检
2、GPRS数据
3、450 MHz数据
4、450 MHz同频通话
5、450 MHz异频通话
6、GSM-R通话
7、退出库检状态

请输入或选择库检设备IP地址： □ . □ . □ . □
                            □ . □ . □ . □
                            □ . □ . □ . □

移动光标选择内容，按"确认"键确认，按"退出"键返回上级菜单
```

图 2-20-11　自检界面

　　地面库检设备收到后存储并向 CIR 发送一条正文内容为"GPRS 数据出入库检测"的信息，CIR 收到后在 MMI 上显示该信息并发送自动签收信息，在按"确认"键后发送手动签收信息并返回原界面。

　　地面库检设备存储收到的 CIR 自动和手动签收信息。

　　15 s 内未收到地面库检设备发来的"GPRS 数据出入库检测"信息，CIR 在该界面显示"GPRS 数据测试失败"。

（3）450 MHz 数据检测流程

选择"450 MHz 数据"选项，按"确认"键，CIR 用频率 457.550 MHz 向地面库检设备请求发送"450 MHz 数据检测"信息，并在该界面显示"已发送请求信息……"（图 2-20-11）。地面库检设备收到后存储并向 CIR 用工作频率发送一条正文内容为"450 MHz 数据出入库检测"信息，CIR 收到后在 MMI 上显示该信息，并用 457.550 MHz 频率发送自动签收信息，在按"确认"键后，用 457.550 MHz 频率发送手动签收信息并返回原界面。地面库检设备存储收到的 CIR 自动和手动签收信息。

15 s 内未收到地面库检设备发来的"450 MHz 数据出入库检测"信息，CIR 在该界面显示"450 MHz 数据测试失败"。

（4）通话检测

选择"450 MHz 同频通话"、"450 MHz 异频通话"和"GSM-R 通话"选项，按"确认"键，收到地面库检设备接通提示音后，按 PTT 开始讲话，内容为"某某型×××号机车 450 MHz 呼叫话音试验"，讲话时间应在 7 s 内完成，地面库检设备录制语音并存储，8 s 后，地面库检设备回放录制的语音，CIR 收听。

项目四　发射机电性能测量指标

（1）载波输出功率的测量。

（2）发射机载波频率误差的测量。

（3）调制灵敏度的测量。

（4）调制限制的测量。

（5）发射机音频失真系数的测量。

电台发射机测试前按图 2-20-12 连接电台和综合测试仪。

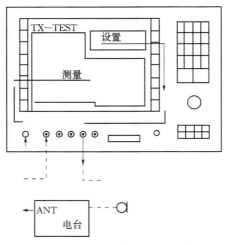

图 2-20-12　电台发射机测试连接图

1. 发射机载波输出功率

指发射机在无调制情况下，在一个射频周期内供给标准负载的平均功率。

测试方法：

（1）使 CM50 表在 TX-TEST 状态，切断电台麦克风输入端与 CM50 的连线，使电台在无调制下工作。

（2）用于 50 Ω 同轴电缆线将电台天线端与 CM50 的射频输入/输出端连好。

（3）按下电台 PTT 键，使电台发射，在 POWER 栏即可读出载波输出功率数值。

2. 发射机载波频率误差

指其未调制载波频率与标准工作频率之差值。

测试方法 1：

（1）电台与 CM50 连接同载波发射功率测量。

（2）按下 1 号键，使 COUNT 功能选中（菜单提示 COUNT 成反显）。

（3）按下电台 PTT 键，使电台发射，从屏幕上 COUNT 显示区可直接读出载波频率，减去标称频率即为载波频率误差。

测试方法 2：

（1）按下 1 号键，使 COUNT 功能选中，输入：1＋HZ，设置计数器的精度为 1 Hz。

（2）按下 SHIFT 键＋REF 键，输入发射机标称频率＋MHZ，设置相对记数的参考频率。

（3）按下 PTT 键，使电台发射，由 COUNT 显示区可直接读出载波频率误差。

（4）想关闭相对计数功能，请按下 SHIFT 键＋REF 键＋CLEAR 键。

3. 调制灵敏度

指发射机得到标准试验调制的载波输出所需的 1 kHz 音频调制信号的电动势。

测试方法：

（1）将电台天线端与 CM50 的射频输入/输出端连好，并将 CM50 上的 MODEM 与电台的 MIC 连接好。

（2）按下 9 号键，使 AF1 选中，键入 1 kHz，设定音频信号频率为 1 kHz。

（3）按下 9 号键，使 LEV1 选中，键入 1 mV，设定音频信号电平为 80 mV，按下 10 号键，使 AF2 选中，键入 OFF。

（4）按下电台 PTT 键，使电台发射。

（5）按下 3 号键，使 DMOD 选中，键入 3 kHz，这样就启动了一个自动测量程序，CM50 将会自动变化 AF1 电平直至解调频偏为 3 kHz，测量结束后，在屏幕提示行给出："scarch normally ended"。

（6）记下此时的 LEV1 的数值，即为调制灵敏度。

4. 调制限制

指一种通常由发射机音频级完成的处理过程，以防止调制超过最大允许频偏（5 kHz）。

测试方法：

（1）先进行调制灵敏度的测量。

（2）按下 9 号键，选中 LEV1，再按 dBm 键使 LEV1 以 dBm 为单位，记下这个数值，转动调节旋钮（VAR），使 LEV1 增大 20 dBm，观察屏幕上 3 号显示区（DEMOD）发射机的输出频偏值，应不超过 5 kHz。

（3）保持 LEV1 不动，变化 AF1，使其从 300 Hz 变化到 3 kHz，记下相应的频偏值，均应不超过 5 kHz。

5. 调制失真

指当设备的输入端加上规定信号时,发射机输出端的二次和更高次谐波成分的总有效值对整个信号的有效值之比,通常用百分比数来表示。

测试方法:

(1)先进行调制灵敏度的测量(同上)。

(2)按下 6 号键,选中 DIST 功能,其读数即为调制失真。

项目五　接收机电性能测量指标

(1)接收机可用灵敏度的测量。

(2)抑噪灵敏度的测量。

(3)门限静噪开启灵敏度的测量。

(4)音频谐波失真的测量。

(5)调制接收带宽的测量。

电台接收机测试前按图 2-20-13 连接电台和综合测试仪。

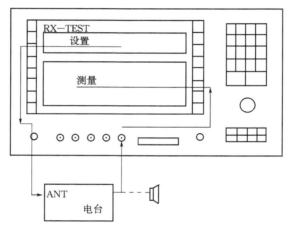

图 2-20-13　电台接收机测试连接图

1. 可用灵敏度

是指在标准试验条件下,接收机输出端得到信纳比(SINAD)为 12 dB,输出功率不小于额定输出功率的 50% 的输出信号,所需最小经标准试验调制的来自标准输入信号源的射频输入信号电压值,常以 μV 或 $dB\mu$ 为单位。

测试方法:

(1)将 CMS50 的 RF　IN/OUT(射频输入/输出端)与电台天线输入端连接好,将电台的音频输出端(喇叭输出端口)与 CMS50 的 AF/SCOPE　INPUT)端连好。

(2)电台静噪控制置于不静噪位置。

(3)按下 1 号键 SET　RF 输入:电台接收频率的数值+MHz。

(4)按下 2 号键 RF　LEV,输入:1+μV,设定载波电平为 1 μV。

(5)按下 9 号键,选中 AF1,输入:1+kHz,设定音频信号频率为 1 kHz。

(6)再按下 9 号键,选中 MOD1,输入:3+kHz,设定调制频偏为 3 kHz。

（7）调节电台音量电位器，使屏幕上 3 号显示区 AF　LEV 的测量数值达到 2 V（机车台音频输出加隔离变压器时为 4.4 V）左右。

（8）按下 6 号键，选中 SINAD 功能，输入：1＋2＋dB，这样就启动了可用灵敏度自动测量程序，CMS50 将自动调节 RF LEV，直至 SINAD 达到设定的 12 dB，记下此时 RF LEV 值，即为可用灵敏度，<u>应优于 0.6 μV</u>。

2. 接收门限

能使信道机打开的、加在天线输入端的最小开启电平。

测试方法：

（1）电台连接同可用灵敏度测试，CMS50 置为 RX-TEST 状态。

（2）将 CMS50 的 AF1 区设置为 1 kHz，MOD1 区设置为 3 kHz 频偏。

（3）将 AF2 区设置为 123 Hz 或 131.8 Hz（机车台为 114.8 Hz，MOD2 区设置为 0.5 kHz 频偏。

（4）将"RF LEV"选中，设为 0.5 μV，调节 VAR 旋钮，逐渐增加 RF LEV 数值，直至控制盒打开，记下此时的 RF LEV 区的显示值即为接收门限，此数值应优于 0.6 μV。

3. 音频输出功率和谐波失真

接收机音频输出功率是指在接收机输入端加一标准输入信号，提供给接收机标准输出负载的音频功率，当输出功率为额定值时，其中各次谐波分量总和的有效值与总输出信号有效值之比，用百分数来表示，即为谐波失真。

测试方法：

（1）电台的天线端与 CMS50 的 RF IN/OUT 连接，控制盒上音频输出线与 CMS50 的 AF/SCOPE 连接。

（2）仪表置为 RX-TEST 状态，输入电台接收标准频率。

（3）选中 AF1，置为 1 kHz，选中 MOD1，置为 3 kHz 频偏，选中 RF LEV，置为 1 mV 的标准信号。

（4）调节控制盒音量旋钮至最大，此时 AF LEV 显示为音频输出功率（机车台音频输出加隔离变压器时为大于 6.4 V，即为 5 W）。

（5）调节控制盒音量旋钮至额定值（机车台音频输出加隔离变压器时为 6.4 V）。

（6）选中 DIST，则为音频谐波失真。

4. 调制接收带宽

指接收机接纳一个输入电平比实测可用灵敏度高 6 dB，并使输出信号信纳比下降回到 12 dB 的输入信号的调制频偏值。

测试方法：

（1）电台与 CMS50 的连接同接收机标准测试。

（2）在测试参考灵敏度的基础上增加 6 dB。

（3）按下 9 号键，选中 MOD1 功能。

（4）调整 VAR 变量，调整 MOD1 值，观察 SINAD，使 SINAD 回到 12 dB。

（5）MOD1 所显示的值即为调制接收带宽。

5. 抑噪灵敏度

是指使接收机的音频输出产生 20 dB 噪声抑制,当接收机输入未调制的标准输入频率时的最小信号电平值。

测试方法:

(1)电台与 CMS50 的连接同接收机标准测试。

(2)在 RX-TEST 状态下,选中 SET RF,输入电台接收标称频率。

(3)电台静噪控制置于不静噪位置。

(4)调节音量电位器,使 AF LEV 显示区为 4.4 V 左右。

(5)按下 2 号键(RF LEV),再按下 MENU↓键,进入 RF LEV 的子菜单,此时屏幕上的 3、4、5、7 号显示区间将由子菜单取代。

(6)按下(QUIET)键,输入 2+0+dB,则启动了抑噪灵敏度的自动测量程序,测量结束时,提示行给出"scarch normally ended"。

(7)此时,屏幕上 2 号显示区的 RF LEV 的读数,即为该接收机的抑噪灵敏度。

(8)按下 MENU↓键,则可返回到接收机测试菜单。

6. 门限静噪开启灵敏度

是指静噪控制置于门限位置时,使接收机静噪开启的,接收机输入带标准试验调制的标准输入频率的最小信号电平值。

测试方法:

(1)电台与 CMS50 的连接同接收机标准测试。

(2)将电台的静噪控制开关置于临界位置。

(3)在 RX-TEST 状态下,选中 SET RF,输入电台接收标称频率。

(4)按下 9 号键,选中 AF1,输入:1+kHz,设定音频信号频率为 1 kHz。

(5)再按下 9 号键,选中 MOD1,输入:3+kHz,设定调制频偏为 3 kHz。按下 2 号键(RF LEV),再按下 MENU↓键,进入 RF LEV 的子菜单,此时屏幕上的 3、4、5、7 号显示区将由子菜单取代。

(6)按下(SQULCH MEAS)键,则启动了门限静噪开启灵敏度的自动测量程序,测量结束时,提示行给出"scarch normally ended"。

(7)此时,屏幕上 2 号显示区的 RF LEV 的读数,即为该接收机的门限静噪开启灵敏度。

(8)按下 MENU↓键,则可返回到接收机测试菜单。

项目六 数据/语音单元测试

GSM-R 数据/语音单元进行测试,主要测试的项目为发射机最大峰值功率、频率误差、接收机的参考灵敏度、互调抑制,其中互调抑制项目可根据需要选择测试。

测试前将语音测试 SIM 卡插入待测 GSM-R 语音模块,将铁路专用 G 网数据 SIM 卡插入 GSM-R 数据模块,然后将待测模块插入 CIR 主机中。

测试语音模块时,用 GSM-R 馈线连接模块天线接口至 4202R 测试仪天线接口;测试数据模块时,用 GSM-R 馈线连接模块天线接口至 4202R 测试仪天线接口。将 CIR 设备电源线接 110 V 直流电源。测试步骤如下:

（1）GSM-R 语音模块测试

打开 4202R 测试仪，界面如图 2-20-14 所示。

按 F4 键选择"故障判断"，进入图 2-20-15 所示的系统选择界面，通过 [键] 或 [键] 键进行系统选择。

图 2-20-14　4202R 测试仪开机界面

图 2-20-15　系统选择界面

测试 GSM-R 语音模块，参数设置为"系统选择→GSM/E-GSM"，按 F4 选择下一步，出现"选择模式"界面，如图 2-20-16 所示，通过 [键] 或 [键] 键进行模式选择，选择后按 [键] 键保存。

选择"语音模式"，按 F4 键进入下一步，此时出现语音模块激活界面，如图 2-20-17 所示。

图 2-20-16　模式选择界面

图 2-20-17　语音模块激活界面

打开 CIR 主机电源，此时在 MMI 上将 CIR 运行区段选择为 GSM-R 模式，等待机车功能号注册成功（注：只有在机车功能号注册成功后才能进行呼叫试验）。在机车功能号注册成功后，进行下一步测试，按 F1 选择"MS 主叫"界面，如图 2-20-18 所示。

此时通过 MMI 拨号"123"进行呼叫，4202R 测试仪显示测试指标，如图 2-20-19 所示。测试结束后，按 F1 选择 MS 挂机退出测试；CIR 注销机车号。注意：测试语音模块式时，MS 功率等级选择"02"，39 dBm。

（2）GSM-R 数据模块

将铁路专用 G 网数据 SIM 卡插入 GSM-R 数据模块，将数据模块插入 CIR 主机，连接好 4202R 测试仪表，打开 CIR 主机电源，打开 4202R 主机，进入图 2-20-20 所示的选择模式界面，选择"GPRS"然后按 F4 选择"下一步"，出现"GPRS 模式激活"界面。

在 4202R 测试仪上显示"GPRS"界面，如图 2-20-21 所示。

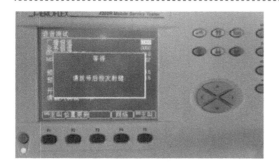

图 2-20-18　MS 主叫界面

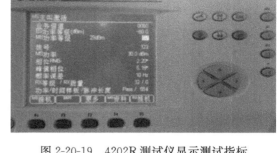

图 2-20-19　4202R 测试仪显示测试指标

图 2-20-20　GPRS 模式激活界面

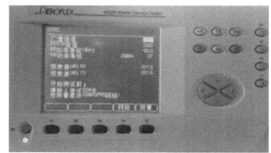

图 2-20-21　GPRS 界面

按 F5 选择"附着"，将数据模块进行网络注册，出现附着等待界面，如图 2-20-22 所示。网络附着完成后，出现 GPRS 附着界面，如图 2-20-23 所示。

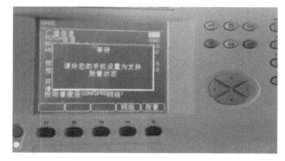

图 2-20-22　GPRS 附着等待界面

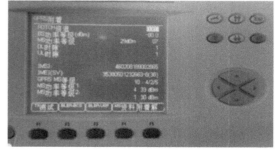

图 2-20-23　GPRS 附着界面

此时 CIR 已获取本机 IP 地址，按 F1 选择"TX 测试"，测试完成后，4202R 测试仪界面进行自动跳转到"GPRSTX"界面，显示数据模块指标如图 2-20-24 所示，测试结束后选择"Esc"按键退出，解除网络附着。注意：测试数据模块式时，MS 功率等级选择"05"，33 dBm。

图 2-20-24　数据模块测试指标界面

项目七　数据分析

1. CIR 记录转储操作

(1)CIR 上电,等待记录单元启动完成(运行指示灯 500 ms 周期闪烁)。

(2)连接线一端插 U 盘,另一端插入记录单元面板的 miniUSB 接口中。

(3)插入后记录单元运行指示灯开始快闪,记录、COM、GPS 指示灯均持续不亮,此时正在检测 U 盘规格及数据传输(持续时间 3~5 min)。

(4)完成数据下载后,运行灯常亮,记录、COM、GPS 指示灯均不亮,此时,拔下 USB 设备即完成下载数据操作。

(5)若插入 U 盘一段时间后,运行灯恢复慢闪(500 ms 周期闪烁),记录、COM、GPS 指示灯正常闪烁,表明数据下载失败,可能 U 盘规格不正确或传输过程有错误。请更换 U 盘按上述步骤重试。

2. 记录分析软件界面介绍

打开 GSM-R 记录单元分析软件,程序主界面如图 2-20-25 所示。

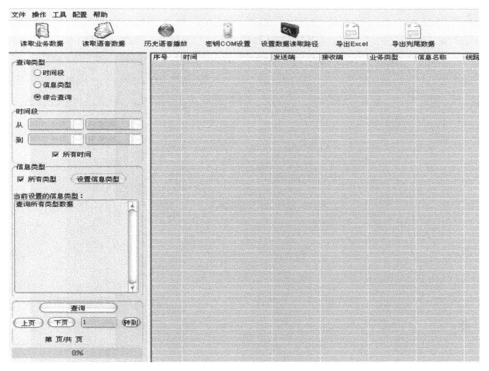

图 2-20-25　GSM-R 记录单元分析软件主页面

(1)"操作"菜单项

在菜单栏"操作"菜单项(图 2-20-26)中包含读取业务数据、读取语音数据、历史记录播放、从 U 盘读取数据、从 U 盘读取语音、导出 Excel,各项的详细说明如下:

读取业务数据,从指定目录中读取记录单元中的数据文件,并分析。

读取语音数据,从指定目录中读取记录单元中的语音文件,并分析。

历史记录播放,查询并播放历史读取的语音内容。

导出 Excel,把当前界面中查询到的数据导出成 Excel 文件(注意:Excel 文件中只能保存 65 535 条数据)。

图 2-20-26　操作菜单项内容

(2)"工具"菜单项

在菜单栏"工具"菜单项(图 2-20-27)中包含密钥 COM 设置、设置读取时间段、设置数据存储目录、数据库恢复初始值,各项详细说明如下:

密钥 COM 设置,读取语音数据的密钥 COM 设置,系统默认 COM9。安装密钥驱动时,选择 COM9 端口后,读取语音数据分析时不用再设置。

设置读取时间段,设置从记录单元下载数据的时间段。

设置数据存储目录,设置业务数据、语音数据的读取目录,也就是数据文件夹 uarts 和语音文件夹 audio 存在的路径(要选择到 uarts 和 audio 文件夹)。

数据库恢复初始值,由于系统使用的是 Access 数据库,系统使用一段时间后,相应的数据库文件就会增大,单击此项就会把数据库文件恢复至初始状态,恢复完成后会提示"数据库恢复初始状态完成"选项。

图 2-20-27　工具菜单项

(3)"配置"菜单项

在菜单栏"配置"菜单项(图 2-20-28)中包含分析 LBJ 状态信息、分析所有数据、只分析 GPS 数据、只分析 GPS 数据、只分析调度通信数据、只分析通话信息,各项详细说明如下:

分析 LBJ 状态信息,在"读取业务数据"时,会同时分析 LBJ 状态信息,否则就不会分析 LBJ 状态信息。

分析所有数据,分析记录单元中所有符合 1002 开头、1003 结尾的数据;否则只分析调度通信、调度命令、列尾传输、无线车次号等信息。

只分析 GPS 数据,在"读取业务数据"时,只分析 GPS 数据信息。

只分析调度通信数据,只分析调度通信数据。

只分析通话信息,只分析调度通信中和通话相关的数据。

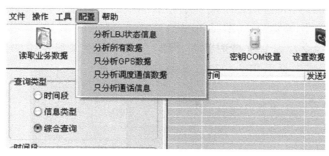

图 2-20-28 配置菜单项

（4）工具栏选项

工具栏中的内容包括（图 2-20-29）：读取业务数据、读取语音数据、历史语音播放、密钥 COM 设置、设置存储路径、导出 Excel、导出列尾数据（把分析的列尾数据导出成 Excel 文件），各项的含义和菜单栏中相应内容相同，只是把菜单栏的经常操作的内容在工具栏中实现。

图 2-20-29 工具栏选项

3. 操作说明

（1）读取业务数据

进入界面后，首先设置存储路径，也就是设置目前要读取数据的路径，如果不设置，系统默认的路径是"D:\\"。

设置方法是直接单击工具栏中的"设置存储路径"（图 2-20-30）或单击菜单栏中"工具→设置存储路径"，如图 2-20-31 所示。

图 2-20-30 读取数据路径

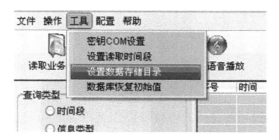

图 2-20-31 设置存储目录

设置完数据存储目录后,就可以读取业务数据或语音数据。读取业务数据的方法是:单击工具栏中的"读取业务数据"(图 2-20-32)或单击菜单栏中的"操作→读取业务数据"(图 2-20-33),界面中会提示正在读取数据,同时左下方进度条显示读取进度,数据读取完成后,会在界面的状态栏中显示当前记录 0 条数(图 2-20-34)。

图 2-20-32　在工具栏读取业务数据

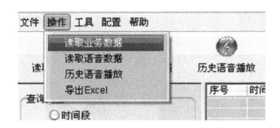

图 2-20-33　在菜单项读取业务数据

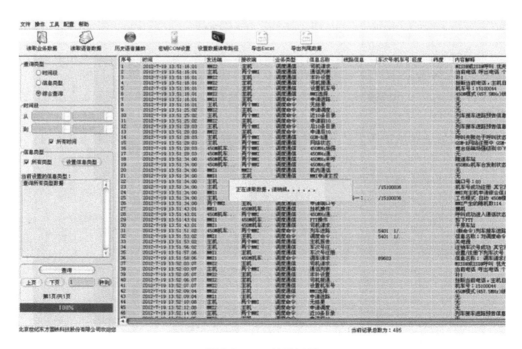

图 2-20-34　显示记录

①业务数据查询设置

数据读取完成后,通过界面左侧的内容可以查询符合不同条件的内容,如图 2-20-35 所示。可以选择按"时间段"、"信息类型"、"综合查询"来查询。

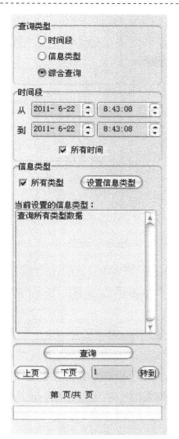

图 2-20-35　数据查询设置

通过单击"设置信息类型"按钮，会弹出数据查询类型设置界面(图 2-20-35)，通过此界面可以设置详细的类型查询条件；类型分类中可以选择"发送端"、"接收端"和"业务类型"，选择不同的"类型分类"，"当前选项"列表框中会有不同的内容；可以通过双击不同选项或选择某一选项后单击中间的">"按钮，进行选择；如果选择全部，单击中间">>"按键选择全部；如果想删除"已选项"列表中的内容，可以双击某一项或选择某一项后，单击"<"按键，即可删除；单击"<<"按键，可以删除"已选项"列表中的所有内容。

命令代码中输入相应的命令代码，然后单击"添加"按钮(可添加多个命令代码)，就能查询出相应的命令代码的信息(注意：由于不同的业务类型可能有相同的命令代码，所以，要在输入相应的命令代码时，业务类型中必须也只能选择一种类型，而且要保证输入的命令代码，在选择的业务类型中有实际的意义)，如图 2-20-36 所示。如业务类型中选择"调度通信"，在命令代码中添加"48"，就能查询出 GPS 信息。

"设置调度通信命令"按钮，是细化业务类型中"调度通信"查询项的，只有当业务类型中只选择"调度通信"时有效；当单击此按钮时，会弹出相应的对话框(图 2-20-37)，在此对话框中可以选择相应查询项，选择完成后，单击"确定"按钮，保存选择项并返回上级界面，单击"取消"按钮，只返回上级界面，先前设置项无效。

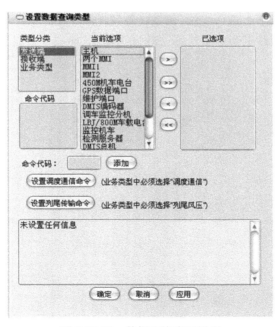

图 2-20-36　数据查询类型设置

"设置列尾传输命令"按钮,是细化业务类型中"列尾风压"查询项的(图 2-20-38),只有当业务类型中只选择"列尾风压"时有效;此按钮操作方法和"设置调度通信命令"按钮相同。

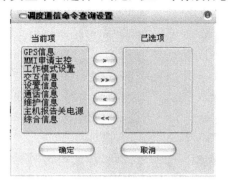

图 2-20-37　调度命令查询设置　　　　　　图 2-20-38　列尾命令设置

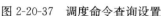

设置完后,单击"应用"按键,在界面的最下面的编辑框中会出现当前所设置的内容;单击"确定"按键,设置完毕,返回主页面,在主页面左侧"信息类型"面板中也会显示所设置内容;如果单击"取消"按键,当前设置无效,并返回主页面。

设置完成后,单击主页面中"查询"按键,则根据所设置项,查询相关内容。

在主页面中,如果时间段选项中"所有时间"复选框是已选择状态,则表示查询所有时间段的数据,如果"所有时间"复选框是未选择状态,则根据已设置的时间查询相关数据;如果"所有类型"复选框是已选择状态,则表示查询所有类型的数据;如果"所有类型"复选框是未选择状态,则根据已设置的查询类型,查询相关数据。

②查询结果操作

在数据显示列表中如果右键双击某一列中的单元格,就会缩小相应列,如果想显示缩小列,可以通过手动拉宽或单击查询按钮,初始化各列宽度。

如果左键双击某一行,则会弹出选择行的详细信息,如图 2-20-39 所示。

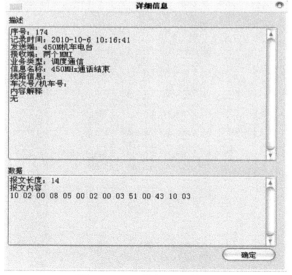

图 2-20-39　数据显示结果

在数据显示列表"内容解释"后面,添加了"报文长度"、"报文"两列数据,系统中把这两列数据的列宽设置的很小,需要自己手动拉宽,从而查看所有内容,如图 2-20-40 所示。

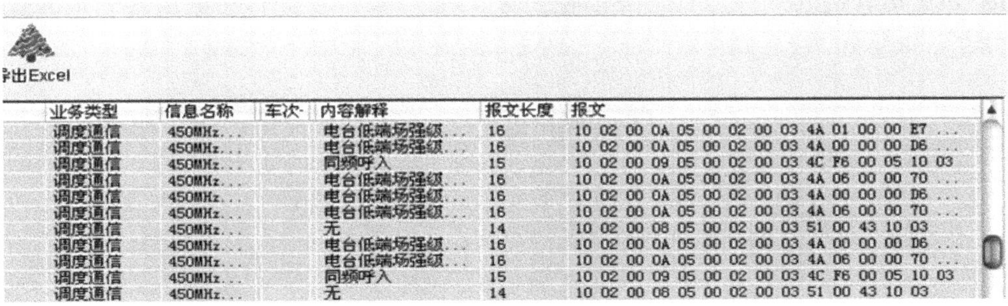

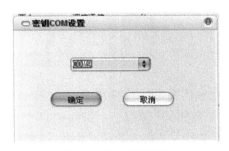

图 2-20-40　手动拉宽"内容解释"

（2）读取语音数据

①记录单元密钥,单击菜单栏中"工具→密钥 COM 配置"或直接单击工具栏中的"密钥 COM 设置"项,在弹出的对话框中,选择 COM9（根据安装的记录单元密钥端口进行选择）,如图 2-20-41 所示。

图 2-20-41　设置密钥

②单击"操作→读取语音数据"或直接单击工具栏中的"读取语音数据",弹出语音播放窗口（图 2-20-42）,该窗口可以按时间段进行语音段的查询。查询完成后选择要播放的语音段双击或单击"播放",即可进行语音数据的播放。

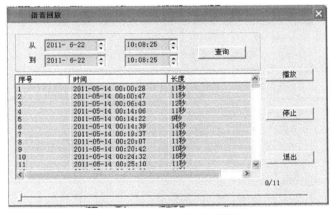

图 2-20-42　读取语音数据

（3）历史语音播放

语音数据文件播放后可形成 WAV 文件，单击"操作→历史语音播放"或直接单击工具栏中的"历史语音播放"，打开历史语音播放窗口，该窗口可以进行历史语音记录的查询播放，如图 2-20-43 所示。

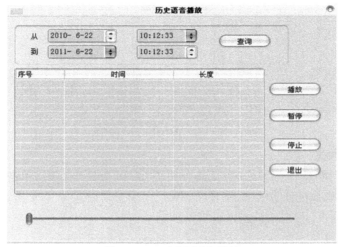

图 2-20-43　历史语音播放

七、考核标准

实训考核考查实训任务完成情况，采用实际操作和提问相结合的方式，在每个实训项目过程中就随机进行操作考核和基本原理提问。

考核内容		评定标准	分值	备　注
实训纪律		1. 按时上下实训课，不迟到、不倒退、不旷课 2. 遵守实验室的规定及操作规程，无损坏仪器仪表的现象	10	凡有下列情形之一者，实训成绩为不及格：
动手能力	CIR 的连接	1. 设备连接是否符合规范要求 2. 设备连接是否符合规范要求 3. 拆除的设备、连线摆放是否正确	5	1. 有重大违纪现象者（旷课三次以上或因违反操作规程而损坏实验设备者） 2. 未能完成要求项目内容 3. 项目要求内容完成没有达到指标
	CIR 的设置	1. 开机设置正确 2. 频点设置符合所属局段范围，设置正确，符合要求，同频呼叫、异频呼叫、双 MMI 通话成功 3. 设备外观强度检查与清扫是否符合机车设备日常维护检修规定	10	
	CIR 库检项目	1. 上车自检是否成功；遥测是否成功 对于检测流程的熟练程度、操作过程规范性程度 2. 可以查时间段内的 GPRS 和 450 M 数据检测结果。检测结果中包含机车台申请的时间，机车号，车次号，库检是否发送测试命令，机车台是否有人工确认和签收等内容 3. 可以查看所选时间范围内的语音检测记录。记录中包含测试的时间，申请测试的机车台的 MSISDN 号和功能号。双击某条记录可以播放录音	10	

续上表

考核内容		评定标准	分值	备 注
动手能力	发射电性能指标测试	1. 载波输出功率的测量 5～10 W 2. 发射机载波频率误差≤2 250 Hz 3. 调制灵敏度的测量在 245 mV（−20％～＋20％） 4. 调制限制的测量≤5 kHz 5. 发射机音频失真系数的测量＜5％	15	
	接收机电性能指标测试	1. 接收频率：根据线路而定 2. 音频输出（扬声器）：0.5 W～5 W（可调） 3. 接收失真：≤5％ 4. 可用灵敏度：≤0.6 μV	15	
	数据/语音单元测试	1. 最大峰值功率： 话音模块：39 dBm±2 dB 数据模块：33 dBm±2 dB 2. 载波频率误差：≤1×10^{-7} 3. 参考灵敏度：优于−104 dBm	10	
	数据分析	1. 软件操作熟练，符合规范 2. 测试流程符合规范 3. 根据导出数据分析故障原因	20	
实训报告	实训内容及目的	内容及目的要写全，不能缺项	5	
	实训报告	实训报告必须包括三个部分：一是实训概述；二是实训过程或具体步骤；三是收获与体会，包括存在的主要问题及解决方法不少于 1 500 字	10	
	对本次实训的建议	有建议	5	

八、实训报告

1. 说明 CIR 设备组成及连接。
2. 列举 CIR 设备接收机和发射机电性能指标测量的项目。
3. 阐述 MMI 设置机车号、车次号及频点的步骤。